北京地震灾害情景构建

罗桂纯　郑立夫　刘　博　著

地　震　出　版　社

图书在版编目（CIP）数据

北京地震灾害情景构建 / 罗桂纯，郑立夫，刘博著. -- 北京：地震出版社，2019. 11

ISBN 978-7-5028-5096-8

Ⅰ. ①北… Ⅱ. ①罗… ②郑… ③刘… Ⅲ. ①地震灾害—应急对策—研究—北京 Ⅳ. ①P315.9

中国版本图书馆CIP数据核字(2019)第274492号

地震版 XM4894 / P（6041）

北京地震灾害情景构建

罗桂纯 郑立夫 刘 博 著

责任编辑：范静泊

责任校对：凌 樱

出版发行：地 震 出 版 社

北京市海淀区民族大学南路 9 号　　邮编：100081

发行部：68423031 68467991　　传真：68467991

总编办：68462709 68423029

编辑四部：68467963

E-mail：dz_press@163.com

http：//seismologicalpress.com

经销：全国各地新华书店

印刷：河北文盛印刷有限公司

版（印）次：2019 年 11 月第一版 2021 年 4 月第一次印刷

开本：787 × 1092 1/16

字数：270 千字

印张：13

书号：ISBN 978-7-5028-5096-8

定价：68.00 元

序

中国是一个多震灾的国家，地震多，强度大，分布广，灾情重。百年来的资料表明，中国平均 5 年左右就会发生 1 次 7.5 级以上地震，平均 10 年左右就会发生 1 次 8 级以上地震。北京的历史资料表明，自公元 294 年以来，北京行政区范围内共发生 6.0 级以上的地震 7 次，其中 1679 年三河 – 平谷 8 级地震属特大地震。据历史资料记载，该地震之所及“东至辽宁沈阳，西至甘肃岷县，南至安徽桐城，凡数千里，而三河、平谷最惨。远近荡然一空，了无障隔，山崩地陷，裂地涌水，官民死伤不计其数。三河城垣、房屋存者无多，城内外计剩房屋五十间有半，压死 2677 人；平谷阖境人民，除墙屋压毙及地裂陷毙之外，其生存者止十之三四。延庆摇倒城女墙 400 余丈。良乡城垣倾颓，街道震裂，黑水涌出。瓦房、土房多有坍塌，残破”。

根据《中国地震动参数区划图》（GB18306−2015），北京大部分地区峰值加速度为 0.20*g*（Ⅷ度），占全市面积的 59.3%，比四代地震动参数区划图的占此面积（39.7%）大幅增加，所增加的区域包括密云（中部、南部及整个城区）、怀柔（中部、南部及北部城区）、昌平（西部、北部及西北部城区）、门头沟（东部、西北部及西边城区）、延庆（东部、东北部）和平谷（东部、西北部）。新增密云、怀柔、昌平、门头沟区政府所在地峰值加速度升至 0.20*g*，这样全区政府所在地均在 0.20*g* 区。北京首次出现 0.30*g*（Ⅷ度半）区，位于平谷区马坊镇，成为北京市抗震设防烈度最高区域。随着北京经济的持续发展、人口不断聚集、新型建筑越来越多样化，北京的承灾体不断增加，对灾害的敏感度和脆弱性极高，地震灾害风险也越来越高。因此，在北京开展科学有效的地震灾害风险评估工作势在必行。

地震灾害风险评估是城市地震灾害风险管理的有利工具，是减少地震损失的有效手段。地震灾害风险评估主要包括地震危险性分析、承灾体脆弱性分析、地震灾害风险评估、地震灾害情景构建等。多年来，笔者从事地震灾害情景构建工作，希望通过北京地震灾害风险调查给出对北京可能产生巨灾的不同地震事件或者可以体现北京地震危险性概率的结果，构建不同地震灾害情景，解析灾害损失发生的根本原因，让政府和公众能正确认知地震灾害风险，并依此评估北京的自然灾害防治能力，完善地震应急预案，开展地震应急演练，在灾害发生之前提升地震应急准备能力，做好防灾准备工作，提高城市防灾减灾能力，减少生命和经济损失。

本书共分为七章。第一章阐述了地震灾害情景构建工作开展的背景和意义，并介绍了该工作的主要建设内容。第二章阐述了基础数据收集和房屋数据收集方面的工作。第三章介绍了北京地区地下三维结构建模的技术路线和研究成果。第四章介绍了基于公里网格群体震害预测的工作。第五章介绍了震害预测信息管理系统的设计方案和使用情况。第六章对北京地区重点单体建筑物的抗震性能作出评估。第七章对整体工作进行了总结，并对未来进行了规划。

北京地震灾害情景构建工作以“韧性”为目标导向，旨在推动北京超大城市地震安全韧性城市建设，建立风险可评估、措施可操作、结果可考核的工作体系。北京地震灾害情景构建是北京市地震局“地震灾害情景构建团队”多年来一直努力推动的方向，从降低北京地震灾害风险的角度出发，构建市、区、街道、单体等多维度、不同精度的地震灾害情景，为北京地震安全韧性城市建设提供技术支撑，并最终形成服务于专业、政府、社会和公众的产品；在地震灾害情景构建工作推进过程中，笔者得到了“地震灾害情景构建团队”成员及北京市地震局很多同事的鼎力支持，也得到了中国地震局工程力学研究所、中国地震局地球物理研究所、哈尔滨工程大学、中国建筑科学研究院、清华大学、北京工业大学、北京科技大学、北京市测绘院等众多合作单位的积极配合，在此一并表示感谢。

本书获得“大中城市地震灾害情景构建”重点专项2016QJGJ01和2018QJGJ04、2015北京市财政专项、2016北京市财政专项、2018北京市财政专项等项目的资助和支持得以出版，深以为幸，此为序。

罗桂纯

2019年5月于北京

目　录

第 1 章　工作概况 1

1.1　工作背景和意义 1

1.2　实施的必要性 2

1.3　建设的重要性 4

1.4　建设内容 5

1.4.1　数据收集 5

1.4.2　地下三维结构建模 6

1.4.3　基于公里网格的群体震害预测 6

1.4.4　建筑物地震易损性评估与震害预测 6

1.4.5　地震人员伤亡和经济损失评估 6

1.4.6　信息管理系统在震害预测中的应用 7

1.4.7　典型单体有限元模拟 7

1.4.8　总结和规划 7

第 2 章　数据收集 8

2.1　基础数据收集 8

2.1.1　基础数据库内容 8

2.1.2　基础数据建设思路和依据 9

2.1.3　基础数据建设内容 10

2.2　建筑物数据收集 29

2.2.1　房屋数据采集内容 30

2.2.2　房屋数据采集原则 31

2.2.3　房屋数据采集介绍 32

2.3　场地钻孔数据收集 44

第 3 章　地下三维结构建模 47

3.1　地下三维结构建模的研究目标 47

3.2　模型构建的技术路线及主要工作 48

3.2.1 模型构建的技术路线 48
3.2.2 模型构建的主要工作 49
3.3 研究区概况及数据处理 49
3.3.1 研究区概况 49
3.3.2 数据预处理 51
3.4 模型框架建立 56
3.4.1 模型顶底面的建立 57
3.4.2 网格的搭建 57
3.5 属性建模 59
3.5.1 测井曲线粗化 59
3.5.2 基于序贯指示模拟的研究区岩性建模 61
3.5.3 研究区岩性建模 63
3.6 研究区岩性展布特征分析 67
3.6.1 浅层岩性展布特征分析 67
3.6.2 研究区 100m 以下岩性展布特征分析 70

第 4 章 基于公里网格的群体震害预测 79

4.1 群体震害预测的研究思路 79
4.2 数据收集与处理 79
4.2.1 人口数据收集与整理 79
4.2.2 建筑物公里网格数据 80
4.2.3 GDP 公里网格数据 84
4.2.4 土地利用公里网格数据 84
4.2.5 房屋造价数据收集及整理 86
4.2.6 建筑物现场调查 90
4.3 理论方法与技术流程 94
4.3.1 北京市建筑物抗震能力分区分类方法 95
4.3.2 北京市建筑物地震易损性分析 99
4.3.3 建筑物地震直接经济损失分析 101
4.3.4 生命线工程地震直接经济损失分析 102

4.3.5 人员伤亡分析 105
4.3.6 北京市地震直接经济损失和人员死亡预测图绘制 107
4.4 震害预测信息系统集成 115
4.4.1 软件技术路线 115
4.4.2 设定地震作用下经济损失和人员伤亡 116
4.4.3 概率地震作用下经济损失和人员伤亡 120
4.5 总结 121

第 5 章 震害预测信息管理系统 123

5.1 系统平台建设概述 123
5.2 系统平台设计 123
5.2.1 系统平台简介 123
5.2.2 系统运行环境、用途和特点 124
5.2.3 系统主要功能 125
5.2.4 系统平台主要架构与关键技术 126
5.3 系统构建和主要功能 128
5.3.1 系统数据库构建 128
5.3.2 建筑震害预测 130
5.4 系统命令详解 134
5.4.1 通用菜单命令 134
5.4.2 专用菜单命令 140
5.4.3 工具栏、其他命令和其他辅助功能 153
5.5 案例 156
5.5.1 现场调研 157
5.5.2 建立村落和民居基础信息管理数据库 157
5.5.3 建筑动态管理 159

第 6 章 重点单体建筑物的抗震性能评估 163

6.1 重点单体建筑物抗震行性能评估概述 163
6.2 超限高层建筑抗震性能初步评估 163
6.2.1 工程概况 163

6.2.2 SATWE 与 PMSAP 计算 164
6.2.3 弹性动力时程分析的计算 170
6.2.4 总结 173
6.3 代表性体育场馆抗震性能初步评估 173
6.3.1 工程概况 173
6.3.2 反应谱法分析 174
6.3.3 弹性时程分析 182
6.3.4 总结 184
6.4 钢结构抗震性能初步评估 185
6.4.1 工程概况 185
6.4.2 SATWE 与 PMSAP 计算 186
6.4.3 弹性动力时程分析的计算结果 192
6.4.4 结论 195
第 7 章 总结和规划 196
7.1 项目总结 196
7.2 未来发展规划 197
参考文献与资料 198

第 1 章　工作概况

1.1　工作背景和意义

北京处于华北平原、山西和张家口－渤海三大地震带交会部位，活动断裂发育，地震灾害严重，是中国大陆唯一发生过 8 级地震的大城市，和东京、墨西哥城并列为世界上仅有的三个按Ⅷ度设防的超大型首都城市。

随着城市人口的愈加集中和经济集约化程度越来越高，城市对灾害的敏感度和脆弱性极高，面对灾害变得越来越脆弱。一旦有地震发生，极易造成小震大灾、大震巨灾的情况，损失和影响不可挽回。

当前，北京震情形势严峻复杂，已近 300 年没有发生过破坏性大地震，而北京市防震减灾综合能力与社会需求之间的矛盾依然十分突出，主要表现在：日益增加的地震风险与大中城市地震救援的高度复杂性、大中城市震例缺乏以及大中城市应对地震灾害实践迫切需要的系统的救援理论尚在探索之中。

这种情况给防震减灾工作带来一个非常紧迫的问题：如果北京重遇康熙年间三河－平谷 8 级特大地震会发生什么情况？

地震灾害情景构建，指针对特定区域，结合历史震例、地震危险性、工程易损性和人口经济等状况的调查研究，对预设地震的强度、破坏程度、波及范围、后果严重性等进行评判和估计，并依此评估该区域应急能力，完善地震应急预案，开展地震应急演练，提升该区域地震应急准备能力。

2016 年 7 月 28 日，习近平总书记在唐山地震发生 40 周年之际亲临唐山考察并发表了重要讲话，对我国防灾减灾救灾工作提出了新理念新思想，就是“两个坚持，三个转变”，习近平总书记指出“坚持以防为主、防抗救相结合，坚持常态减灾和非常态救灾相统一，努力实现从注重灾后救助向注重灾前预防转变，从应对单一灾种向综合减灾转变，从减少灾害损失向减轻灾害风险转变，全面提升全社会抵御自然灾害的综合防范能力。”

地震灾害情景构建工作在注重震前的地震风险评估，提供震前预防、应急对策服务这一方面，符合习近平总书记视察唐山提出的防震减灾新理念，也是“十三五”期间政府与地震部门的重点工作。

《国家中长期科学和技术发展规划纲要（2006−2020 年）》将公共安全作为我国

中长期发展的重要领域，其中的优先主题“重大自然灾害监测与防御”要求“重点研究开发地震等重大自然灾害的监测、预警和应急处置关键技术以及重大自然灾害综合风险分析评估技术。”

《国家综合防灾减灾规划（2016–2020）》指出国家防灾工作的基本原则之一是“预防为主，综合减灾”，要求开展“以县为单位的全国自然灾害风险与减灾能力调查，建设国家自然灾害风险数据库，形成支撑自然灾害风险管理的全要素数据资源体系。完善国家、区域、社区自然灾害综合风险评估指标体系和技术方法，推进自然灾害综合风险评估、隐患排查治理。”

中国地震局《防震减灾规划（2016–2020）》要求“开展地震高风险地区的重特大地震灾害情景构建和对策研究，强化地震应急准备”“研发大城市及城市群震害情景模拟、地震灾情快速获取和动态评估等关键技术。”

《北京市“十三五”时期应急体系发展规划》强调“进一步深化巨灾情景构建研究工作，健全巨灾应急指挥体系，针对可能出现的巨灾，研究建立统一应急指挥和责任体系，形成分工明确、高效协同的巨灾应对工作体制机制。研究梳理巨灾应对的重大事项，完善巨灾应对决策机制。研究交通和水、电、气、热等重要基础设施遭受破坏性地震后的灾害后果，提升各领域先期响应速度和快速恢复能力。”

为全面推进北京市防震减灾事业发展，引领和指导北京市地震局“十三五”期间各项工作，北京市地震局制定了《北京市地震局“十三五”时期事业发展规划》，明确将建设“模型本土化，结果表达可视化，对策实用化”情景构建项目作为“十三五”期间的重点项目；并对大震巨灾情景构建作出具体要求：“开展地震危险性分析，给出设定地震或选择历史地震，基于场地反应、城市建筑基础数据资料和易损性分析，构建巨灾情景，给出巨灾情景下的应急能力评估、应急处置对策、应急预案准备等方面的科学依据和建议。应用现代空间数据管理和软件集成技术，研发用于展示和管理的信息系统，最终形成服务于行业、政府和社会的实用产品。”

1.2 实施的必要性

防震减灾事业是一项政府主导的社会公益事业，是一项科学的社会系统工程，涉及社会生活的方方面面。

汶川地震后，又陆续发生了海地、智利、玉树和芦山等大地震，一次次血的事实告诉我们，在人类社会文明发展的进程中，地震灾害对人类的威胁、对生命的毁灭、对社会发展的重创不容忽视，如何更好地应对大震巨灾、加强防震减灾工作越来越受到重视。科学地进行防震减灾、应急规划工作，对于保障人民群众的生命财产安全具有重要意义。

我国政府十分重视防震减灾工作，“十五”以来建立了科学的地震应急预案体系、地震灾害评估技术系统及抗震救灾指挥技术体系，大大提升了各级政府对破坏性地震的应急反应和救灾能力。习近平总书记视察唐山提出的防震减灾新理念要求我们将应急做到震前，“坚持常态减灾”、“注重灾前预防”。

而震前风险评估与震时灾害损失评估的基础是一致的：震前风险评估主要通过设定地震及地震动模拟，评估地震可能造成的灾害，提供地震灾害风险所在与防震减灾薄弱环节辅助决策建议；震时灾害损失评估主要是针对已发生地震进行震害预测，提供应急救援辅助决策；二者可以采取同样的基础系统进行应对。北京地震局现有的地震应急指挥技术系统虽然可以用于完成部分工作，但是面对当前工作的新理念新要求已不适应，越来越不能满足北京市的经济发展、科技能力提升情况下的防震减灾事业需求。

首先，该系统建设于“十五”计划期间，主要服务于震时应急救援及灾后损失评估，没有考虑震前预防风险评估的需要。

震时灾害损失评估与震前风险分析所涉及的理论基础是一致的，均以地震动预测和震害预测为基础，但应急指挥系统为满足震后快速（一小时以内）给出损失评估报告和应急辅助决策报告的需要，震害预测的算法不够详尽全面，尤其没有设计针对大规模单体建筑数据的震害预测方法。

随着震害预测理论的发展，我们完全可以同时针对基于县乡统计数据、公里网格统计数据以及各类单体建筑物构筑物数据进行震害预测评估，对于震时灾害损失评估，可以采用简化的方法满足速度的需求，对于震前风险评估的情况下，完全可以务求详尽，考虑到影响北京地震风险的每一个细节。

其次，该系统为中国地震局统一开发部署，主要针对全国地震应急工作的共性需求，没有考虑到北京市的具体建筑、经济情况，即没有本地化的震害预测模块。

当前建筑物易损性研究主要以多震省份非设防建筑的破坏统计数据为基础，对于北京这样存在大量设防建筑的情况并不适用，造成评估不准确。这就要求开发适用于北京的本地化灾害评估方法，利用震动台实验等方法在没有更多震害数据的情况下建立本地化的易损性矩阵。

再次，该系统主要专注于通过震害预测计算，生成灾害损失和辅助决策报告、专题图件，没有直观显示灾害和救援情景。

随着信息化技术的发展，基于图像、航拍的城市建筑大规模 3D 技术已经成熟，各 GIS 系统平台均开始提供三维技术解决方案，地震震灾情景展示的技术条件已经成熟。地震是一种影响范围很大的自然灾害，简单的文字描述难免使人顾此失彼，灾害情景构建可以结合大量历史案例研究、工程技术模拟对地震事件进行全景式描述，将已定范围内的破坏场景结合起来构成灾害情景，包括火灾、有毒气泄露、山体滑坡、道路损坏、交通堵塞、建筑坍塌以及人员埋压、救援人员行进、群众疏散等救援场景，按照其发生的地理位置，在三维或二维画面上，将这些场景全部展示出来。这样，政府部门在做灾前预防决策前，可以直观了解特定地震灾害的后果，评估政策措施的效果；在应急救援指挥决策时，既能整体直观地把握灾害的情况，又能实时了解救援的进度，而不是固定不变的报告。

最后，该系统在“十五”期间建设与防震减灾最新的科技成果有所脱节，有关的模块、算法亟须更新。该系统为中国地震局统一部署，开发者已经不再维护，以此为基础进行修改并不现实。因此，参考其经验来建设本地化的北京市大震巨灾情景构建系统是当前迫切的工作任务。

综上所述，通过地震灾害情景构建，可以对建筑物震害、人员伤亡和经济损失进行预测和估计，描述并展现大震巨灾震害模拟结果；可以针对薄弱环节提出改造建议和措施，建立城市地震风险分析信息系统；可以给决策者提供完备、关键的辅助决策信息，使其能及时给出合理的防震减灾决策，充分贯彻了总书记注重灾前预防、注重减轻灾害风险的防震减灾新理念。

1.3 建设的重要性

地震灾害模拟的重要意义，是借助其对地震巨灾的震害模拟结果，为重大突发地震事件震前防御、震时应急及震后恢复重建工作提供重要支撑和引导，主要表现在：

第一，在震前，通过对一系列预想地震下城市各类建筑结构的破坏程度进行计算，评估城市不同区域的抗震能力，可为城市防震减灾规划制定、城市抗震加固策略规划制定等提供依据。

第二，地震发生后的应急救援期，在各种信息未知的情况下对震区建筑结构破坏情况和由此造成的经济损失、人员伤亡给出较为准确的评估，可为救灾物资和人员的调配、部署提供科学依据，避免盲目施救。

第三，重大突发地震事件灾害模拟可明确防灾减灾工作的主要目标。国家或地区的防灾减灾规划是实施有效的突发事件预防、准备、响应和恢复至关重要的基础，而重大突发地震事件灾害模拟则从“顶级事件”和“峰值需求”两个方面为防灾减灾的整体规划设计提供依据。

第四，重大突发地震事件情景构建是应急预案制订工作的中心，规划中列出的地震事件灾害模拟是未来所面对的最严重威胁的“实例”，因而在应急预案中应得到最优先的关注和安排。

第五，突发地震事件灾害模拟还可成为应急培训演练的指导依据。重大突发地震事件灾害模拟凝练集成了应急响应的主要活动，可为各类应急培训演练开发出一个共同的指导基础，可为应急演练的规划制定、教材编写、内容安排、考核方法和评估标准提供可衡量的依据，使培训演练都能达到一致性的目标和要求，逐渐具备有效应对复杂、多变、突发事件的能力。

无论是应急准备，还是应急预案，其核心目标都是应急响应能力建设。通过地震事件后果评估和应急响应任务设置，对通用能力和预防、保护、响应和恢复四种职责能力都规范了明确要求；同时，也可为应急能力考核、评估提供衡量标准。

1.4　建设内容

北京地区具有发生强震的构造背景，尤其是北京的高速发展对灾害的敏感性和脆弱性极强，会造成小震大灾、大震巨灾，灾害风险极高。大震造成的巨大经济损失和大量人员伤亡，是威胁地区和国家安全的群灾之首。大震巨灾一旦发生，损失和影响不可挽回。北京市既有高楼林立的 CBD 地区，也有北京特色的老北京四合院；既有现代化的科技园区，也有中国特色的城乡结合部；既有地下交通干线——地铁，也有地上联络要道——高速公路；既有掌握城市命脉的基础设施，也有救人于危难的应急避难场所。利用示范区地震构造背景分析、地震危险性分析、地下三维结构分析等相关工作的研究成果，对朝阳区及北京所属周边地区在设定地震和概率地震作用下建筑物震害、生命线系统震害以及人员伤亡和经济损失进行预测和估计，针对薄弱环节提出改造建议和措施，并建立风险转移机制。基于 GIS 平台和仿真模拟技术，描述并展现大震巨灾震害模拟结果，给决策者提供完备、关键的辅助决策信息，使其能及时给出合理的救灾决策。

北京市地震灾害情景构建工作，将构建一个从市、区、街道、单体等多维度、不同精度的情景构建层级，并最终进行系统集成，形成服务于行业、政府和社会的实用产品。

所以，北京市地震灾害情景构建工作的主要建设内容有：数据收集、地下三维结构建模、基于公里网格的群体震害预测、建筑物地震易损性评估与震害预测、地震人员伤亡和经济损失评估、信息管理系统在震害预测中的应用、典型单体有限元模拟。

1.4.1　数据收集

收集北京市全市行政区域范围内的基础地理、地震活动性、生命线工程、大型基础设施、应急避难场所、场地钻孔等资料，为大震巨灾模拟提供基础数据。北京行政区范围有 1.64 万平方千米，包括 16 个区，如全面铺开收集所有区的建筑物数据，工作量和经费需求太大。因此，首先以朝阳区作为示范区，收集朝阳区内包括建筑结构类型、设防标准、建造年代、用途功能等基础建筑物信息，并形成数据收集采集系统，为后期的数据管理和使用提供便捷的服务。

1.4.2 地下三维结构建模

收集北京市的钻孔资料、波速测试资料、地形地貌、断层探测资料，对工作区域进行三维地质结构建模，把相关地震地质信息变成形象直观的三维地质实体图形图像来帮助推断、预测和把握其整体分布规律，从而对实际的工程地质稳定性分析评价，建立三维地震波传播介质模型，为下一步设定地震影响场的计算提供基础资料。

1.4.3 基于公里网格的群体震害预测

收集全北京市人口公里网格数据、GDP 公里网格数据、土地利用公里网格数据、设防烈度矢量数据、房屋建筑公里网格数据（结构类型、建筑面积、空间分布以及设防状况等）、不同类型结构房屋造价等资料，同时，对北京市所属周边地区采用第六次人口普查等数据，利用数学回归方法模拟出建筑物和基础设施等数据，为大震巨灾模拟提供基础数据。采用分区分类方法给出北京市市辖区公里网格建筑物及生命线工程的抗震能力分布，预测北京市在大震巨灾下的经济损失和人员伤亡分布情况，为城市改造、规划选址提供依据。

考虑北京市房屋建筑结构形式，研究适用的群体震害预测方法，给出北京市不同结构的建筑物地震易损性分析模块，并计算出在概率地震或设定地震作用下的地震直接经济损失及空间分布情况；研究给出生命线工程损失分析模块，计算生命线工程地震直接经济损失结果并给出空间分布情况；基于地震易损性分析结果，研究给出人员伤亡分布计算模块；基于 GIS 平台展示北京市公里网格建筑物和生命线工程经济损失及人员伤亡空间分布情况。

1.4.4 建筑物地震易损性评估与震害预测

基于致灾因子和承灾体脆弱性理论，考虑地震危险性和建筑结构类型、设防标准、建造年代等影响抗震能力的主要因素，结合震害经验进行分析，研究不同结构类型单体建筑物地震易损性评估方法，提出震害预测方法。

1.4.5 地震人员伤亡和经济损失评估

根据房屋建筑地震易损性分析结果，预测在概率地震或设定地震作用下人员伤亡分布情况，给出人员伤亡评估结果。

经济损失估计主要用于地震直接经济损失的估计，主要包括房屋建筑的地震直接经济损失。

预测不同烈度下的直接经济损失，按分区分类结果形式进行经济损失统计并以可视化形式直观表达。

总结现有地震间接经济损失分析方法，尝试给出适合北京地区的间接经济损失的估计模型和方法，形成间接经济损失的估计基础研究。

1.4.6　信息管理系统在震害预测中的应用

基于图形与建筑的属性信息关系，研发震害预测信息管理系统，实现建筑工程等档案数据统计、震害预测、经济损失和人员伤亡估计等功能，预测结果以可视方式直观表达，并能生成统计表格或数据，可为城市抗震防灾提供决策参考，并可随城市建设的发展对各类信息进行动态管理与即时更新，使城市建筑工程的管理过程可视化、动态化、实时化，实现顺畅良好的循环。

1.4.7　典型单体有限元模拟

北京结构类型繁多，总结分析传统结构的抗震薄弱环节和地震破坏模式，并对典型单体结构数值仿真确定其地震易损性。在此基础上，根据典型结构体系的破坏情况给出有针对性的抗震措施以降低震害，有效保护人民群众的生命及财产安全。

1.4.8　总结和规划

总结分析北京地震灾害情景构建，并对以后的工作进行规划，为实现“北京地震安全韧性城市建设”而努力。

第 2 章　数据收集

2.1　基础数据收集

地震灾害情景构建离不开基础数据库的支持，所有的损失评估模型计算、灾情分析、决策方案、命令下达、灾区基本情况了解、排险抢险、队伍分配、物资调度、多方联系等都必须有一整套较为完备的基础数据作为支撑。特别是在地震发生后的 1 小时内，灾区的信息还无法统计上报上来，决策层了解灾情的重要渠道只能通过地震应急指挥技术系统进行理论计算和分析，而这种计算和分析基本是根据事先收集的基础数据库加上数十种地震系统长期研制的专业模型进行的快速计算。

由于已充分认识到地震属于突发性灾害事件。地震发生后我们没有任何缓冲时间去按部就班地了解灾情，但是又必须立即要有一个对灾情的宏观判断和估计，以及一系列相应的应急救灾方案。这就要求我们必须在平时即把各类数据资料收集起来备用。这是一个浩大、持续和难度极大的系统工程。中国地震局从 20 世纪 90 年代便开始部署地震应急基础数据库的收集建库工作，特别是在“十五”《中国数字地震观测网络项目系统建设》工程的支持下，发动了上万人的数据建设队伍，涉及数十个部门和行业，实地勘测数十万千米，初步建立了 1：5 万的遍布全国各地的地震应急基础数据库，并按照实战要求准备每隔五年安排一次大的数据更新和新数据种类的拓展工程。

按照地震灾害情景构建对基础数据的需求，对已搜集的数据进行整理，并将之与已有的基础数据进行整合，形成地震灾害情景构建数据库。

2.1.1　基础数据库内容

为满足地震灾害情景构建和指挥部成员单位在地震应急时开展联动协同工作的需要，本项目范围为北京市，主要收集以下内容的基础数据：

① 行政区划图（地市代码库、区县代码库、乡镇（街道）代码库；

② 地质图（地层、岩体、断裂）；

③ 活动构造图（活动断层）；

④ 地震活动（历史 4¾ 以上强震目录、1970 年以来小震目录、地震台站）；

⑤ 人口经济和土地利用数据（乡镇人口统计表、人口公里网格数据）；

⑥ 建筑物数据（建筑物公里网格、第六次人口普查长表数据资料第九卷住房）；

⑦ 生命线工程（水厂泵房、变电站信息）；

⑧ 次生灾害源分布（重大火灾、爆炸、有毒、放射危险源分布图、水库分布图）；

⑨ 救灾物资（物资储备库分布图、救灾物资仓库明细表）；

⑩ 避难场所（城市避难场所、城市避难场所面状矢量图）；

⑪ 救援医疗抢修消防（救援队伍分布图、生命线工程抢修队伍分布图、行业抢险救灾队伍数据表、医疗队伍分布图、医疗力量、消防队伍分布图、城市历史火灾、专业生命救援队伍、重型工程设备）；

⑫ 重点目标分布（城区重要目标分布图、学校、医院）；

⑬ 铁路水道隧道机场（机场）；

⑭ 地形和遥感数据（DEM 高程数据）；

⑮ 其他（气候、地震应急预案表），全面准确掌握朝阳区行政管辖范围内建筑物的基本情况，分析行政管辖区内地震风险种类及其危险程度，制定防震减灾规划。

2.1.2　基础数据建设思路和依据

北京市行政范围内的基础数据收集及数据库建设工作，通过国普市情数据、POI、GIS 数据库、基础地形图、影像数据等参考数据、地震应急基础数据等，对逐条记录进行核实，完成数据整理、编码、入库，以及数据匹配、关联等工作。

首先保证基础数据能满足地震灾害情景构建工作的需要，同时满足“大中城市地震灾害情景构建”重点专项的需求，同时保证按照北京市地震应急工作的需求，实现一数据多用途的目标。

在数据获取和处理过程中，要满足地震行业的相关标准及规范，同时也要和国家相关地震数据平台兼容。需要遵循的行业标准和规范主要有：

① 《“大中城市地震灾害情景构建”基础数据库格式规范（试行）》；

② 《地震数据库系统技术规范（试行）》，中国地震局，2001 年 9 月；

③ 《中国地震应急指挥技术系统规程》，地震出版社，2005 年 9 月；

④ 《区域级抗震救灾指挥部地震应急基础数据库格式规范（修订稿）》（中震救函 [2006]41 号），中国地震局震灾应急救援司；

⑤ 《城市地震应急技术系统规范（试行）》（中震救发 [2009]87 号）；

⑥ DB/T 11.1-2000《地震数据分类与代码》标准；

⑦ GB/T 19428-2003《地震灾害预测及其信息管理系统技术规范》；

⑧ GB/T 17278《数字地形图产品模式》；

⑨ GB/T 18578《城市地理信息系统设计规范》；

⑩ 《地震科学数据汇交管理规定》；

⑪ 《基础数据搜集项目要求》；

⑫ GB/T 18208.3-2000《地震现场工作调查规范》；

⑬ GB/T 7027-2002《信息分类和编码的基本原则与方法》；

⑭ GB/T 13923-1992《国土基础信息数据分类与代码》。

数据处理的流程和结果，要满足以下要求：

① 空间参考系应符合下列要求：

数据成果空间参考系的正确性。

② 精度应符合下列要求：

位置精度：以 2017 年 1：2000 基本地形图作为工作底图，点位坐标落在台账记录的道路、建筑物或区域范围内。

建筑物测量面积总体误差小于 5%。

③ 属性精度应符合下列要求：

属性正确性：属性填写应正确完整。

④ 完整性应符合下列要求：

数据不能重复、多余；

数据不能遗漏、缺失。

⑤ 逻辑一致性应符合下列要求。

属性项与技术方案字段设计应一致；

数据成果文件格式、文件命名应正确统一。

⑥ 拓扑一致性：

建筑物、特殊问题记录、范围边界之间关系应匹配；

数据空间关系应正确，点数据不能有重叠、线数据不能有不合理悬挂点，面数据不能相交、重叠等。

⑦ 表征质量应符合下列要求：

数据的几何类型应正确。

数据不能有极小的不合理面或极短的不合理线，折刺、回头线等。

⑧ 附件质量应符合下列要求：

数据附属资料内容与空间数据应相互符合；

数据附属资料内容填写应正确；

附件质量的完整性，正确性，合法性。

2.1.3 基础数据建设内容

2.1.3.1 行政区划图

行政区划图包括：地市代码库、区县代码库、乡镇（街道）代码库 3 个空间图层（表 2.1 至表 2.3）数据类型属于空间数据。

表 2.1　地市代码库（面属性）/ city_code

英文字段	中文含义	数据类型	字段长度	备注
ID	编码	char	14	必须编码
full_name	名称	varchar2	100	全称
name	地市名称	varchar2	40	

表 2.2　区县代码库（面属性）/ county_code

英文字段	中文含义	数据类型	字段长度	备注
ID	编码	char	14	必须编码
full_name	名称	varchar2	100	全称
name	区县名称	varchar2	40	

表 2.3　乡镇（街道）代码库（面属性）/ town_code

英文字段	中文含义	数据类型	字段长度	备注
ID	编码	char	14	必须编码
name	名称	varchar2	40	
postcode	邮政编码	char	6	新增字段，不做强制要求

主要的处理包括：

① 乡镇（街道）代码库中，对于未编码的 postcode 字段通过查阅资料进行编码；

② 根据统计局网页进行校对 ID（编码）字段；

③ 转换坐标系，确保全套数据坐标系统一。

2.1.3.2　地质图

地质图包括地层、岩体、断裂 3 个空间图层（表 2.4 至表 2.6）。数据类型属于空间数据。

表 2.4　地层（面属性）/ stratigraphy

英文字段	中文含义	数据类型	字段长度	备注
unitname	地层名称	varchar2	66	
symbol	岩性符号	varchar2	40	
character	地层描述	varchar2	120	

表 2.5　岩体（面属性）/ rock

英文字段	中文含义	数据类型	字段长度	备注
unitname	岩体名称	varchar2	66	
symbol	岩体符号	varchar2	40	
character	岩体描述	varchar2	120	

表 2.6　断裂（线属性）/ fault

英文字段	中文含义	数据类型	字段长度	备注
attr	断裂属性	varchar2	66	
name	断裂名称	varchar2	40	
character	断裂描述	varchar2	120	

主要的处理包括：

转换坐标系，确保全套数据坐标系统一。

2.1.3.3　活动构造图

活动构造图包括活动断层 1 个空间图层（表 2.7）。数据类型属于空间数据。

表 2.7　活动断层（表属性）/ Active Fault

英文字段	中文含义	数据类型	字段长度	备注
name	断层名称	varchar2	30	
strike	走向	varchar2	15	
dip_dir	倾向	varchar2	15	
dip_angle	倾角	varchar2	15	
length	长度	varchar2	15	
width	断层带平均宽度	varchar2	15	
feature	性质	varchar2	20	
active_period	活动时代	varchar2	20	
comment	备注	varchar2	60	

主要的处理包括：

① 按照数据格式规范表中的属性字段对原数据进行整理、入库；

② 转换坐标系，确保全套数据坐标系统一。

2.1.3.4　地震活动

地震活动包括历史 4¾ 以上强震目录、1970 年以来小震目录、地震台站 3 个空间图层（表 2.8 ~表 2.10）。数据类型属于空间数据。

表 2.8　历史 4¾ 以上强震目录（点属性）/ strong_catalog

英文字段	中文含义	数据类型	字段长度	备注
date	日期	varchar2	9	年月日
location	地名	varchar2	40	
longitude	经度	double	—	度
latitude	纬度	double	—	度
magnitude	震级	double	—	
depth	震源深度	short Integer	—	千米
epicenter	宏观震中烈度（极震区）	varchar2	8	
isoline	等震线	Blob		扫描位图

注：表中“—”表示缺，全书其他表格中均为“缺”，不再加注释。

表 2.9　1970 年以来小震目录（点属性）/ instrument_catalog

英文字段	中文含义	数据类型	字段长度	备注
date	日期	varchar2	9	年月日
time	时间	varchar2	16	时分秒
location	地名	varchar2	40	
longitude	经度	double	—	度
latitude	纬度	double	—	度
magnitude	震级	double	—	
depth	震源深度	short Integer	—	千米
epicenter	宏观震中烈度	double	—	

表 2.10　地震台站（点属性）/ observation_station

英文字段	中文含义	数据类型	字段长度	备注
station_id	台站编码	char	20	监测司制
name	台站名称	varchar2	40	
level	台站级别	varchar2	6	
class	台站归类	varchar2	6	
longitude	台站经度	double	—	度
latitude	台站纬度	double	—	度
basement	台址、台基条件	varchar2	50	

续表

英文字段	中文含义	数据类型	字段长度	备注
tel	电话	varchar2	18	
fax	传真	varchar2	18	
mp	手机	varchar2	18	
email	电子邮件地址	varchar2	40	
item	监测项目	varchar2	200	
instrument	主要所用仪器	varchar2	200	
comment	备注	varchar2	100	

主要的处理包括：

① 按照数据格式规范表中的属性字段对原数据进行整理、入库；

② 转换坐标系，确保全套数据坐标系统一。

2.1.3.5 人口经济和土地利用数据

北京市人口经济和土地利用数据包括乡镇人口统计表与人口公里网格数据等（表 2.12 ~表 2.15）。数据类型属于空间数据。

表 2.11 乡镇人口统计表（街道办事处）（属性表）/ town_population

英文字段	中文含义	数据类型	字段长度	备注
ID	编码	char	14	必须编码
name	乡镇名称	varchar2	40	
total	总人口	double	—	人
family	家庭户户数	double	—	户
over65	大于 65 岁人口	double	—	人
under14	0 ~ 14 岁年龄人口	double	—	人
resident	居住本地，户口在本地人口数	double	—	人

表 2.12 人口公里网格数据（栅格数据）/ population_grid

英文字段	中文含义	数据类型	字段长度	备注
ID	编码	char	14	必须编码
value	人口数量	number	10	单位：人

表 2.13　人口热力图　population_heatmap

英文字段	中文含义	数据类型	字段长度	备注
ID	编码	char	14	必须编码
time	时间	time	10	小时
value	总人口	number	10	人

表 2.14　国内生产总值（公里网格数据）/ GDP

英文字段	中文含义	数据类型	字段长度	备注
ID	编码	char	14	必须编码
gdp	国内生产总值	number	10	万元
agri_value	第一产业总产值	number	10	万元
industry_value	第二产业总产值	number	10	万元
service_value	第三产业总产值	number	10	万元
building_value	建筑业总产值	number	10	万元
remark	备注	Char	255	

表 2.15　土地利用数据（栅格数据）/ landuse

英文字段	中文含义	数据类型	字段长度	备注
ID	编码	char	14	必须编码
urban_land	城镇建设用地百分比	float	5	
village_land	农村居民点建设用地百分比	float	5	

主要的处理包括：

① 对乡镇人口统计表中 ID 与乡镇代码库 ID 是否对应；

② 转换坐标系，确保全套数据坐标系统一。

2.1.3.6　建筑物数据

北京市建筑物数据包括建筑物公里网格与第六次人口普查长表数据资料第九卷住房（表 2.16）。

表 2.16　第六次人口普查长表数据资料第九卷住房

英文字段	中文含义	数据类型	字段长度	备注
ID	编码	char	14	必须编码
Area	地区	char	20	
Average_area	人均建筑面积	double	—	
Rcframe_households	钢及钢筋混凝土结构户数	double	—	
Rcframe_area	钢及钢筋混凝土建筑面积	double	—	
Masonry_households	混合结构户数	double	—	
Masonry_area	混合结构建筑面积	double	—	
Brick_households	砖木结构户数	double	—	
Brick_area	砖木结构建筑面积	double	—	
Other_households	其他结构户数	double	—	
Other_area	其他结构建筑面积	double	—	

主要的处理包括：

① 第六次人口普查长表数据资料第九卷住房中，对于 ID 字段进行编码；

② 转换坐标系，确保全套数据坐标系统一。

2.1.3.7　生命线工程

生命线工程包括水厂泵房、变电站信息 2 个空间图层（表 2.17，表 2.18）。数据类型属于空间数据。

表 2.17　水厂泵房数据内容及格式

英文字段	中文含义	数据类型	字段长度	备注
name	水厂名称	varchar2	40	
longitude	经度	varchar2	40	
latitude	纬度	varchar2	40	
id	建筑物编码	char	14	
Building_name	建筑物名称	varchar2	40	
type	结构类型	int	4	1 钢筋混凝土框架结构，2 砖砌体结构，4 单层砖柱厂房，5 单层钢筋混凝土柱厂房
floors	建筑层数	int	4	
area	建筑面积	double	—	m^2
material	混凝土等级	varchar2	3	如 C30，填“30”
Material_ type	砖砌体标号	varchar2	40	如：MU15
site	场地类别	int	4	1，2，3，4，单位：类
Liquefaction6	6 度时液化程度	int	4	0 无，1 中等，2 严重
Liquefaction7	7 度时液化程度	int	4	0 无，1 中等，2 严重
Liquefactio8	8 度时液化程度	int	4	0 无，1 中等，2 严重
Liquefaction9	9 度时液化程度	int	4	0 无，1 中等，2 严重
Seismic_subsidence6	6 度时震陷程度	int	4	0 无，1 中等，2 严重
Seismic_subsidence7	7 度时震陷程度	int	4	0 无，1 中等，2 严重
Seismic_subsidence8	8 度时震陷程度	int	4	0 无，1 中等，2 严重
Seismic_subsidence9	9 度时震陷程度	int	4	0 无，1 中等，2 严重
year	建设年代	short Integer	—	年
intensity	设防烈度	int	4	度

表 2.18　变电站数据内容及格式

英文字段	中文含义	数据类型	字段长度	备注 1：基本说明	数据等级要求 1 级，必填，最低限度要求 2 级，可能时要尽量填写 3 级，没有时不强求
ID	变电站编码	char	14	可不编码	
name	变电站名称	varchar2	40		1 级
position	变电站位置	varchar2	40	×× 县 ×× 乡或 ×× 市 ×× 街道	1 级
longitude	经度	varchar2	40		1 级
latitude	纬度	varchar2	40		1 级
Type_of_Substation	变电站类型	char	14		1 级
Voltage_grade	变电站电压等级	double	—	kV	1 级
Structure_type	主控室房屋结构类型	char	14	A：钢混；B：砖混；C：砖木；D：钢结构	1 级
Fortification_intensity	设防烈度	int	4	度	2 级
Substation_total cost	变电站总造价	double	—	万元，等于下边三项之和	2 级
Cost_of_high_voltage_electrical_equipment_outdoors	室外高压电气设备总造价	double	—	万元	
Cost_of_indoor_equipment	室内设备总造价	double	—	万元	
Cost_of_ building	房屋建筑总造价	double	—	万元	
year	建设年代	int	4	年	
site	场地类别	int	4	1，2，3，4 类	

主要的处理包括：

① 变电站信息中，根据北京市地震局提供的台账数据，按照位置信息，结合普市情数据、POI、GIS 数据库、基础地形图、影像数据等参考数据对变电站信息点进行变电站名称搜索，实现点位空间化；

② 水厂泵房中，根据经纬度坐标定位实现点位空间化；

③ 对水厂泵房和变电站信息的 ID 进行编码；

④ 按照数据格式规范表中的属性字段对原数据进行整理、入库；

⑤ 转换坐标系，确保全套数据坐标系统一。

2.1.3.8　次生灾害源分布

次生灾害源分布包括重大火灾、爆炸、有毒、放射危险源分布图、水库分布图 2 个空间图层（表 2.19，表 2.20）。数据类型属于空间数据。

表 2.19　重大火灾、爆炸、有毒、放射危险源分布图（点属性）/ dangerous_source

英文字段	中文含义	数据类型	字段长度	备注
ID	编码	char	14	可不编码
name	所属单位名称	varchar2	40	
postcode	邮政编码	varchar2	6	
location	所在位置	varchar2	40	
feature	危险品类别名称	varchar2	10	
storage	危险源储量	varchar2	40	
	存储介质（可选）	varchar2	20	
	存储介质材质或类型（可选）	varchar2	40	
capacity	主要设备抗震能力	varchar2	60	
intensity	危险品仓库的抗震能力	varchar2	10	
fire	消防能力	varchar2	60	
crowd	周围 1000 米内有无人口密集场所	varchar2	100	
note	简介	varchar2	200	

表 2.20　水库分布图（面属性）/ reservoir

英文字段	中文含义	数据类型	字段长度	备注
ID	编码	char	14	可不编码
name	名称	varchar2	40	
location	所在位置	varchar2	40	
dam_height	坝高	double	—	米
design_volume	设计库容	double	—	立方米
perennial_volume	常年蓄水量	double	—	立方米
max_level	最高水位	double	—	米
dam_structure	坝体结构	varchar2	20	
intensity	坝体设防烈度	varchar2	10	
built_era	建筑年代	varchar2	10	
status	水库现状	varchar2	200	

主要的处理包括：

① 重大火灾、爆炸、有毒、放射危险源分布图中，根据北京市地震局提供的台账数据，按照位置信息，结合普查市情数据、POI、GIS 数据库、基础地形图、影像数据等参考数据，进行点位空间化；

② 按照数据格式规范表中的属性字段对重大火灾、爆炸、有毒、放射危险源分布图进行更新、整理、入库；

③ 按照数据格式规范表中的 ID 编码规则对重大火灾、爆炸、有毒、放射危险源分布图与水库分布图进行编码；

④ 转换坐标系，确保全套数据坐标系统一。

2.1.3.9　救灾物资

救灾物资包括物资储备库分布图与救灾物资仓库明细表（表 2.21，表 2.22）。数据类型属于空间数据。

表 2.21　物资储备库分布图（点属性）/ storage

英文字段	中文含义	数据类型	字段长度	备注
ID	编码	char	14	必须编码
name	名称	varchar2	40	
postcode	邮政编码	varchar2	6	
location	位置	varchar2	50	
tel	联系电话	varchar2	20	
note	简介	varchar2	200	

表 2.22　救灾物资仓库明细表（属性表）/ storage_inventory

英文字段	中文含义	数据类型	字段长度	备注
ID	编码	char	14	必须编码
goods_name	物资种类名称	varchar2	30	
unit	物资种类计量单位	varchar2	10	
quantity	物资数量	long Integer	10	
note	物资描述	varchar2	500	

主要的处理包括：

① 根据北京市地震局提供的台账数据，按照位置信息，结合普查市情数据、POI、GIS 数据库、基础地形图、影像数据等参考数据确定物资库名称、位置属性并进行空间化，如上述数据缺失，物资库按照列“主管单位”定位；

② 按照数据格式规范表中的属性字段对物资储备库分布图、救灾物资仓库明细表进行整理、入库；

③ 按照数据格式规范表中的 ID 编码规则对物资储备库分布图、救灾物资仓库明细表进行编码；

④ 转换坐标系，确保全套数据坐标系统一。

2.1.3.10　避难场所

避难场所包括城市避难场所、城市避难场所面状矢量图 2 个空间图层（表 2.23）。数据类型属于空间数据。

表 2.23　城市避难场所（点属性和面属性）/ shelter/ shelter_py

英文字段	中文含义	数据类型	字段长度	备注
ID	行政代码	char	20	
Pro	省	Varchar	30	
Cit	市	Varchar	30	
Con	区 / 县	Varchar	30	
Tow	乡镇	Varchar	30	
Vil	行政村	Varchar	30	
RefID	避难场所 ID	char	6	
Ref	避难场所名称	Varchar	30	
Lon	经度	double	—	

续表

英文字段	中文含义	数据类型	字段长度	备注
Lat	维度	double	—	
Date	建成时间	Date		
Type	类型	Varchar	30	
Deg	级别	char	1	
Cha	性质	char	1	
Sign	有无明确标志	char	1	
area	总面积	double	—	万平方米
entrance	出入口数	double	—	
Popref	预定疏散人数	double	—	万人
Note	其他	Varchar	30	如面状矢量图

主要的处理包括：

① 按照数据格式规范表中的属性字段对城市避难场所、城市避难场所面状矢量图进行整理、入库；

② 按照数据格式规范表中的 ID 编码规则对城市避难场所、城市避难场所面状矢量图进行编码；

③ 转换坐标系，确保全套数据坐标系统一。

2.1.3.11 救援医疗抢修消防

救援医疗抢修消防包括救援队伍分布图、生命线工程抢修队伍分布图、行业抢险救灾队伍数据表、医疗队伍分布图、医疗力量、消防队伍分布图、城市历史火灾、专业生命救援队伍、重型工程设备 9 类（表 2.24 ~表 2.32）。数据类型属于空间数据。

表 2.24 救援队伍分布图（点属性）/ relief_troop

英文字段	中文含义	数据类型	字段长度	备注
ID	编码	char	14	
name	救援队伍名称	varchar2	40	
longitude	经度	double	—	度
latitude	纬度	double	—	度
tel	联系电话	Varchar2	20	
type	力量种类	varchar2	10	
Relief_groop	救援队人数需求	short Integer	—	个
Relief_Vehicle	救援车辆需求	short Integer	—	辆

续表

英文字段	中文含义	数据类型	字段长度	备注
Single soldier_ equip	单兵装备数量	short Integer	—	套
motion_mode	机动方式	varchar2	50	
capability	救援能力描述	varchar2	200	
note	简介	varchar2	200	

表 2.25　生命线工程抢修队伍分布图（点属性）/ Lifeline_engineering_repair_team

英文字段	中文含义	数据类型	字段长度	备注
ID	编码	char	14	
name	抢险队名称	varchar2	40	
type	力量种类	varchar2	10	
longitude	经度	double	—	度
latitude	纬度	double	—	度
Repair_worker	抢修人员数量	short Integer	—	人
Satallite_call	卫星电话数量	short Integer	—	个
Intercom	对讲机数量	short Integer	—	个
Comm_Bs	移动通信基站数量	short Integer	—	个
Comm_car	移动应急车数量	short Integer	—	辆
Power_car	应急电源车数量	short Integer	—	辆
Bulldozer	推土机数量	short Integer	—	个
Excavator	挖掘机数量	short Integer	—	个

表 2.26　行业抢险救灾队伍数据表结构　relief_troop2

英文字段	中文含义	数据类型	字段长度	备注
ID	编码	char	14	统一编代码
Name	救灾力量名称	char	40	
PostCode	邮政编码	char	6	
Type	力量种类	char	20	
Location	所在市或县	char	40	
Tel	联系电话	char	18	
Scale	救援队伍规模	char	50	
MotionMode	机动方式	char	50	
Capability	救援能力描述	char	200	
Note	简介	char	200	

表 2.27 医疗队伍分布图（点属性）/ medical_team

英文字段	中文含义	数据类型	字段长度	备注
ID	编码	char	14	
name	医疗队伍名称	varchar2	40	
longitude	经度	double	—	度
latitude	纬度	double	—	度
Team	医疗队数量	short Integer	—	支
doctors	医疗队人员数量	short Integer	—	个
plasma	血浆量	double	—	毫升

表 2.28 医疗力量（属性表）/ medical

英文字段	中文含义	数据类型	字段长度	备注
ID	行政区编码	char	14	必须编码
name	区域名称	varchar2	40	
hospital	医院数量	double	—	个
bed	病床数量	double	—	床位
ambulance	急救车辆数量	double	—	辆
plasma	库存血浆量	double	—	毫升
doctor	医生数	double	—	人
surgery_dct	外科医生数	double	—	人
orthopedist	骨科医生数	double	—	人
anesthetist	麻醉科医生数	double	—	人
nurse	护理人员数	double	—	人

表 2.29 消防队伍分布图（点属性）/ fire_team

英文字段	中文含义	数据类型	字段长度	备注
ID	编码	char	14	
name	消防队伍名称	varchar2	40	
postcode	邮政编码	char	6	
longitude	经度	double	—	度
latitude	纬度	double	—	度
tel	联系电话	varchar2	50	
Fire_man	消防人员数量	double	—	个
Fire_truck	消防车辆数量	double	—	辆
note	消防能力描述	varchar2	80	

表 2.30　城市历史火灾

英文字段	中文含义	数据类型	字段长度	备注
ID	编码	char	14	可不编码
name	名称	varchar2	1000	
location	地名	varchar2	40	县区 + 乡镇 + 村 + 自然村 + 火灾所在地点名称
longitude	经度	double	—	度
latitude	纬度	double	—	度
Dead_number	死亡人数	short Integer	—	个
loss_volume	经济损失	double	—	万元

表 2.31　专业生命救援队伍

英文字段	中文含义	数据类型	字段长度	备注
ID	编码	Char	14	可不编码
name	救援队伍名称	varchar2	40	
longitude	经度	double	—	度
latitude	纬度	double	—	度
Type	队伍种类	varchar2	10	见注释
Contact	联系人	varchar2	20	
Tel	联系电话	varchar2	20	
Scale1	救援队伍级别	varchar2	50	见注释
scale	救援队伍人数	Long Integer	10	人数
Structure	队伍结构	varchar2	40	见注释
Motion_mode	机动载体	varchar2	50	见注释
Motion_power	运载能力	varchar2	50	吨
Motion_speed	机动速度	varchar2	50	千米 / 小时
Rescue_capability_1	绳索救援技术	varchar2	50	接受过什么机构培训技术级别（初、中、高级）
Rescue_capability_2	建筑物倒塌技术	varchar2	50	接受过什么机构培训技术级别（初、中、高级）
Rescue_capability_3	沟渠救援技术	varchar2	50	接受过什么机构培训技术级别（初、中、高级）
Rescue_capability_4	密闭空间救援技术	varchar2	50	接受过什么机构培训技术级别（初、中、高级）
Rescue_capability_5	车辆救援技术	varchar2	50	接受过什么机构培训技术级别（初、中、高级）
Rescue_capability_6	激流救援技术	varchar2	50	接受过什么机构培训技术级别（初、中、高级）

续表

英文字段	中文含义	数据类型	字段长度	备注
Rescue_capability_7	矿道隧道救援技术	varchar2	50	接受过什么机构培训 技术级别（初、中、高级）
Equipment_list	装备清单	varchar2	200	收集装备清单表 / 总重量
object	救援任务	varchar2	40	见注释
range	救援任务分区	varchar2	40	见注释
Case	救援案例	varchar2	200	见注释

表 2.32　重型工程设备

英文字段	中文含义	数据类型	字段长度	备注
ID	编码	char	14	必须编码
name	工程设备种类名称	varchar2	30	附照片
quantity	物资数量	number	10	
note	物资能力描述	varchar2	255	吨位等描述
location	位置	varchar2	50	包含经纬度

主要的处理包括：

① 根据北京市地震局提供的台账数据，按照位置信息，结合普查市情数据、POI、GIS 数据库、基础地形图、影像数据等参考数据，对救援队伍分布图、生命线工程抢修队伍分布图、行业抢险救灾队伍数据表、医疗队伍分布图、城市历史火灾、专业生命救援队伍、重型工程设备进行点位空间化；

② 按照数据格式规范表中的属性字段对上述数据进行整理、入库；

③ 按照数据格式规范表中的 ID 编码规则对上述数据进行编码；

④ 转换坐标系，确保全套数据坐标系统一。

2.1.3.12　重点目标分布

重点目标分布包括：城区重要目标分布图、学校表、医院 3 个空间图层（表 2.33 ~ 表 2.35）。数据类型属于空间数据。

表 2.33　城区重要目标分布图 / city_keyobject

英文字段	中文含义	数据类型	字段长度	备注
ID	编码	char	14	可不编码
name	名称	varchar2	40	
postcode	邮政编码	char	6	

续表

英文字段	中文含义	数据类型	字段长度	备注
class	性质	double	—	
note	备注	varchar2	100	

表 2.34　学校（属性表）/ school

英文字段	中文含义	数据类型	字段长度	备注
ID	编码	char	14	必须编码
full_name	区县行政区名称	varchar2	40	
unitname	学校名称	varchar2	100	
postcode	邮政编码	varchar2	6	
class	学校性质	varchar2	20	
scale	学校规模	varchar2	100	
teacher	教师人数	long Integer	10	
student	学生人数	long Integer	10	
note	学校主体建筑结构描述	varchar2	200	

表 2.35　医院（属性表）/ hospital

英文字段	中文含义	数据类型	字段长度	备注
ID	编码	char	14	必须编码
name	医院名称	varchar2	40	
postcode	邮政编码	char	6	
location	位置	varchar2	50	
tel	联系电话	varchar2	20	
bed	病床数量	short Integer	10	
membership	所属部门	varchar2	40	
type	医院类别	varchar2	20	
grade	等级	varchar2	40	
ambulance	急救车辆数量	double	—	辆
plasma	库存血浆量	double	—	毫升
doctor	医生数	double	—	人
surgery_dct	外科医生数	double	—	人
orthopedist	骨科医生数	double	—	人
anesthetist	麻醉科医生数	double	—	人
nurse	护理人员数	double	—	人
note	能力描述	varchar2	300	

主要的处理包括：

① 按照数据格式规范表中的属性字段对上述数据进行整理、入库；

② 按照数据格式规范表中的 ID 编码规则对上述数据进行编码；

③ 转换坐标系，确保全套数据坐标系统一。

2.1.3.13　铁路水道隧道机场

铁路水道隧道机场包括机场 1 个空间图层（表 2.36）。数据类型属于空间数据。

表 2.36　机场分布图（面属性或点属性）/ airport

英文字段	中文含义	数据类型	字段长度	备注
ID	编码	char	14	统一编代码
Name	名称	char	40	
PostCode	邮政编码	char	6	
Location	所在省级和县级行政区名称	char	40	
AirFldLev	飞行区等级指标	char	10	
Civil	是否民用机场	char	2	
Plane	起降机型	char	40	
Note	简介	char	200	

主要的处理包括：

① 对于未编码的 postcode 字段通过查阅资料进行编码；

② 按照数据格式规范表中的属性字段对上述数据进行整理、入库；

③ 按照数据格式规范表中的 ID 编码规则对上述数据进行编码；

④ 转换坐标系，确保全套数据坐标系统一。

2.1.3.14　地形和遥感数据

地形和遥感数据包括 DEM 高程数据 6 个栅格图层，图层名分别是 brick_grid；dem_grid；high_grid；other_ grid；rcframe_ grid；single_ grid。

主要的处理包括：

转换坐标系，确保全套数据坐标系统一。

2.1.3.15　其他数据

其他数据包括：气候、地震应急预案表 2 个空间表（表 2.37，表 2.38）。数据类型属于空间数据。

表 2.37　气候（属性表）/ climate

英文字段	中文含义	数据类型	字段长度	备注
ID	编码	char	14	必须编码
name	行政区名称	varchar2	40	
month	月份	int		
av_prec	平均降水量	double	—	毫米
h_ prec	最高降水量	double	—	毫米
l_ prec	最低降水量	double	—	毫米
av_temp	平均温度	double	—	
h_temp	最高温度	double	—	
l_temp	最低温度	double	—	
av_winddir	平均风向	varchar2	10	
av_windgrade	平均风力	double	—	单位为级

表 2.38　地震应急预案表（属性表）/ emergcy_plan

英文字段	中文含义	数据类型	字段长度	备注
ID	行政区编码	char	14	必须编码
full_name	行政区名称全称	varchar2	40	
unitname	预案单位名称	varchar2	60	
outline	应急预案全文	text	50	
member	指挥部成员	text	50	

主要的处理包括：

根据统计局网页进行 ID（编码）字段校对。

2.2　建筑物数据收集

北京市的建筑结构类型复杂，建筑年代多样。全面准确掌握朝阳区行政管辖范围内建筑物的基本情况，分析行政管辖区内地震风险种类及其危险程度，为制定防震减灾规划、地震应急救援等工作提供科学依据。因此，对所采集的信息，力求全面、完整和准确。项目组编制了包括建筑物名称、结构类型、抗震设防烈度等在内的 38 个属性的数据调查表，并形成“北京市朝阳区建筑物信息调查系统”进行建筑物信息采集和管理。

2.2.1 房屋数据采集内容

房屋数据采集的目的是后期的应用，因此，此次房屋数据采集的内容必须满足后期的地震灾害评估和地震情景构建的需求，为地震灾害风险评估提供数据支撑。为此，经过多次的专家咨询和实际讨论，编制了包括建筑物名称、结构类型、抗震设防烈度等在内的 38 个属性的数据调查表，为朝阳区全区的实地房屋调查服务。调查表的具体内容见表 2.39。

表 2.39　北京市朝阳区建筑信息调查表

填表单位：　　　　　　　　　　　　填表人：　　　　　日期：　　　年　　月　　日

建筑名称			
详细地址 / 邮编		所属街道 / 地区 / 乡	
所属小区 / 村		楼座编号	
建筑高度（m）		建筑层数	地上____层，地下____层
设计单位		建设单位	
施工单位		监理单位	
竣工时间		建筑面积（m^2）	
居住 / 办公人数	____________人	有无设计图纸	□有　□无
用途与功能	□住宅　□办公楼　□宾馆旅店　□工业厂房　□仓库　□政府　□车库 □幼儿园　□小 / 中 / 大学 □商业　□应急服务　□医院　□人防 □图书馆　□纪念馆　□博物馆　□体育馆　□电影院　□其他：____		
是否文物保护单位	□否　　是：□国家级　□省级　□市、县级		
抗震设防烈度	□不设防　□六度设防　□七度设防　□八度设防　□九度设防		
抗震设防分类等级	□特殊设防（甲类）　□重点设防（乙类）　□标准设防（丙类） □适度设防（丁类）		
依据的抗震设计规范	□ 74 规范　□ 78 规范　□ 89 规范　□ 2001 规范　□ 2010 规范		
建筑基础形式	□条形基础　□独立基础　□筏板基础　□箱型基础　□桩基础		
结构类型	□钢结构　□筒体　□框架　□剪力墙　□钢混　□砖混　□砖木 □其他：____		
墙体材料	□砖墙　□石墙　□生土墙　□多种材料混合　□其他：____		
是否有圈梁和构造柱	□无圈梁　□有圈梁　□无构造柱　□有构造柱		
楼顶类型	□现浇板平屋面　□预制板平屋面　□现浇板坡屋面　□非现浇板坡屋面 □其他：____		
场地土类别	□Ⅰ　□Ⅱ　□Ⅲ　□Ⅳ		
设计和施工资料	□齐全　□基本齐全　□无		
有无坠落危险物	□无　　有：（□无钢筋烟囱　□无钢筋女儿墙　□护栏　□空调室外机 □大型广告牌　□其他：____）		

续表

建筑名称			
是否进行过抗震加固	□是　□否	抗震加固时间	
是否被鉴定为危房	□是　□否	鉴定单位	
主体结构是否有裂缝	□无　有（□柱　□梁　□墙　□板）	裂缝情况	
平面是方形或矩形	□是　□否	立面不规则	□是　□否
建筑照片	□正面　□侧面　□背面		
其他补充说明			

2.2.2 房屋数据采集原则

为了确保本次建筑物数据的质量，北京市地震局的技术团队与朝阳区地震局就数据的质量审核，共同制定了一套评估标准。一般而言，数据的评判标准，主要包括数据完整性、一致性、准确性和及时性等四个方面。依据统一的评估标准，可以客观评估数据的质量。

2.2.2.1 数据完整性

完整性是指所填报的数据信息是否存在缺失的状况，数据缺失可能是整个建筑物信息的缺失，也可能是某个建筑物信息中某个字段信息的缺失。数据的完整性是数据质量最重要的一项评估指标，不完整的数据，其使用价值就会大大降低。

例如在数据收集的过程中，可能是“整个数据记录的缺失”，意思就是某些建筑物的信息没有收集上来，这方面只能通过后期运用百度卫星影像、Google Earth、航拍数据等手段对数据进行核查，以确定数据是否或者缺失数据的量。也可能是“数据中某个字段信息的记录缺失”，意思就是收集上来的建筑物信息中，某些字段的信息没有填写，比如“建筑面积”或“施工单位”没有填写，这些字段经过此次评估之后，需要后期进行添加和完善。

2.2.2.2 数据准确性

准确性是指数据记录的信息是否存在异常或错误。和一致性不一样，存在准确性问题的数据不仅仅只是规则上的不一致。最为常见的数据准确性错误就如乱码或者错误的信息。其次，异常的大或者小的数据也是不符合条件的数据。

例如，在数据收集的过程中，准确性方面存在的问题可能主要是某些字段信息缺乏准确性，比如“建筑层数”，有的填写的是“1”层，但是“建筑物高度”却是“18”米，这明显是错误信息；比如“建筑物经纬度”信息，有些邻近几个楼的经纬度数值都是一样的，这也是不符合实际情况的，是不准确信息。这些都需要在后期的数据核查中重新核对和改正。

2.2.2.3 数据一致性

一致性是指数据是否遵循了统一的规范，数据汇总是否按照统一的格式。数据质量的一致性主要体现在记录的规范和数据是否符合逻辑。一般的数据都有着标准的编码规则，对于数据记录的一致性检验是较为简单的，只要符合标准编码规则即可。此次建筑物信息调查和收集，采取的都是统一的规范和格式。

2.2.2.4 数据及时性

及时性是指数据从产生到可以查看的时间间隔，也叫数据的延时时长。及时性对于数据分析本身要求并不高，但如果数据分析周期加上数据建立的时间过长，就可能导致分析得出的结论失去了意义。对于发展比较成熟的区域，这项评估指标可以不做考虑；但是对于一些正在整改或者规划建设中的区域，需要在后期的数据使用过程中不停的更新和修改数据。

2.2.3 房屋数据采集介绍

为了方便高效地采集朝阳区的房屋数据，形成了“面向大震巨灾情景构建的北京市典型区域建筑物信息采集系统”进行建筑物信息采集和管理（图 2.1，图 2.2）。

为了提高信息采集的效率，本系统采用网上报送方式，具体操作步骤如下：

（1）进入系统。

在浏览器地址栏输入：http：//219.237.16.112，打开“面对大震巨灾情景构建的北京市典型区域建筑物信息采集系统”的登录界面（图 2.1）。

图 2.1　建筑物信息采集系统登录界面

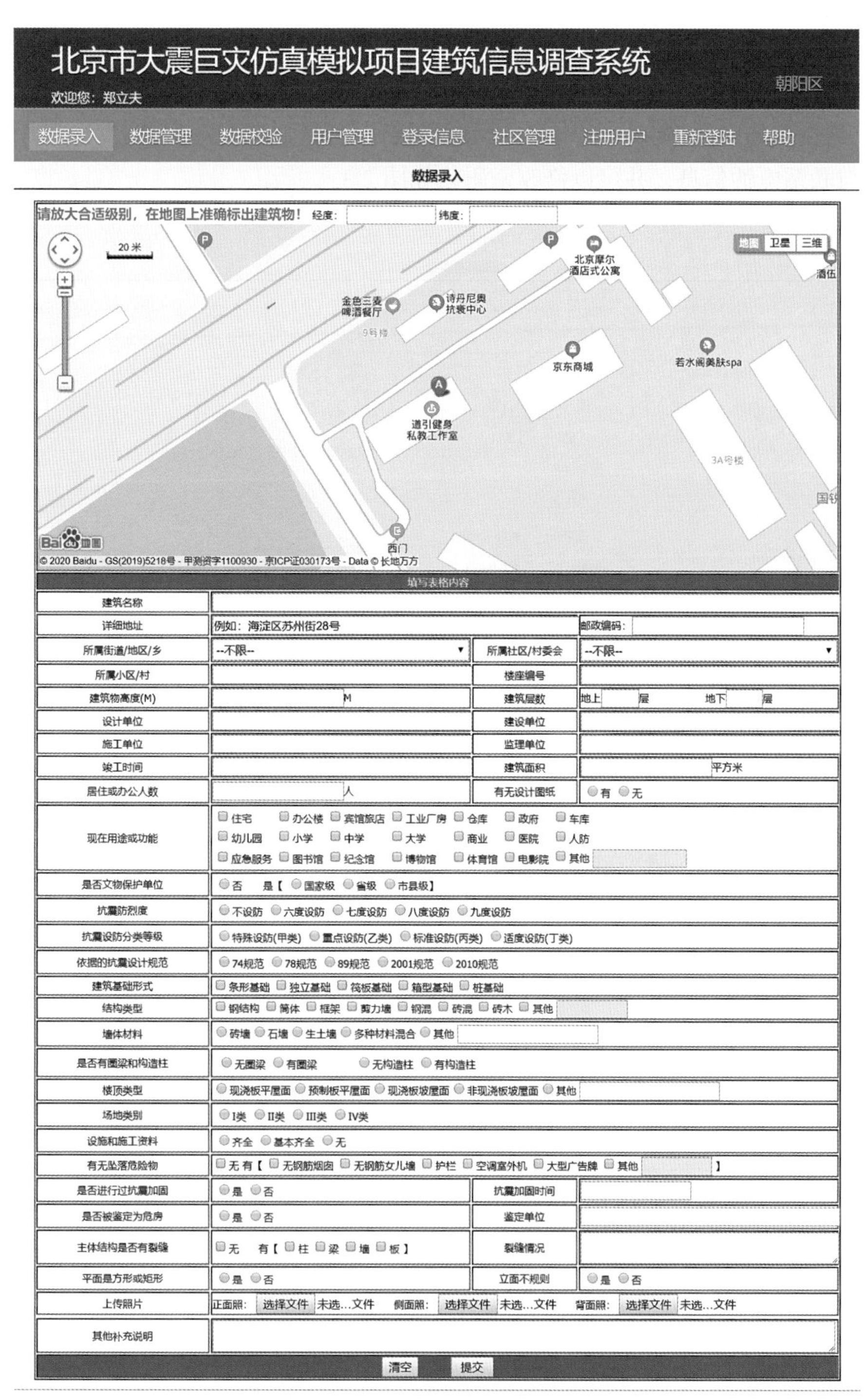

图 2.2　建筑物信息数据采集界面

（2）用户注册、登录。

用户登录可以选择两种方式。

① 通过为每个社区分配的用户名和密码进行登录，初次登录后需要完善用户的真实姓名与联系电话信息，并可以修改密码，如图 2.3：

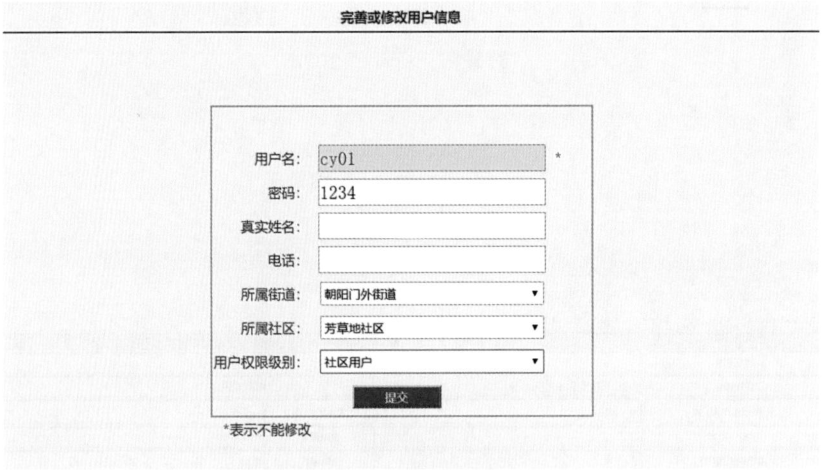

完善或修改用户信息

用户名：cy01 *

密码：1234

真实姓名：

电话：

所属街道：朝阳门外街道

所属社区：芳草地社区

用户权限级别：社区用户

提交

*表示不能修改

图 2.3　修改用户信息

② 通过系统提供的注册功能，注册一个新用户。点击“注册”，打开“用户注册”界面，填写相关信息，请准确选择用户所在的街道和社区。完成注册后，系统将自动跳转到系统的登录界面，用户填写“用户名”“密码”，即可进入“信息采集平台”。如图 2.4。

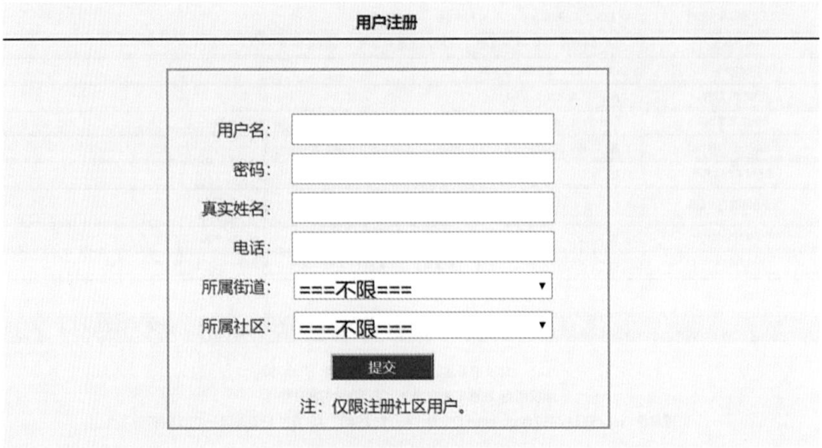

用户注册

用户名：

密码：

真实姓名：

电话：

所属街道：===不限===

所属社区：===不限===

提交

注：仅限注册社区用户。

图 2.4　用户注册

（3）填报信息。

用户登录后，可直接进入“信息采集平台”，按照表格内容逐项填写或者选择，上传建筑照片，完成所有信息填写后，点击“上传”，完成建筑信息上传工作。系统整体界面效果如下：如图 2.5、图 2.6。

图 2.5　信息采集平台

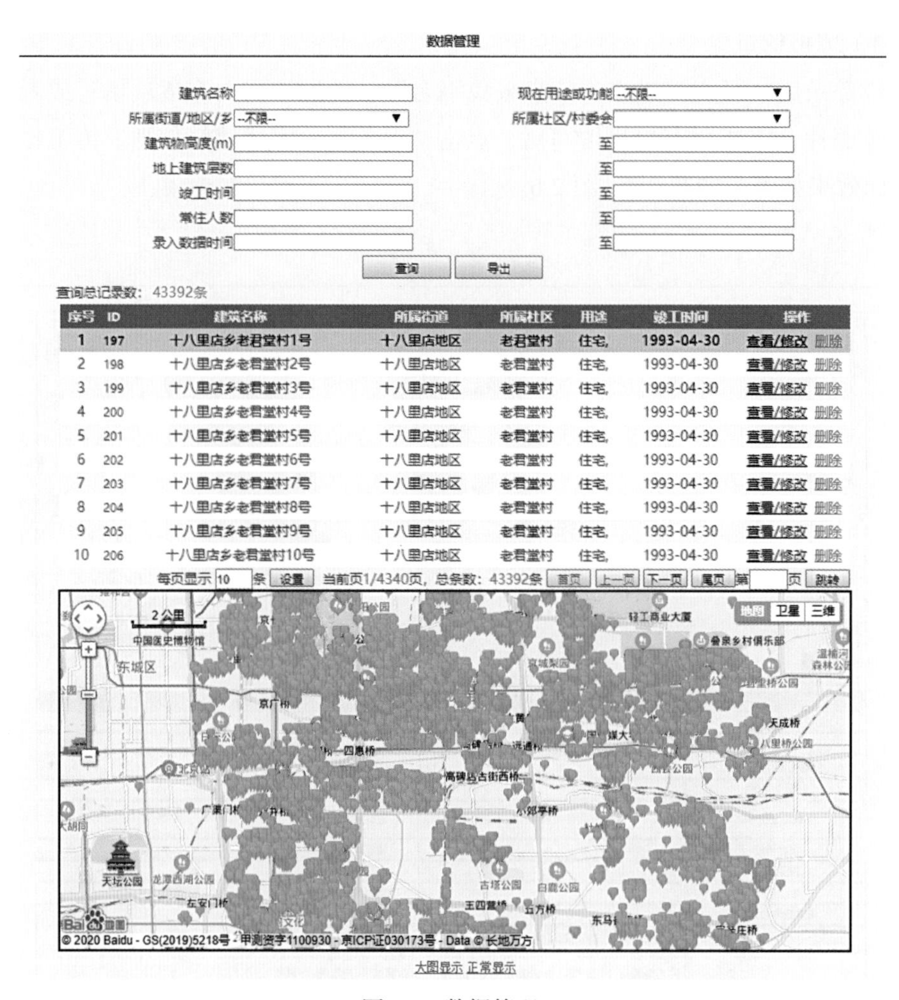

图 2.6　数据管理

（4）数据管理。

用户登录后，可以通过“数据管理”进行查看和修改所提交的数据。用户只能查看和修改自己社区的数据。

左侧为查询条件输入及结果列表显示区。

点击中间的控制栏可以显示或隐藏左侧区域。

右侧区域进行每条信息的显示、修改和重新提交。

（5）地图功能。

① 地图定位。

用户登录后，地图根据用户信息自动定位至对应的社区 / 村庄，当定位不准确时，需要用户自行拖动地图重新定位（图 2.7）。例如，东风地区、豆各庄村委对应的用户登录后，地图自动定位如下，用户放大地图显示到合适的位置即可。

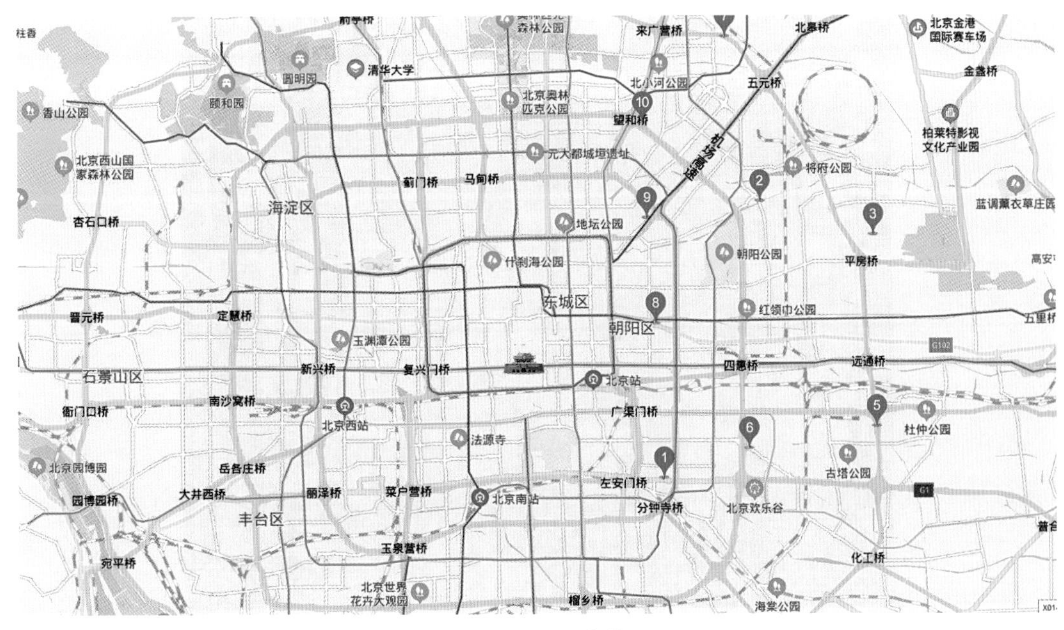

图 2.7　地图定位

② 地图操控。

地图可以直接通过鼠标拖动进行移动查看，可以直接通过鼠标滚轮进行地图的缩放，可以通过右上角的地图类型（卫星和三维）选择按钮选择不同类型的地图展示形式。

同一地区的基础地图与影像地图对比如图 2.8：

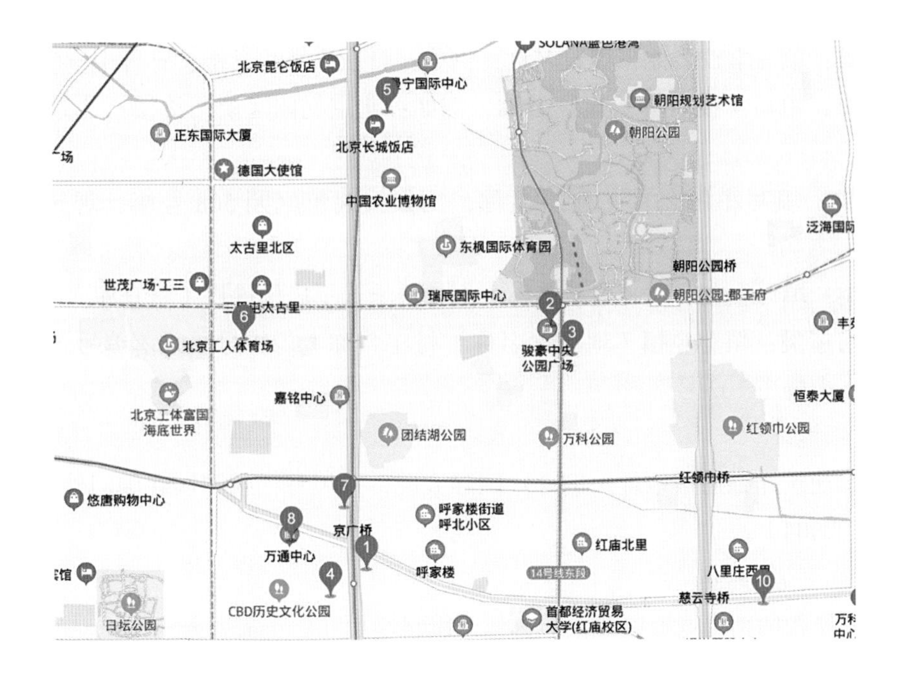

图 2.8　地图操控

（6）填表说明。

为了能够填写完整、准确的信息，下面对表格的填写内容作详细说明。在填表过程中，若对填报内容存在疑问或有不确定的选项，可以对照本说明进行填写。

① 建筑名称。

填写建筑的完整、准确名称，应包括建筑楼座编号。建筑名称要求唯一、不重复。

办公楼、写字楼类：填写该建筑的全称，例如：北京银泰中心。

学校类：填写学校名称 + 建筑名称，例如：日坛中学教学楼、日坛中学实验楼。

医院类：填写学校名称 + 建筑名称，例如：北京朝阳医院门诊楼、北京朝阳医院住院楼。

住宅类：填写小区名称 + 建筑名称，例如：观筑庭园 508 号楼、观筑庭园 512 号楼。

厂矿类：填写企业名称 + 建筑名称，例如：十八里店构件厂 1 号仓库。

农村房屋类：填写乡镇（地区）名称 + 村庄名称 + 门牌号（院落编号），例如：十八里店乡南杨庄 102 号院。

② 详细地址。

填写本建筑详细通信地址。例如：国际大厦，可填写：朝阳区建国门外大街 19 号（邮编：100004）。

③ 所属街道 / 地区 / 乡。

建筑物所在的街道或地区或乡名称。系统自动填充，不需要人工输入。

④ 所属小区 / 村。

建筑物所在小区、村庄名称。系统自动填充，不需要人工输入。

⑤ 建筑高度（m）。

根据该建筑《结构设计总说明》填写。没有相关资料的，填写建筑物室外地面到檐口或屋面面层的高度，坡屋顶的到顶尖二分之一处，如图 2.9。

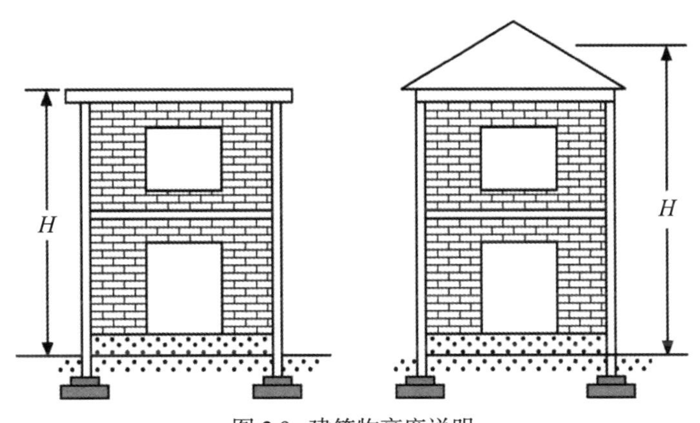

图 2.9　建筑物高度说明

⑥ 建筑层数。

分别填写建筑物地上、地下的层数。无地下室的地下层数填“0”。

⑦ 设计单位、建设单位、施工单位、监理单位。

填写建筑相关单位全称，没有经过正规公司的填写“个人自建”或“未知”

⑧ 竣工时间。

根据相关竣工验收证明的竣工日期填写，格式为“×××× 年 ×× 月 ×× 日”，如 2002 年 03 月 05 日。只能确定年份、月份的按“×××× 年 ×× 月 01 日”填写，如 1980 年 5 月，填写成 1980 年 05 月 01 日。

没有竣工验收证明资料，按照下列说明填写：

只能确定年份的按 ×××× 年 01 月 01 日填写，如 1985 建成的房屋，按 1985 年 01 月 01 日填写。

只能确定年代的按“19×0 年 01 月 01 日”填写，如 20 世纪 80 年代建成的房屋按“1980 年 01 月 01 日”填写。

无法确定年代但可以确定是解放后建造的房屋，统一为“1949 年 10 月 01 日”。

无法确定年代但可以确定是解放前建造的房屋，统一为“1949 年 09 月 30 日”。

⑨ 建筑面积。

填写建筑的总建设面积，单位为平方米。建议参考《建筑设计总说明》。

⑩ 居住 / 办公人数。

填写在本建筑居住或办公的总人数。

⑪ 有无设计图纸。

勾选本建筑是否有设计图纸。

⑫ 用途与功能。

勾选建筑物目前的实际用途、可多选。

⑬ 是否文物保护单位。

勾选本建筑是否属于文物保护单位。

非文物保护单位勾选“否”。

文物保护单位勾选“是”，并勾选相应的等级。

⑭ 抗震设防烈度。

根据该建筑《结构设计总说明》勾选。无相关信息的可不填。

⑮ 抗震设防分类等级。

根据该建筑《结构设计总说明》勾选。无相关信息的可不填。

甲、乙、丙、丁和特殊设防、重点设防、标准设防、适度设防是两种不同的表述方式。特殊设防相当于甲类、重点设防相当于乙类、标准设防相当于丙类、适度设防相当于丁类。

⑯ 依据的抗震设计规范。

根据该建筑《结构设计总说明》填写。无相关信息的可不填。

74 规范是《工业与民用建筑抗震设计规范》（TJ 11−74）的简称。

78 规范是《工业与民用建筑抗震设计规范》（TJ 11−78）的简称。

89 规范是《建筑抗震设计规范》（GBJ 11−89）的简称。

2001 规范是《建筑抗震设计规范》（GB 50011−2001）的简称。

2010 规范是《建筑抗震设计规范》（GB 50011−2010）的简称。

⑰ 建筑基础形式。

根据该建筑《结构设计总说明》勾选，无相关信息的可不填。

⑱ 结构类型。

根据该建筑《结构设计总说明》勾选，可多选。勾选项中没有的在其他一栏准确填写。

没有相关信息的，根据以下说明按照主要建筑材料进行勾选或填写。

钢结构：承重主要构件是用钢材建造的。

钢混结构：承重的主要构件是用钢筋混凝土建造的。如梁、柱或者墙是用钢筋混凝土建造的。

砖混结构：承重的主要构件是砖墙，楼屋面板和梁使用钢筋混凝土。

砖木结构：承重的主要构件是用砖墙、木柱。如一幢房屋是木制房架、砖墙、木柱建造的。

其他：凡不属于上述结构的房屋都归此类。如土坯墙、石砌墙、砖拱结构、窑洞等。

⑲ 墙体材料。

结构类型为砖混、砖木的建筑填写此项。

根据墙体砌筑材料勾选，使用多种砌筑材料的可多选。

砖墙：指使用红色或者青色烧结实心砖砌筑的墙体。

石墙：使用毛石或料石砌筑的墙体。

土墙：使用生土、夯土等土质材料建造的墙体。

其他：凡不属于上述四类的均归为其他类别。

⑳ 是否有圈梁和构造柱。

结构类型为砖混的建筑填写此项。

圈梁和构造柱是在砌完每层墙后用混凝土浇筑，并且是配有钢筋的梁和柱。圈梁是围成一圈的梁，构造柱位于房屋四角或纵横墙连接处。构造柱和圈梁连到一起，是为提高房屋整体性而采取的一种抗震措施（图 2.10）。

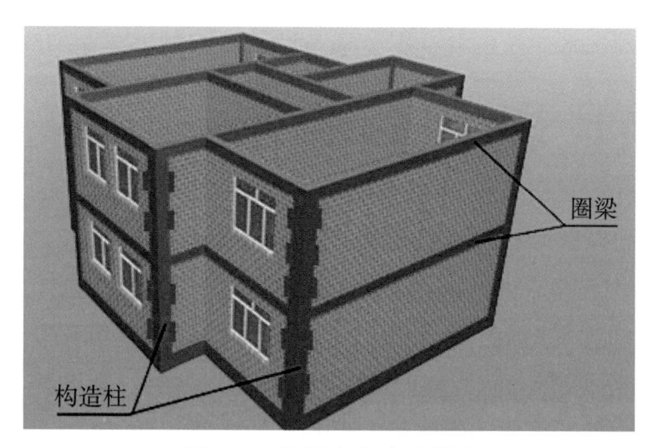

图 2.10　圈梁和构造柱说明

㉑ 楼顶类型。

根据顶层屋面材料和形式填写。

现浇板平屋面：是指使用现浇混凝土材料，坡度小于 10% 的屋面。

预制板平屋面：是指使用预制混凝土、预制钢板等材料，坡度小于 10% 的屋面。

现浇板坡屋面：是指使用现浇混凝土材料，坡度大于 10% 的屋面。

非现浇坡屋面：是指使用檩条、预制构件等做支撑，坡度大于 10% 的屋面。

其他：填写不能归入上述类型的屋面，请用文字加以说明。

㉒ 场地土类别。

根据该建筑《结构设计总说明》填写。无相关信息的可不填。

㉓ 设计和施工资料。

按照本建筑现存的设计、施工图纸、竣工验收等资料的完备情况进行勾选。

㉔ 有无坠落危险物。

坠落危险物指建筑的外墙、顶部有不是建筑设计方案中原有的，而是后期人为修建、外加的。

无钢筋烟囱：是指超过屋顶标高且没有采取钢筋加固措施的烟囱。

无钢筋女儿墙：是指建筑物屋顶四周围没有采取钢筋加固措施的矮墙。

其他：填写不能归入上述类型的坠落危险物，请用文字加以说明。

㉕ 是否进行过抗震加固。

勾选本建筑竣工后，是否对建筑进行抗震加固。

㉖ 是否被鉴定为危房。

勾选本建筑是否被鉴定为危房。

㉗ 主体结构是否有裂缝。

据实际情况，勾选本建筑的柱、梁、承重墙、楼板是否存在裂缝。

㉘ 平面是方形或矩形。

根据建筑物外轮廓在水平地面上的投影形状勾选。

平面就像手影是手的外轮廓在垂直墙面上的投影形状，这里的平面是指建筑物外轮廓在水平地面上的投影形状，不是指第一层平面形状。

㉙ 立面不规则。

立面不规则包括某一层墙、柱明显少于其他多数层的建筑；立面呈 U 形、L 形的退台建筑；首层柱高不等（通常是建在山坡上）或某一层层高明显小于或大于其他多数层的建筑；质量分布不均匀、墙体竖向不垂直的建筑（图 2.11）。

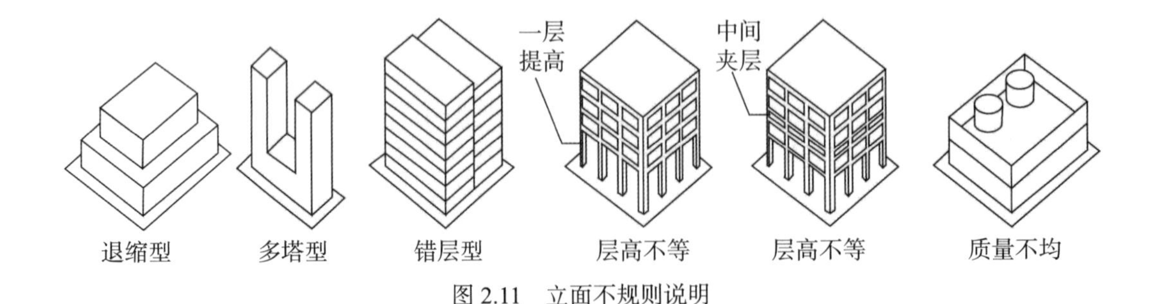

图 2.11　立面不规则说明

㉚ 补充说明。

对不能在表格中体现的重要信息在这里进行补充说明。重点包括以下内容：

不同楼层采用不同墙体材料或结构形式。例如一层钢混框架，以上几层砖混的建筑；一层有构造柱，二层没有。

改扩建或者加固的时间、楼层、使用的主要建筑材料，比如 1990 年 8 月扩建第二层使用黏土砖、钢筋、混凝土的材料。

裂缝位置、大小说明。

如果文字说明不能表达清楚，可以补充上述几项相关资料电子照片。

㉛ 建筑照片。

应提供该建筑的正面、侧面、背面三张彩色照片，单张照片的文件大小不大于 2MB。完全相同的楼房，在补充说明进行说明后，可以多栋楼共用照片。

㉜ 经纬度。

在建筑物信息填写完成上传之前，请在对应的地图上找到此建筑物，并进行点击定位、获取其经纬度。如果无法在地图上找到此建筑物的位置，请点击大概方位，获取其近似经纬度。如图 2.12。

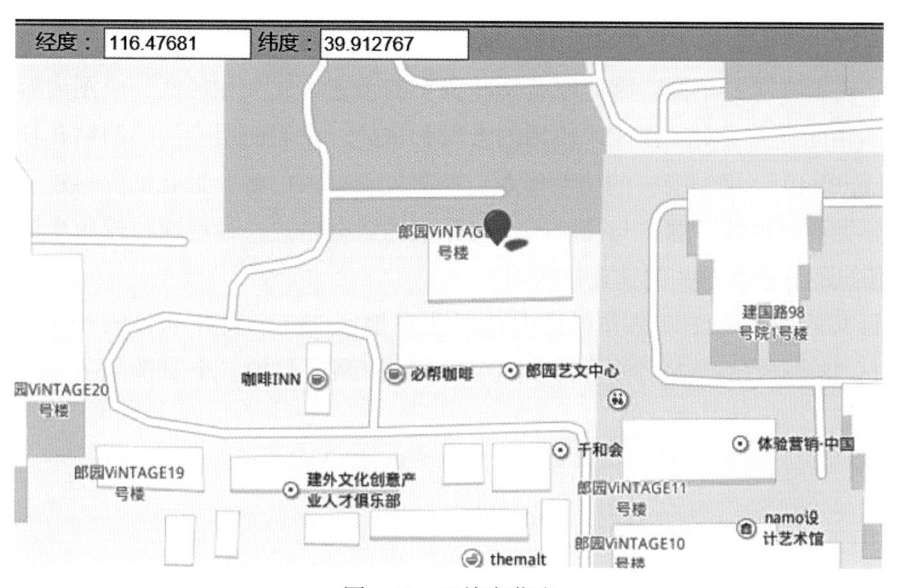

图 2.12　经纬度获取

（7）街道 / 社区用户名。

为了提高信息报送效率，项目组已经对朝阳区各街道、地区、乡及其下属的社区、村提前分配了“用户名”，初始密码均为 1234，该密码在登录后可进行修改。填报人员可根据该用户名和密码直接登录系统和填报信息。

例如：张 ×× 为建国门外街道南郎社区的填报人员，从表中可查得张 ×× 的用户名为“jw01”，密码为 1234。

2.3 场地钻孔数据收集

收集钻孔资料，主要目标是为了构建北京地区地下三维结构，为北京地区地震动输入提供场地条件参数。以北京市地震安全性评价资料为基础，整理钻孔资料数据，以沉积学、地统计学理论为指导，采用地质软件 Petrel 建立北京平原区浅层岩性模型。同时，综合分析北京地区的地质资料，建立 100m 以下范围的地质模型。

资料来源主要有京区从事地震安全性评价工作单位的工程场地地震安全性评价项目的工程地震勘察钻孔、“十五”重点项目强震台网的台站钻孔和北京活断层探测的试验钻孔。安评项目钻孔资料多数为纸介质位图格式的显示方式，因此我们采用图片扫描再进行各项内容数字化的方式进行资料的录入和编制。

由于资料来源的不同，因此原始钻孔资料的表述方式大相径庭，成图内容和格式也是各不相同，为了对工作成果使用的方便和快捷，我们使用专门绘制钻孔柱状图的软件（LogPlot），编制统一的绘制模版，并对先期录入的各个钻孔的资料进行分析、整理、分类，获得统一的、与模版匹配的标准的数据格式，最后通过模版生成包含所有资料信息的、格式统一的钻孔柱状图。

项目共收集了 682 口钻井，其中包括北京地区 236 个安评项目的 650 个钻孔，北京地区 28 个台站的 29 个钻孔，北京活断层探测项目的 3 个试验钻孔（图 2.13 ~ 图 2.15）。

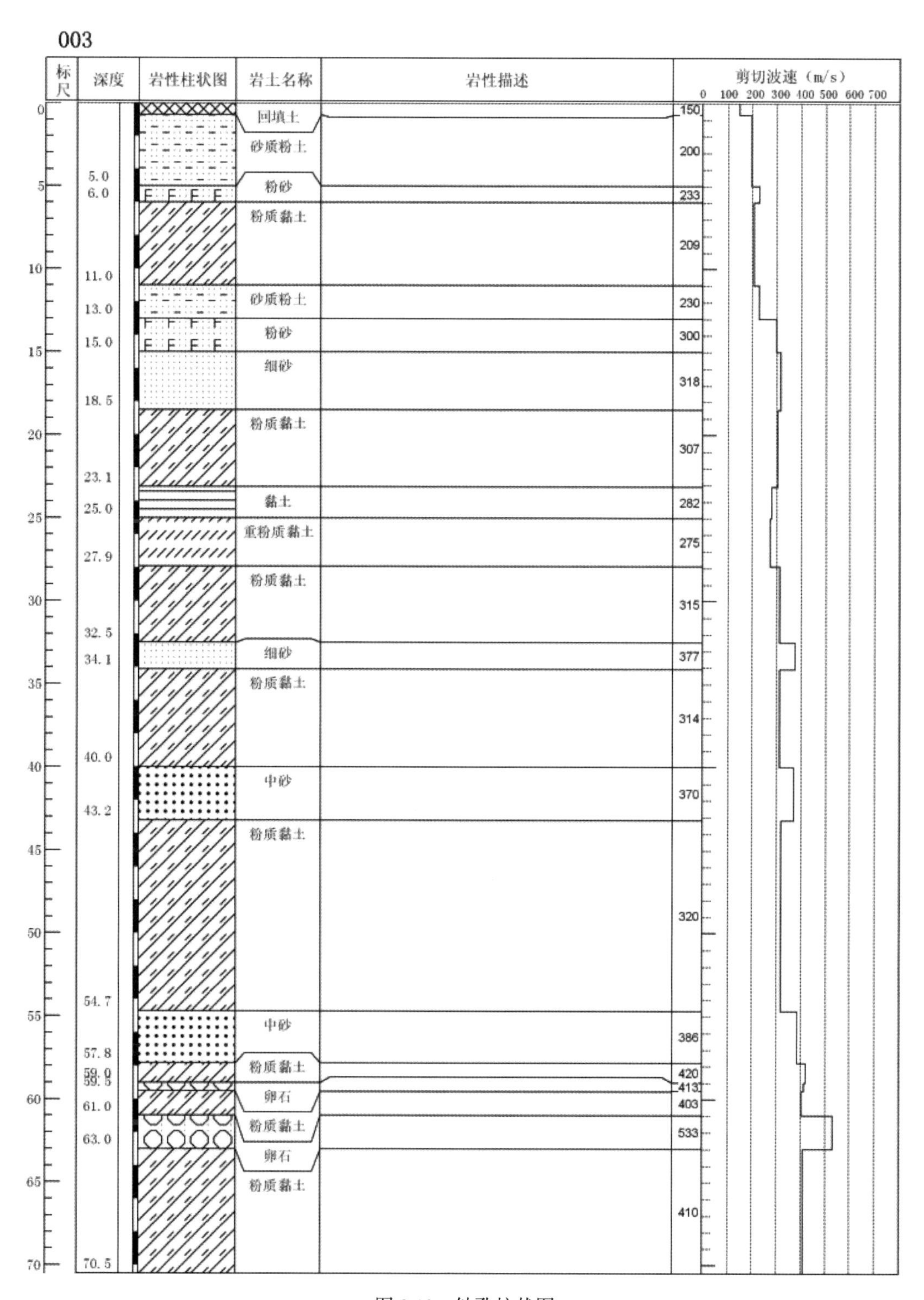
003
标尺
深度
岩性柱状图
岩土名称
岩性描述
剪切波速（m/s）
0 100 200 300 400 500 600 700
回填土
砂质粉土
粉砂
粉质黏土
砂质粉土
粉砂
细砂
粉质黏土
黏土
重粉质黏土
粉质黏土
细砂
粉质黏土
中砂
粉质黏土
中砂
粉质黏土
卵石
粉质黏土
卵石
粉质黏土
5.0
6.0
11.0
13.0
15.0
18.5
23.1
25.0
27.9
32.5
34.1
40.0
43.2
54.7
57.8
59.0
59.5
61.0
63.0
70.5
150
200
233
209
230
300
318
307
282
275
315
377
314
370
320
386
420
413
403
533
410
0
5
10
15
20
25
30
35
40
45
50
55
60
65
70

图 2.13　钻孔柱状图

层顶(m)	层底(m)	岩性
0	0.7	回填土^
0.7	5.0	砂质粉土^
5.0	6.0	粉砂^
6.0	11.0	粉质黏土^
11.0	13.0	砂质粉土^
13.0	15.0	粉砂^
15.0	18.5	细砂^
18.5	23.1	粉质黏土^
23.1	25.0	黏土^
25.0	27.9	重粉质黏土^
27.9	32.5	粉质黏土^
32.5	34.1	细砂^
34.1	40.0	粉质黏土^
40.0	43.2	中砂^
43.2	54.7	粉质黏土^
54.7	57.8	中砂^
57.8	59.0	粉质黏土^
59.0	59.5	卵石^
59.5	61.0	粉质黏土^
61.0	63.0	卵石^
63.0	70.5	粉质黏土^

图 2.14　钻孔数据

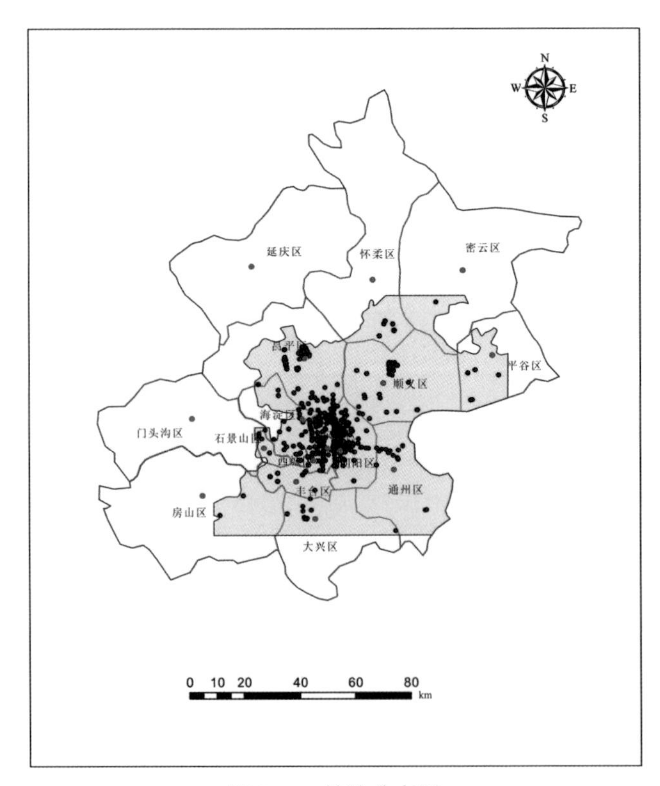

图 2.15　钻孔分布图

第 3 章　地下三维结构建模

3.1　地下三维结构建模的研究目标

以北京市地震安全性评价资料为基础，整理钻孔资料数据，以沉积学、地统计学理论为指导，采用地质软件 Petrel 建立北京平原区浅层岩性模型。同时，综合分析北京地区的地质资料，建立 100m 以下范围的地质模型（图 3.1）。地下三维建模是为北京地区地震动输入提供场地条件参数。

图 3.1　北京市钻孔分布图

3.2 模型构建的技术路线及主要工作

3.2.1 模型构建的技术路线

资料来源主要有北京地区从事地震安全性评价工作单位的工程场地地震安全性评价项目的工程地震勘察钻孔、“十五”重点项目强震台网的台站钻孔和北京活断层探测的试验钻孔。其中包含北京地区 236 个安评项目的 650 个钻孔，北京地区 28 个台站的 29 个钻孔，北京活断层探测项目的 3 个试验钻孔。

充分利用现有的勘探和研究资料，在充分吸收、消化、综合现有工作成果的基础上，将地质软件 Petrel 作为研究工具，以沉积学、地统计学理论为指导，从处理、分析已有钻井资料入手，最终完成北京平原区浅层岩性模型的搭建工作。

根据上述总体目标和具体细化的内容要求，主要开展以下几方面研究工作：钻井资料的分析与处理；研究区模型框架搭建；研究区岩性展布特征分析。

技术路线如图 3.2：

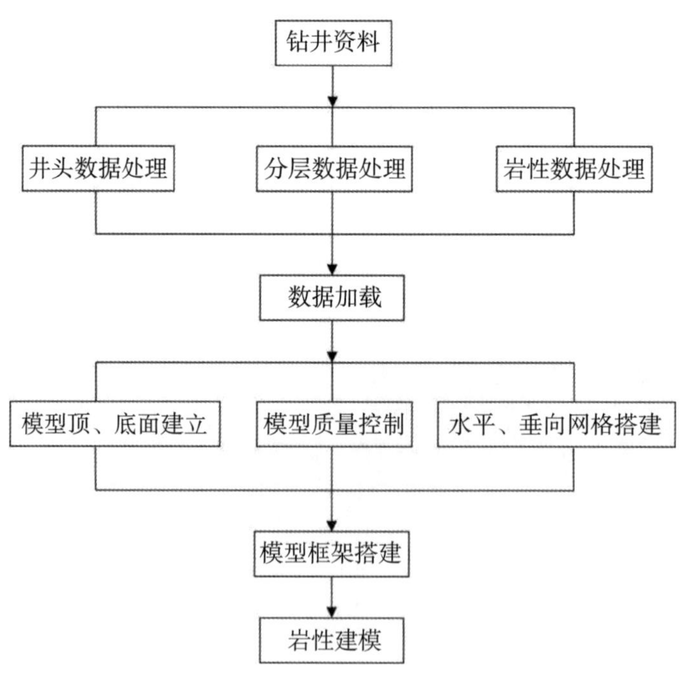

图 3.2　课题技术路线

① 通过处理 682 口钻井数据，制作成软件支持的数据类型并进行数据的加载。

② 通过钻井分层数据进行模型顶底面的建立。

③ 经过层面质量控制，最终形成水平及垂直网格，建立研究区模型框架。

④ 以序贯指示模拟方法为指导，完成研究区地下浅层岩性建模工作。

3.2.2　模型构建的主要工作

在研究过程中，主要完成了以下研究工作（表 3.1）：

表 3.1　完成工作一览表

序号	研究内容		完成的主要工作
1	数据处理	井头数据处理 分层数据处理 岩性数据处理	制作了井头、分层及岩性三种数据模板并进行数据加载
2	研究区模型框架		搭建了研究区模型框架
3	研究区地下浅层岩性建模		建立了研究区地下浅层岩性模型
4	研究区地下岩性展布特征分析		分析了研究区地下岩性展布特征

3.3　研究区概况及数据处理

3.3.1　研究区概况

北京，是中华人民共和国的首都、直辖市、国家中心城市、超大城市、国际大都市，全国政治中心、文化中心、国际交往中心、科技创新中心。其位于华北平原北部，背靠燕山，毗邻天津市和河北省。北京辖东城、西城、朝阳、丰台、石景山、海淀、顺义、通州、大兴、房山、门头沟、昌平、平谷、密云、怀柔、延庆 16 个区，共 147 个街道、38 个乡和 144 个镇。

研究区位于北京市中南部（图 3.3），其主要涵盖了北京市主城区及昌平区、顺义区、通州区。同时也覆盖了北京主城区周边如延庆区、密云区、房山区等部分区域，总面积约为 5600km^2。

研究区共有 682 口钻井（图 3.4），主要来源为北京地区的安评钻孔。

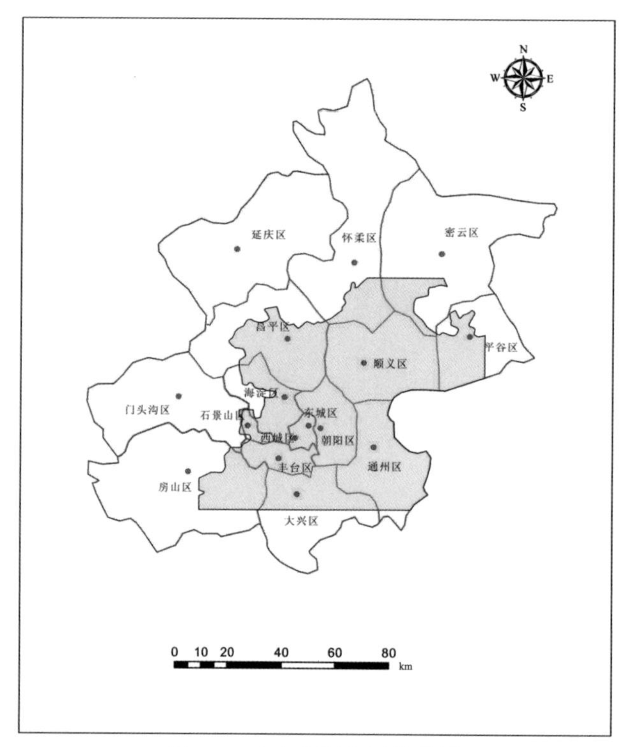

图 3.3 北京市研究区位置图

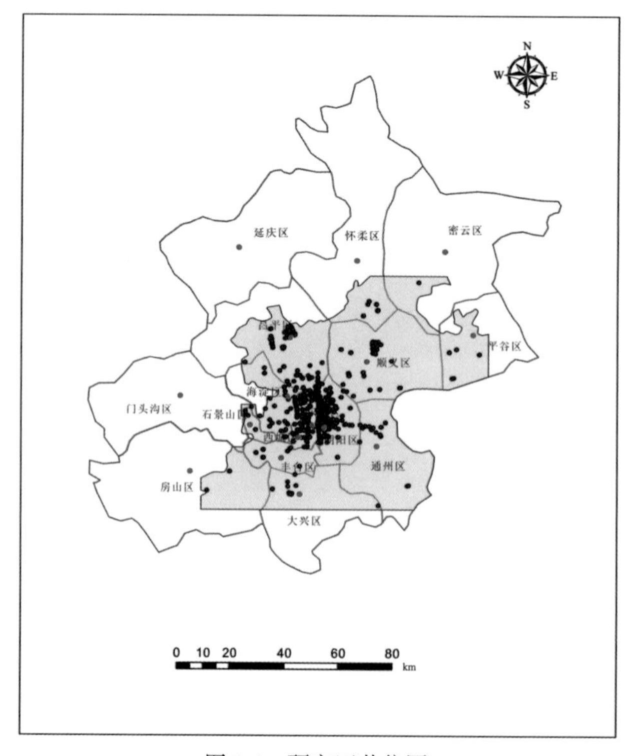

图 3.4 研究区井位图

3.3.2　数据预处理

将研究区的 682 口钻井数据进行整理后，按照所用软件的数据加载格式进行重新处理并加载。处理后的数据包括井头数据、分层数据及测井曲线（岩性数据）。

3.3.2.1　井头数据加载

井头数据包含了研究区钻井的基础信息，是进行数据加载的第一步也是最重要的一步，其包括井名、井所在位置经纬度、补心海拔及完钻井深。为反映研究区真实地貌，补心海拔数据采用井所在位置真实高程。将研究区 682 口钻井数据进行预处理后，形成软件支持的数据进行井头数据的加载（图 3.5）。

1	WellName	X-Coord	Y-Coord	KB	BottomDepth
2	001	116.200000	39.900000	67.000000	51.000000
3	002	116.200000	39.900000	67.000000	56.400000
4	003	116.450000	39.850000	42.000000	70.500000
5	004	116.450000	39.850000	42.000000	72.300000
6	005	116.400000	39.900000	63.000000	80.500000
7	006	116.400000	39.900000	63.000000	50.800000
8	007	116.463000	39.978000	44.000000	81.000000
9	008	116.463000	39.978000	44.000000	84.600000
10	009	116.140300	39.889400	72.000000	33.500000
11	010	116.140300	39.889400	72.000000	29.000000
12	011	116.612800	39.904200	33.000000	85.050000
13	012	116.631400	39.902800	20.000000	93.600000
14	013	116.547200	39.907500	28.000000	95.000000
15	014	116.525600	39.908100	34.000000	95.000000
16	015	116.640800	39.892500	27.000000	95.500000
17	016	116.662200	39.883100	28.000000	85.300000
18	017	116.682800	39.870300	20.000000	99.400000
19	018	116.592200	39.907800	29.000000	93.800000
20	019	116.383600	39.903300	38.000000	91.000000
21	020	116.383600	39.903300	38.000000	45.000000
22	021	116.340300	39.956400	48.000000	31.000000
23	022	116.334200	39.975000	46.000000	34.000000
24	023	116.331100	39.991700	57.000000	60.200000
25	024	116.331700	40.000000	50.000000	45.000000
26	025	116.313300	40.029200	48.000000	48.000000
27	026	116.301900	40.049700	48.000000	100.000000
28	027	116.312200	40.069700	44.000000	75.000000
29	028	116.328100	40.069200	43.000000	89.000000
30	029	116.364400	40.068600	39.000000	86.700000
31	030	116.406700	40.051400	41.000000	90.500000
32	031	116.427200	40.041700	36.000000	82.000000
33	032	116.442800	40.021900	47.000000	100.000000
34	033	116.443600	39.997500	47.000000	60.000000
35	034	116.430000	39.976700	51.000000	92.000000
36	035	116.425600	39.956700	45.000000	56.000000
37	036	116.387500	39.883900	48.000000	62.000000
38	037	116.387500	39.883900	48.000000	66.000000
39	038	116.370300	40.059200	47.000000	73.000000
40	039	116.370300	40.059200	47.000000	67.700000
41	040	116.370300	40.059200	47.000000	94.000000

图 3.5　井头数据模板

3.3.2.2 分层数据加载

分层数据是后期建立模型框架的基础，后期研究区模型框架的顶面及底面需由分层数据生成。分层数据包含六列数据：井所在位置经纬度、层位真实深度、层位类型、层位名称及井名（图 3.6）。与井头数据加载方式相同，将研究区 682 口钻井数据按照软件支持的数据模板进行预处理后，加载进软件。

```
1  #Petrel Well Tops
2  VERSION 1
3  BEGIN HEADER
4  REAL X
5  REAL Y
6  REAL Depth
7  STRING Type
8  STRING Horizon Name
9  STRING Well Name
10 END HEADER
11 116.200000   39.900000   -67.000000   HORIZON "Top"   "001"
12 116.200000   39.900000   -67.000000   HORIZON "Top"   "002"
13 116.450000   39.850000   -42.000000   HORIZON "Top"   "003"
14 116.450000   39.850000   -42.000000   HORIZON "Top"   "004"
15 116.400000   39.900000   -63.000000   HORIZON "Top"   "005"
16 116.400000   39.900000   -63.000000   HORIZON "Top"   "006"
17 116.463000   39.978000   -44.000000   HORIZON "Top"   "007"
18 116.463000   39.978000   -44.000000   HORIZON "Top"   "008"
19 116.140300   39.889400   -72.000000   HORIZON "Top"   "009"
20 116.140300   39.889400   -72.000000   HORIZON "Top"   "010"
21 116.612800   39.904200   -33.000000   HORIZON "Top"   "011"
22 116.631400   39.902800   -20.000000   HORIZON "Top"   "012"
23 116.547200   39.907500   -28.000000   HORIZON "Top"   "013"
24 116.525600   39.908100   -34.000000   HORIZON "Top"   "014"
25 116.640800   39.892500   -27.000000   HORIZON "Top"   "015"
26 116.662200   39.883100   -28.000000   HORIZON "Top"   "016"
27 116.682800   39.870300   -20.000000   HORIZON "Top"   "017"
28 116.592200   39.907800   -29.000000   HORIZON "Top"   "018"
29 116.383600   39.903300   -38.000000   HORIZON "Top"   "019"
30 116.383600   39.903300   -38.000000   HORIZON "Top"   "020"
31 116.340300   39.956400   -48.000000   HORIZON "Top"   "021"
32 116.334200   39.975000   -46.000000   HORIZON "Top"   "022"
33 116.331100   39.991700   -57.000000   HORIZON "Top"   "023"
34 116.331700   40.000000   -50.000000   HORIZON "Top"   "024"
35 116.313300   40.029200   -48.000000   HORIZON "Top"   "025"
36 116.301900   40.049700   -48.000000   HORIZON "Top"   "026"
37 116.312200   40.069700   -44.000000   HORIZON "Top"   "027"
38 116.328100   40.069200   -43.000000   HORIZON "Top"   "028"
39 116.364400   40.068600   -39.000000   HORIZON "Top"   "029"
40 116.406700   40.051400   -41.000000   HORIZON "Top"   "030"
```

图 3.6 分层数据模板

3.3.2.3 岩性数据加载

岩性数据在软件中按照测井曲线的格式进行加载，但与测井曲线相比略有不同。测井曲线的格式分为两种，一种为连续型数据，即伽马测井曲线、自然电位测井曲线、剪切波速等连续型的曲线；另一种为离散数据，即岩性数据。其包括井名、岩性顶部深度、岩性底部深度及岩性代码（图 3.7）。按此格式将研究区 682 口钻井钻遇岩性进行统计分析，形成了研究区岩性表（表 3.2）。

```
1  WellName  Top   Bottom  code
2  001       0     6       2
3  001       6     17      40
4  001       17    19      33
5  001       19    29      14
6  001       29    51      14
7  002       0     6       2
8  002       6     16.6    40
9  002       16.6  20      26
10 002       20    23.6    1
11 002       23.6  51      14
12 002       51    56.4    14
13 003       0     0.7     55
14 003       0.7   5       16
15 003       5     6       20
16 003       6     11      2
17 003       11    13      16
18 003       13    15      20
19 003       15    18.5    22
20 003       18.5  23.1    2
21 003       23.1  25      1
22 003       25    27.9    3
23 003       27.9  32.5    2
24 003       32.5  34.1    22
25 003       34.1  40      2
26 003       40    43.2    25
27 003       43.2  54.7    2
28 003       54.7  57.8    25
29 003       57.8  59      2
30 003       59    59.5    40
```

图 3.7　岩性数据模板

表 3.2　研究区岩性表

岩性代码	配色方案	岩性	百分含量 / %
1		黏土	1.67
2		粉质黏土	25.15
3		重粉质黏土	7.52
4		砂质黏土	0.00
5		细砂与粉质黏土互层	0.04
6		卵石粉质黏土	0.05
7		卵石混黏性土	0.05
8		卵石（混黏土）	0.01
9		碎石混黏性土	0.00
10		黏土岩	0.49
11		泥岩	0.03
12		页岩	0.04
13		灰质泥岩	0.00
14		灰岩	0.18
15		黏质粉土	6.69
16		砂质粉土	4.20

续表

岩性代码	配色方案	岩性	百分含量 / %
17		粉土	0.07
18		粉质粉土	0.00
19		重粉质粉土	0.00
20		粉砂	1.85
21		粉细砂	0.35
22		细砂	16.66
23		卵石夹细砂	0.00
24		细中砂	0.56
25		中砂	5.21
26		粗砂	0.79
27		砂岩	0.28
28		砾砂	0.28
29		细砂夹圆砾	0.00
30		卵石夹圆砾	0.00
31		圆砾	2.49
32		安山角砾岩	0.01
33		角砾岩	0.24
34		砾岩	0.49
35		强风化砾岩	0.02
36		第三系砾岩	0.03
37		卵砾石	0.06
38		砾砂混卵石	0.00
39		砂 – 卵石	0.02
40		卵石	21.78
41		素填卵石	0.00
42		碎石	0.17
43		素填碎石	0.00
44		漂石	0.04
45		火成岩	0.01
46		中风化花岗岩	0.00

续表

岩性代码	配色方案	岩性	百分含量 / %
47		强风化花岗岩	0.02
48		粉质黏土填土	0.00
49		黏质粉土填土	0.01
50		砾砂填土	0.00
51		角砾填土	0.00
52		卵石填土	0.00
53		碎石填土	0.00
54		素填土	0.02
55		回填土	2.37
56		碎石土	0.00
57		耕土	0.00
58		三合土	0.01
59		水泥面	0.00
60		块石	0.01

经过井头数据的加载、分层数据加载、岩性加载后，建模前期所需数据已全部加载进软件（图 3.8）。数据加载后经检查无误，可进行研究区模型框架的建立工作。

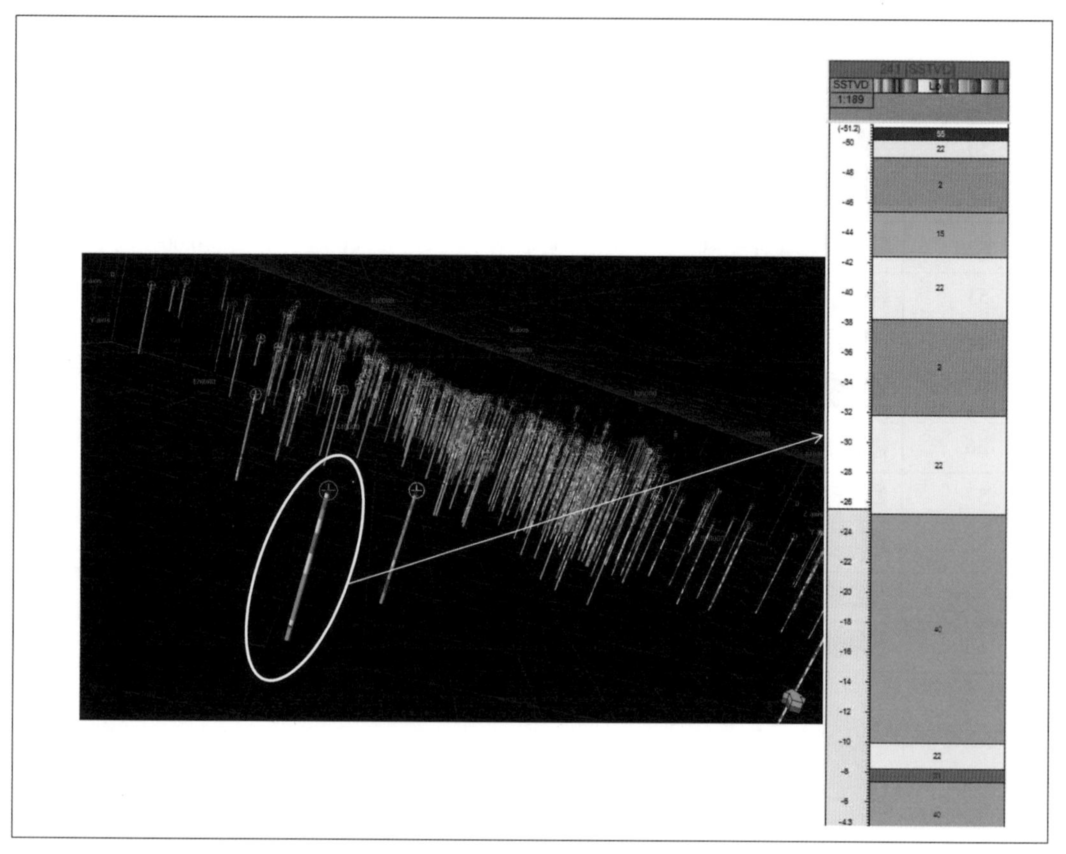

图 3.8　研究区单井效果图

3.4　模型框架建立

将研究区钻井数据全部加载后，数据处理工作基本完成，随后进行整体模型框架的建立。首先建立模顶底面，后搭建水平及垂向网格，顶底面及垂向网格建立完毕后，模型框架搭建完成。最后将全区钻井经过的网格赋值。

3.4.1　模型顶底面的建立

模型的顶底面所用数据为通过单井分层数据插值后形成的层面。其中，顶面分层数据为研究区各井所在位置的真实高程，可反映真实地貌特征。底面的分层数据则来源于研究区第四系沉积厚度。将研究区顶面减去根据厚度生成的厚度面即为研究区底面。为保证后期建立网格时不出现奇异点，经插值后的层面需进行手工调节（图 3.9）。

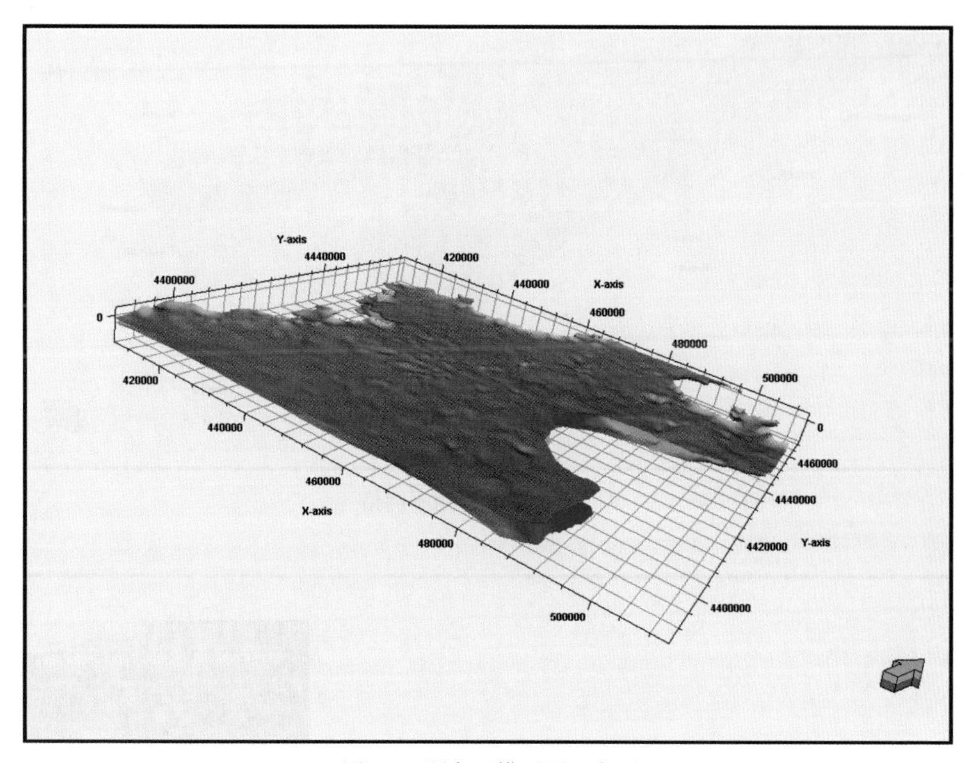

图 3.9　研究区模型顶、底面

3.4.2　网格的搭建

3.4.2.1　水平网格的搭建

为保证模型精度，将研究区水平网格的精度设置为 400 × 400。水平网格搭建完毕后，继续检查水平网格有无奇异点。经检验，水平网格无明显奇异点，达到了建模要求（图 3.10）。

3.4.2.2　垂直网格的搭建

软件中提供四种垂直网格搭建方法：按照模型顶面趋势搭建、按照模型底面趋势搭建、按照模型顶面及底面趋势搭建、按照垂直分层数量进行等厚度的搭建。由于勘探初期没有精确的地震剖面数据，故不了解研究区地下地层分布规律。基于此种原因，本次模型垂向网格选择第四种搭建方法（图 3.11）。

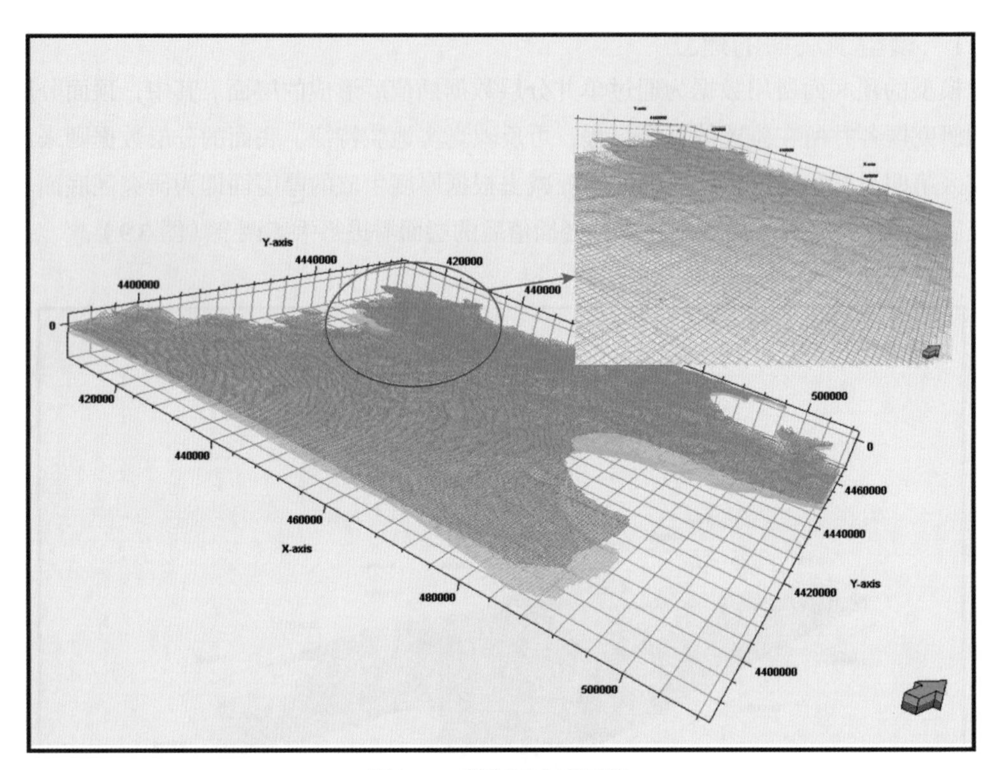

图 3.10　研究区水平网格

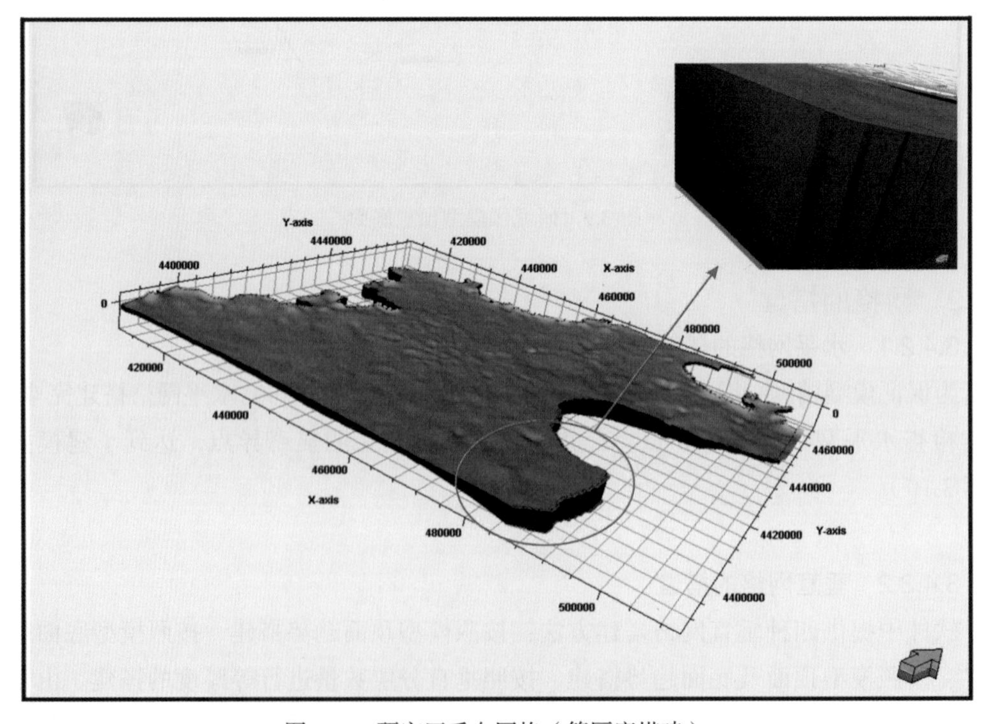

图 3.11　研究区垂向网格（等厚度搭建）

3.5　属性建模

经过数据加载、模型框架建立后，研究区建模前期工作已全部完成。由于研究区整体钻孔最深处为 100m，所以若要以第四系作为模型底面就需要对地下 100m 以下的地层岩性进行预测。从图 3.12 中可见，研究区边缘钻孔深度满足整体建模要求，但位于沉积中心处的地层沉积厚度达 500m。故本次建模中，对于钻孔未涉及到的则主要通过沉积边缘已知钻孔与沉积中心的浅层钻孔数据进行综合预测。最后将进行研究区的岩性建模，其包括测井曲线粗化、序贯指示模拟两个部分。

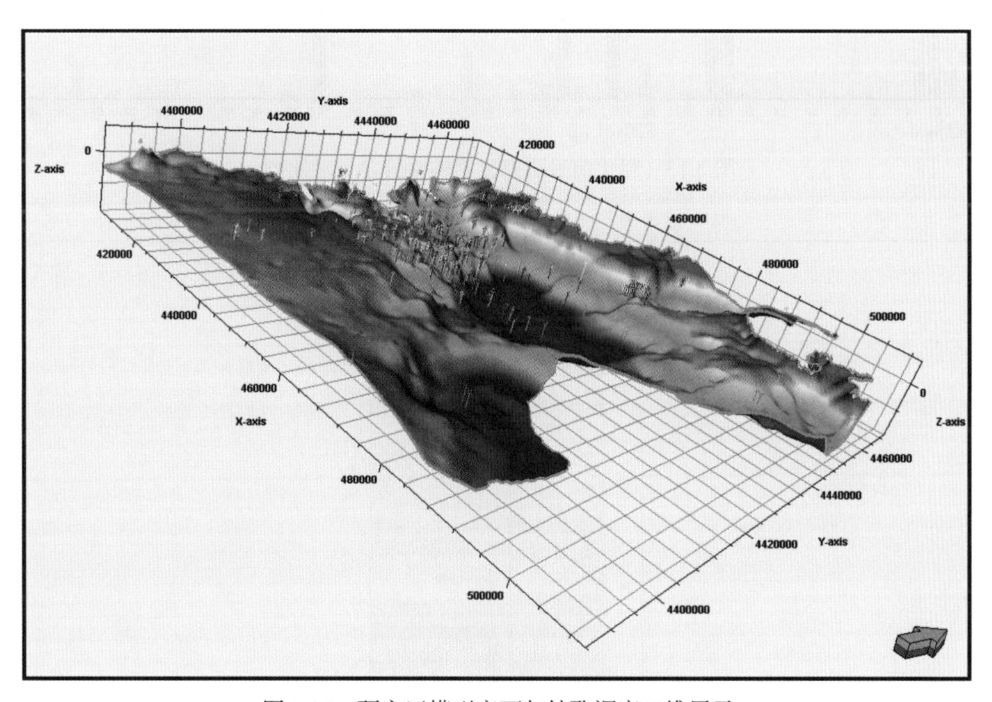

图 3.12　研究区模型底面与钻孔深度三维展示

3.5.1　测井曲线粗化

测井曲线粗化即将钻井的岩性代码赋值于经过钻井的垂向网格，赋值后的网格即带有相应的岩性信息并于后期研究区的岩性模拟中作为已知点。考虑到建模后整体模型精度及工作站运行速度，将垂向网格数量设置为 400。经检查，粗化后的研究区岩性百分含量与粗化前相比基本一致（图 3.13），且粗化后的网格可显示 0.4 ~ 0.5m 的细小夹层（图 3.14），达到了此次建模的精度要求。

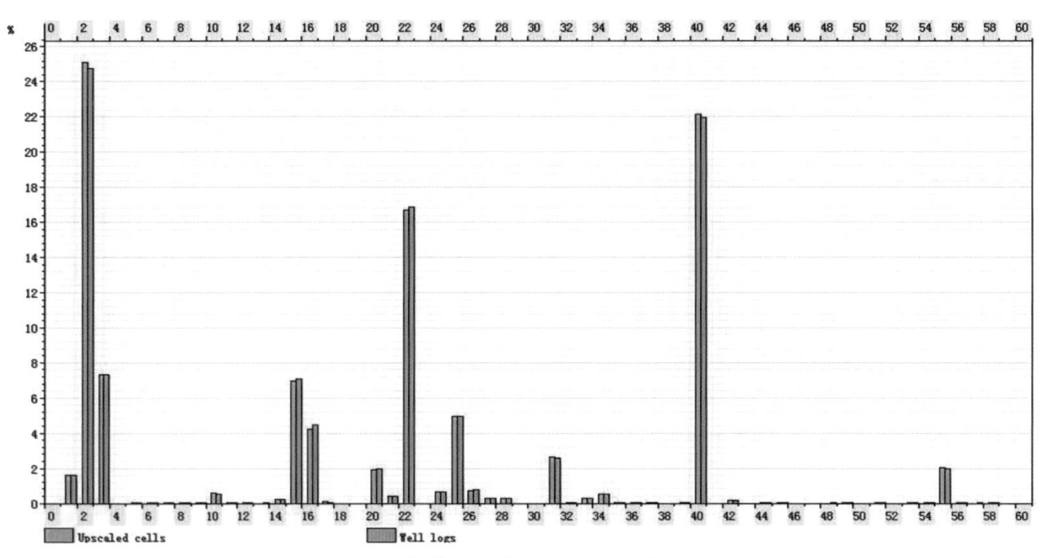

图 3.13　粗化前后研究区岩性百分含量对比图

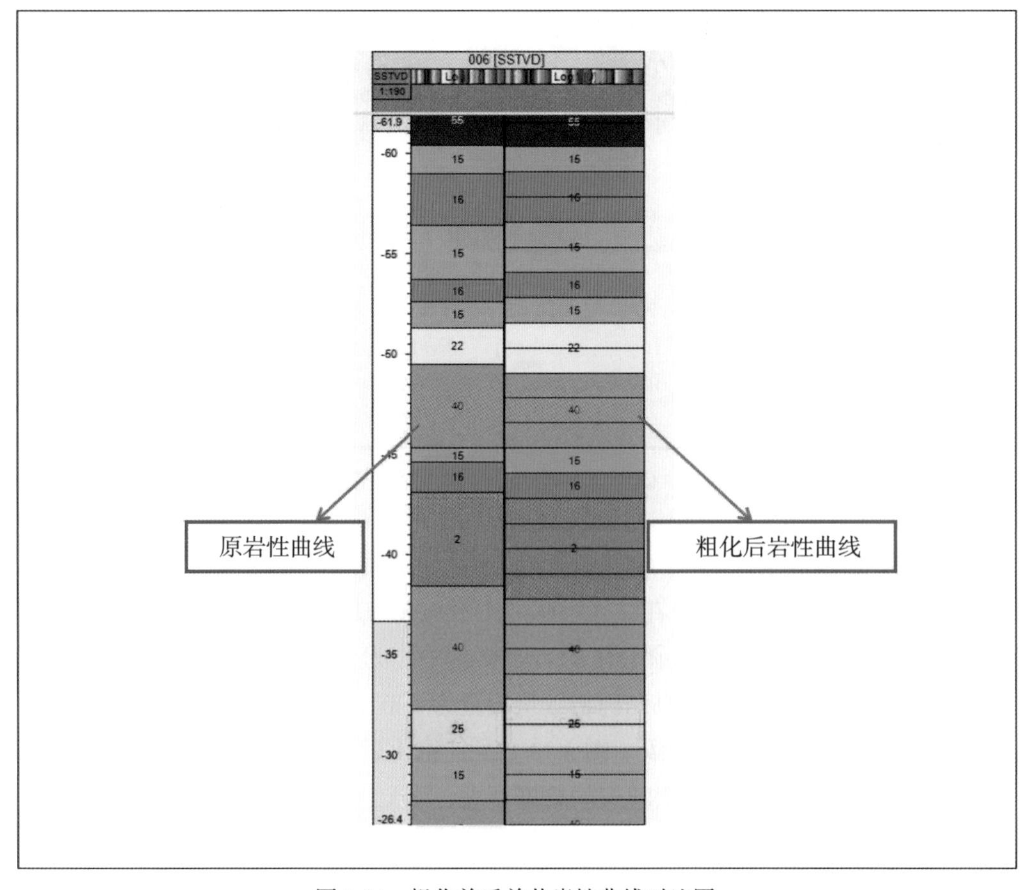

图 3.14　粗化前后单井岩性曲线对比图

3.5.2　基于序贯指示模拟的研究区岩性建模

对于此次研究区建模，软件提供了一种专门应用于离散数据的建模方法——序贯指示模拟。序贯指示模拟技术是地质统计学中继克立格估计技术之后迅速发展的一个新工具。地质统计学是近二十多年来才创立并发展起来的一门新兴边缘学科，它是以变差函数作为基本工具，在研究区域化变量的空间分布结构特征规律性的基础上，选择各种合适的克立格方法，以达到更精确的估计或对区域化变量进行条件模拟为主要目的的一门数学地质独立分支。由于初期各项勘探资料不完全，地层描述及岩性分布往往具有不确定性，预测结果便具有多解性。序贯指示模拟克服了一些插值方法对于前期数据的限制。其不仅可以再现研究区岩性空间分布的总体规律，还可以同时得到多个实现结果，以满足对地底岩性不确定性的描述和分析。

3.5.2.1　变差函数原理

变差函数是用来描述油藏属性空间变化的一种方法，可以定量的描述区域化变量的空间相关项。变差函数的原理是空间上相近的样品之间的相关性强，而相距较远的样品之间的相关性较小，当超过一个最小相关性时，距离的影响就不大了。

这种空间上的相关性是各向异性的，因此需要从不同方向上描述某个属性的变差函数。通过从输入数据中得到变差函数，在属性模型中利用变差函数建模，从而可以在最终模型中体现出实验数据的空间相关性。

变差函数图（图 3.15）即变差函数与滞后距（空间的距离）的关系图。计算方法是：对一组滞后距相近的数据，计算这组数据的变差，最后做出不同滞后距的变差曲线。下面分别对图中几个重要概念进行解释：

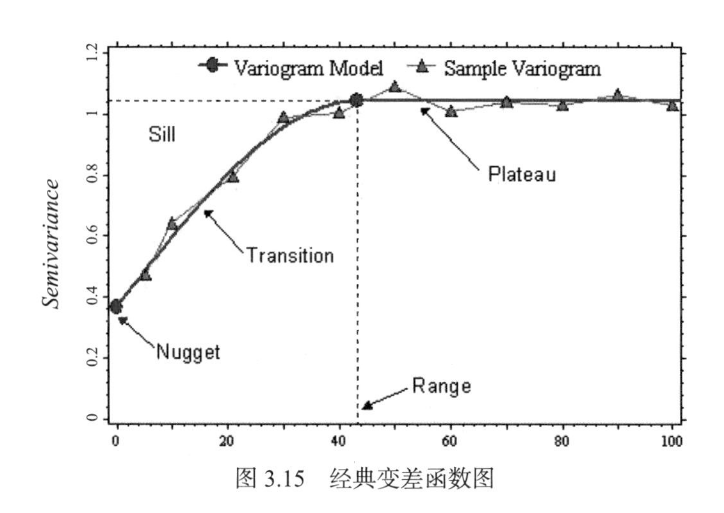

图 3.15　经典变差函数图

（1）变程（Range）。

当曲线达到高台水平段（Plateau）时的距离。变程范围之内，数据具有相关性；变程范围之外，数据之间互不相关，即变程之外的观测值不对估计结果产生影响。

（2）基台值（Sill）。

当横坐标大于变程时的纵坐标变差值。描述了两个不相干的样本间的差异性。当数据的基台值为 1 或者比 1 偏差 0.3 时，表明数据间有空间趋势性。

（3）块金值（Nugget）。

横坐标为 0 处的变差值，描述了数据在微观上的变异性。由于在垂向上数据间的距离较小，所以块金值可以从这些垂向数据中精确的得到。

由于各向异性，变差函数需要从不同的方向上进行计算。通常需要从主方向（Major）和次方向（Minor）以及垂向（Vertical）上计算。主方向表示在该方向上数据点之间有最大的相关性；次方向为与主方向垂直相交的方向；垂向指与主、次方向形成的平面垂直的方向。

3.5.2.2 序贯指示模拟原理

设 $\{Z(x),\ x\in A\}$ 是区域化变量所对应的随机函数，其中 A 表示某个区域。对区域化变量的一个阈值 z_0，则定义二维指示随机变量 $I(x,\ z_0)$ 为：

$$I(x;\ z_0)=\begin{cases}1 & Z(x)\le z_0\\ 0 & Z(x)>z_0\end{cases}$$

如果随机函数 $Z(x)$ 有一组观测值 $\{Z(x_\alpha),\ \alpha\in(n)\}$，则 $Z(x)$ 基于这组观测值的条件概率分布等于 $I(x;\ z_0)$ 的条件期望，即：

$$E\{I(X;\ z_0)|\le z(x_\alpha),\ \alpha\in(n)\}=\\ p\{Z(x)\le z_0\,|\,z(x_\alpha),\ \alpha\in(n)\}$$

从而，可由指示条件期望值 $E\{I(x;\ z_0)|\,z(x_\alpha),\ \alpha\in(n)\}$ 的估计来估计条件概率：

$$p\{Z(x)\le z_0\,|\,z(x_\alpha),\ \alpha\in(n)\}$$

由线性无偏估计克里格法，条件概率的估计为：

$$F^*(x;\ z_0\,|\,z(x_\alpha),\ \alpha\in(n))=\\ p^*\{Z(x)\le \mathrm{z}_0\,|\,z(x_\alpha,\ \alpha\in(n)\}=\\ \sum_{\alpha=1}^{n}\lambda_\alpha(x,\ z_0)I(x_\alpha;\ z_0)$$

式中，上标星号表示估计值；$I(x_\alpha;\ z_0)$ 为取样点在阈值 z_0 的指示值；$\lambda_\alpha(x,\ z_0)$ 为

对应的指示克里格权重，它由如下的克里格方程组确定：

$$\begin{cases}\sum_{\beta=1}^{n}\lambda_{\beta}(x;\ z_0)C_I(x_{\beta}-x_{\alpha};\ z_0)+\mu(x;\ z_0)= \\ C_I(x-x_{\alpha};\ z_0) \qquad \forall\alpha=1,\ 2,\ \cdots,\ n \\ \sum_{\beta=1}^{n}\lambda_{\beta}(x;\ z_0)=1\end{cases}$$

式中，$C_I(x;\ z_0)$ 为协方差函数；$(x;\ z_0)$ 为拉格朗日乘数。这样，对于给定的阈值 z_0 就需要一个指示协方差函数 $C_I(x;\ z_0)$，并产生一个指示克里格系统来估计分布函数。

这样，在给定 K 个阈值下，对任一待估位置，每个阈值都对应一个方程组。在变量 $Z(x)$ 的变化范围内，用 K 个阈值对该范围离散化，通过求解每个阈值对应的克里格方程组，可以得到每个阈值下对应的累积分布函数 $\mathrm{F}\{Z_k,\ x|(n)\}$，然后可采用 Monto Carlo 法求得随机函数 $Z(x)$ 在该位置的一个具体实现。

从中可见，序贯指示模拟相较于插值，存在以下优势：

① 不要求原始数据一定服从某种规律，最大限度地保持了原始数据的真实性与可用性。

② 与插值方法只利用已知点相比，序贯指示模拟将每次模拟出的未知点看作下一轮模拟的已知点，用此方式序贯地模拟出研究区全部未知点。对于勘探初期资料不够完善、范围较大的区域具有着良好的适用性。

3.5.3　研究区岩性建模

3.5.3.1　相关参数选取

由研究区岩性表（表 3.1）可见，研究区虽有 60 种岩性，但多数岩性含量极少，甚至为 0.00%。故为更好展示全区地下岩性分布规律及考虑工作站运算速度，本次建模将选取含量达到 0.5% 以上的岩性（表 3.3）。

表 3.3 研究区岩性建模岩性表

岩性代码	配色方案	岩性	百分含量 / %
1		黏土	1.67
2		粉质黏土	25.15
3		重粉质黏土	7.52
15		黏质粉土	6.69
16		砂质粉土	4.20
20		粉砂	1.85
22		细砂	16.66
25		中砂	5.21
26		粗砂	0.79
31		圆砾	2.49
40		卵石	21.78

其中，虽然只用了 11 种岩性进行建模，但其他岩性也会在最后结果中显示。只是软件在建模过程中将未用到岩性视为个别井中细小夹层，只认为其在钻遇该岩性的井周围很小的范围内有影响。

选取建模所需岩性后，进一步求取建模岩性中主要岩性变差函数以做模型质量控制参数（表 3.4），具体变差函数曲线详见附图 3.1 ~图 3.10。

表 3.4 研究区建模主要岩性变程表

岩性代码	岩性	百分含量 / %	主变程 / m	次变程 / m	垂直变程 / m	主方向 / °
1	黏土	1.67	2907.6	2792.3	5.5	298.1
2	粉质黏土	25.15	15392.0	12934.1	26.3	317.5
3	重粉质黏土	7.52	5954.2	3055.7	6.2	351.7
15	黏质粉土	6.69	5047.9	2342.7	10.8	323.5
16	砂质粉土	4.20	5872.7	3855	5.8	302.1
20	粉砂	1.85	3160.1	2829.9	4.5	333
22	细砂	16.66	8990.1	6490.8	10	350
25	中砂	5.21	4138.7	2806.3	6	340.9
26	粗砂	0.79	5917.4	3582.8	2	301.1
31	圆砾	2.49	2072.7	1839.7	6.2	315.6
40	卵石	21.78	17826.8	17007.3	32.3	287

3.5.3.2　模型建立及质量检查

建模过程中，采用表 3.4 中参数进行建模，模型建立后如图 3.16 所示。

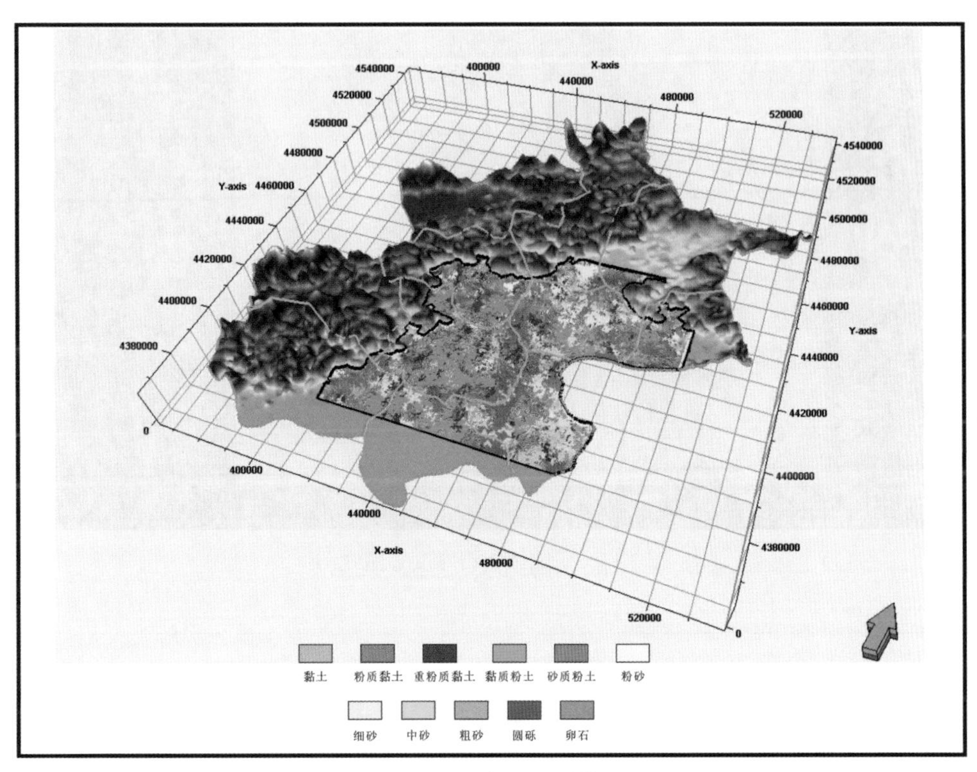

图 3.16　研究区地质模型

由研究区卵石厚度等值线图（图 3.17）可见，本区卵石广泛分布于研究区东、西部地区，中部地区未见卵石分布。卵石在西部 284 号、399 号井附近达到最大，在中部地区 161、301 井附近沉积厚度最小（图 3.18）。平面分析过后，检查连井剖面，由 284 号、399 号井与 161 号、301 号井连井剖面图（图 3.19）可见，284 号、399 号井连井剖面显示井间卵石沉积厚度大，在地下广泛分布。而从 161 号、301 号井连井剖面图则见到完全相反的沉积分布特征，剖面中几乎未出现卵石沉积。可见模型表面与内部所展现的卵石沉积分布特征基本符合实际规律。

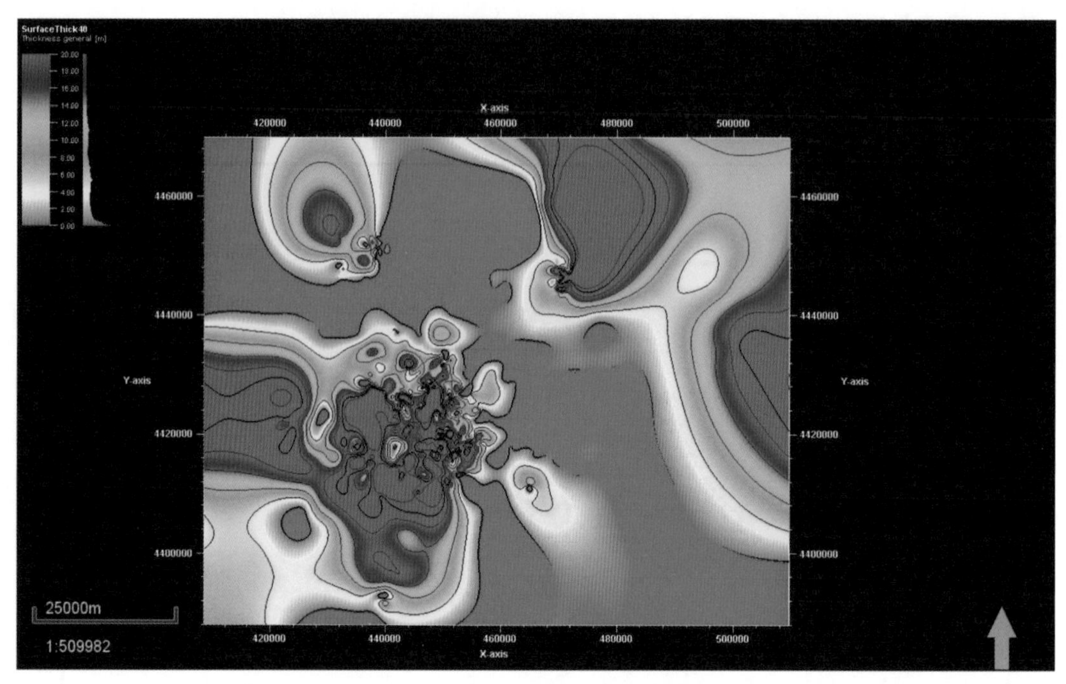

图 3.17　研究区卵石厚度等值线图

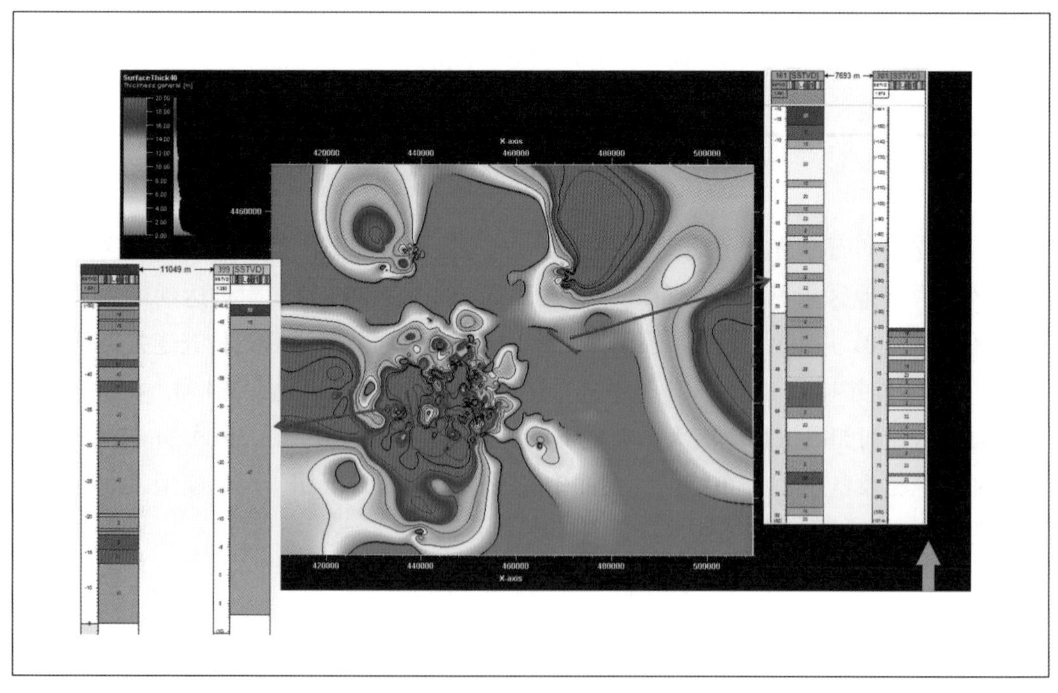

图 3.18　研究区单井卵石沉积特征

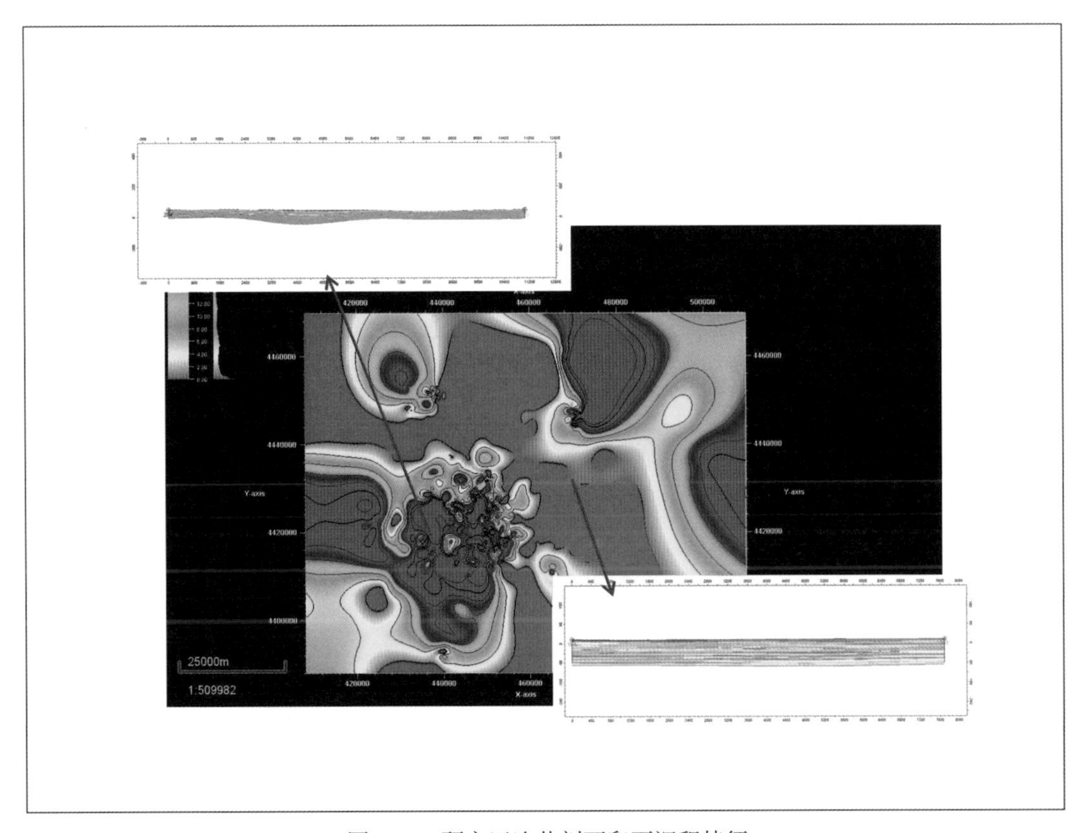

图 3.19 研究区连井剖面卵石沉积特征

3.6 研究区岩性展布特征分析

3.6.1 浅层岩性展布特征分析

由于回填土为人工痕迹，没有沉积规律且随机性过大，为避免影响建模结果，未将回填土纳入建模过程。但从图 3.20 中可见，研究区钻孔表层均为回填土，可观察到研究区表层回填土大量分布，其余岩性少量出露地表。此分布规律基本符合研究区表层经过后期大量人工改造的特征。回填土虽于表层广泛分布，但其单层厚度较薄，最厚处仅为 5m。去掉研究区表层土后，在图 3.21 中可见研究区中部岩性以黏土、粉土类、砂岩；西部地区可见卵石；东部地区与中部地区相似，但于东北部地区发现卵石沉积。

至模型中部（图 3.22），可见上部在全区均有分布的粉土类沉积减少，取而代之的是黏土类、砂岩及卵石沉积。其中卵石主要分布于西部地区并夹少量圆砾，东部地区则以砂岩、黏土类沉积为主。

继续观察模型底部（图 3.23），砂岩明显变少，研究区部分砂岩、黏土类沉积物被卵石所取代并夹少量圆砾，且卵石沉积呈全区分布的趋势。

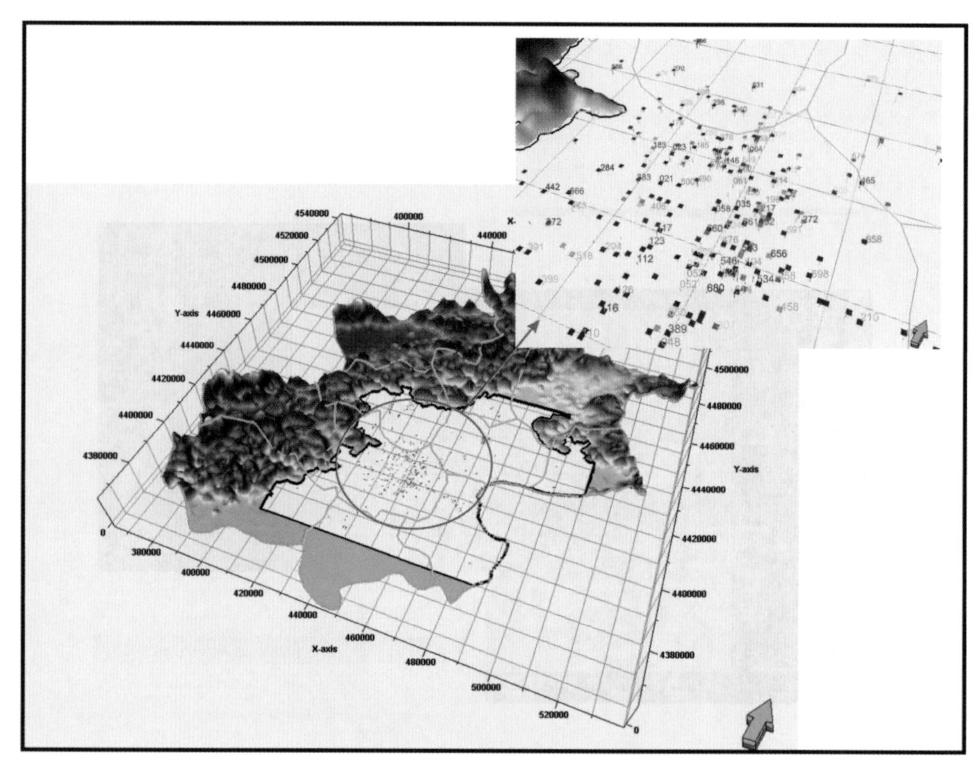

图 3.20　研究区表层钻孔信息三维展示图

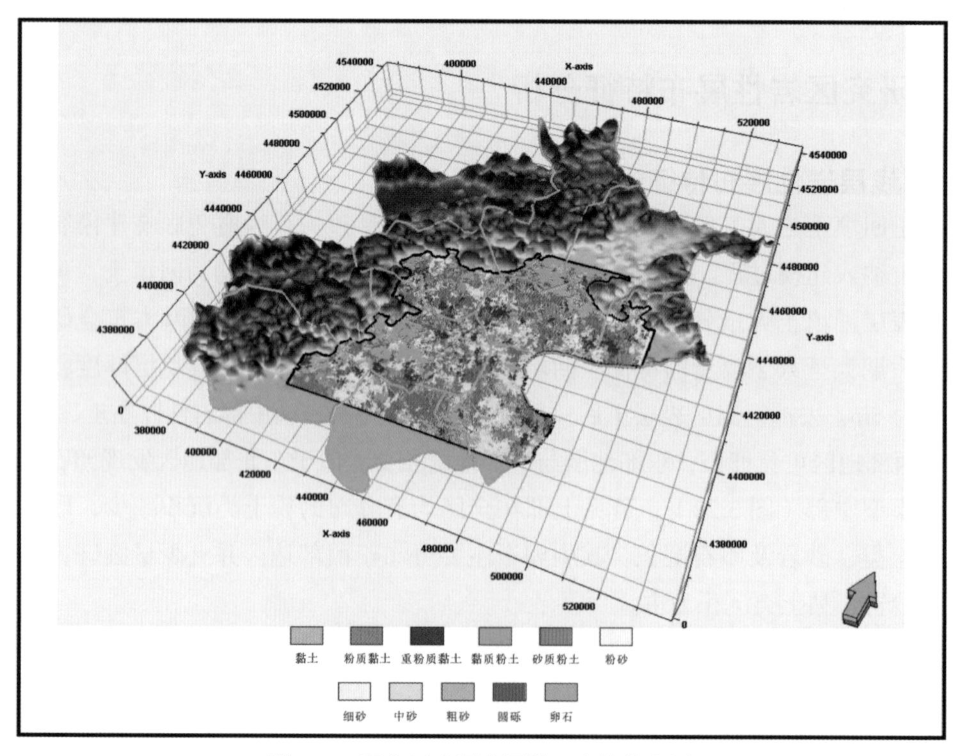

图 3.21　研究区表层去回填土岩性分布图

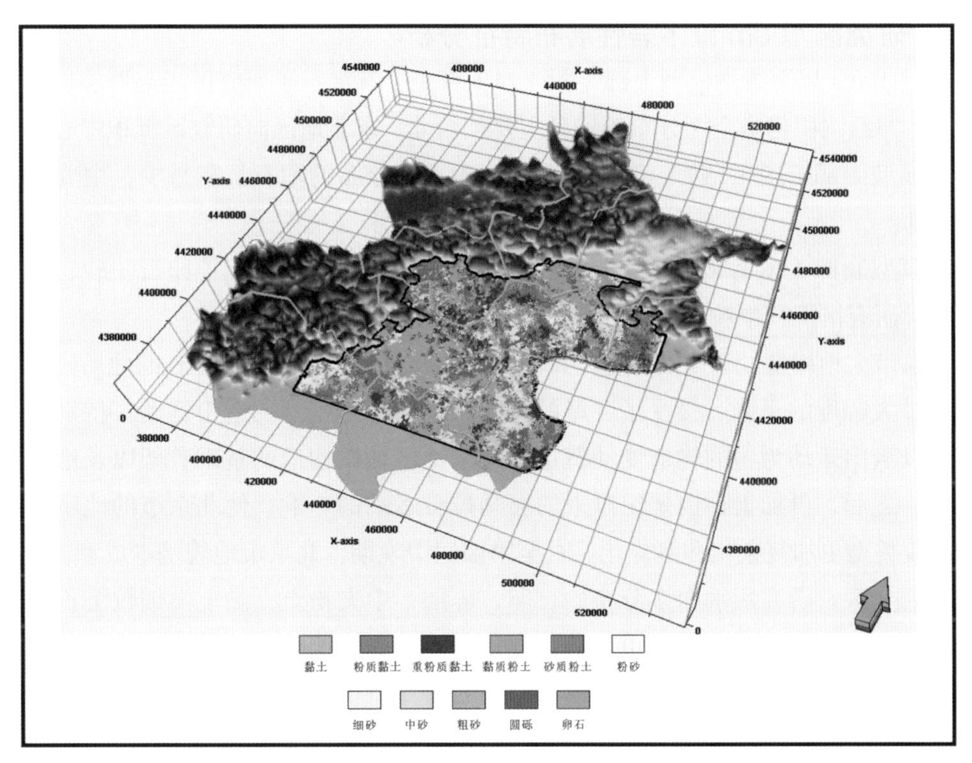

图 3.22　模型浅层中部岩性分布图

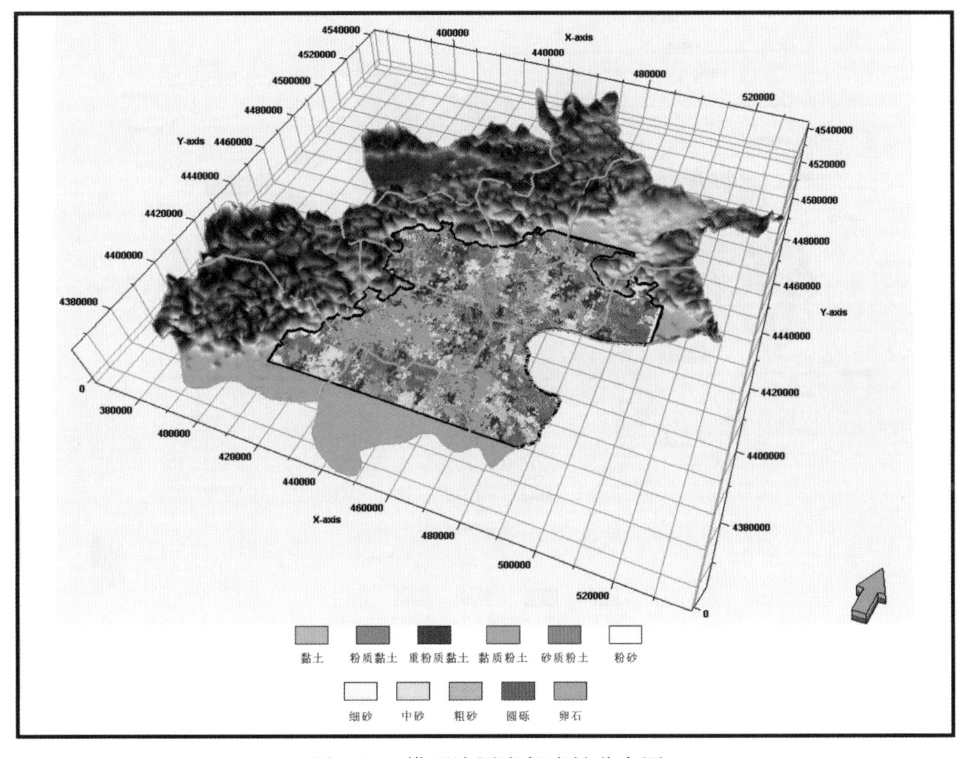

图 3.23　模型浅层底部岩性分布图

3.6.2 研究区 100m 以下岩性展布特征分析

通过 100m 以下岩性模型上部（图 3.24）可见，其继承了研究区浅部地层岩性的展布特征，卵石沉积仍呈全区分布趋势且主要从西北、东北地区向研究区沉积中心蔓延。

至模型中部（图 3.25），西北、东北沉积边缘分布的卵石沉积减少，主要于沉积中心分布。

至模型底部（图 3.26），黏土、粉土类细粒沉积物逐渐取代了卵石、砂岩等粗粒沉积物，研究区沉积颗粒总体变细。

北京市大地构造处于华北地台中部——燕山沉降带的西段。在漫长的地质历史中，既经历过大幅度的下降、接受了巨厚的沉积，又产生过剧烈的造山运动。特别是在中生代，以燕山运动为主的构造变动奠定了北京地区地质构造的基础骨架以及地貌发育的雏形。之后，再加上自白垩纪以来的喜马拉雅运动的影响，使北京市的地质发展历史和地貌类型更加复杂化和多样化。直至第四纪中晚期，北京市地貌基本成型。

纵观全区，研究区垂向多分布砂、卵、砾层，中夹粉土、黏土类细粒沉积物，总体符合第四系沉积特征。北京市地势西北山地高耸，东南平原低缓（图 3.27），沉积物多从山区被搬运至平原地带。从模型中卵石展布特征可见，卵石由西北、东北部山地蔓延至中部平原地区，符合总体沉积规律与沉积物整体走向（图 3.28）。

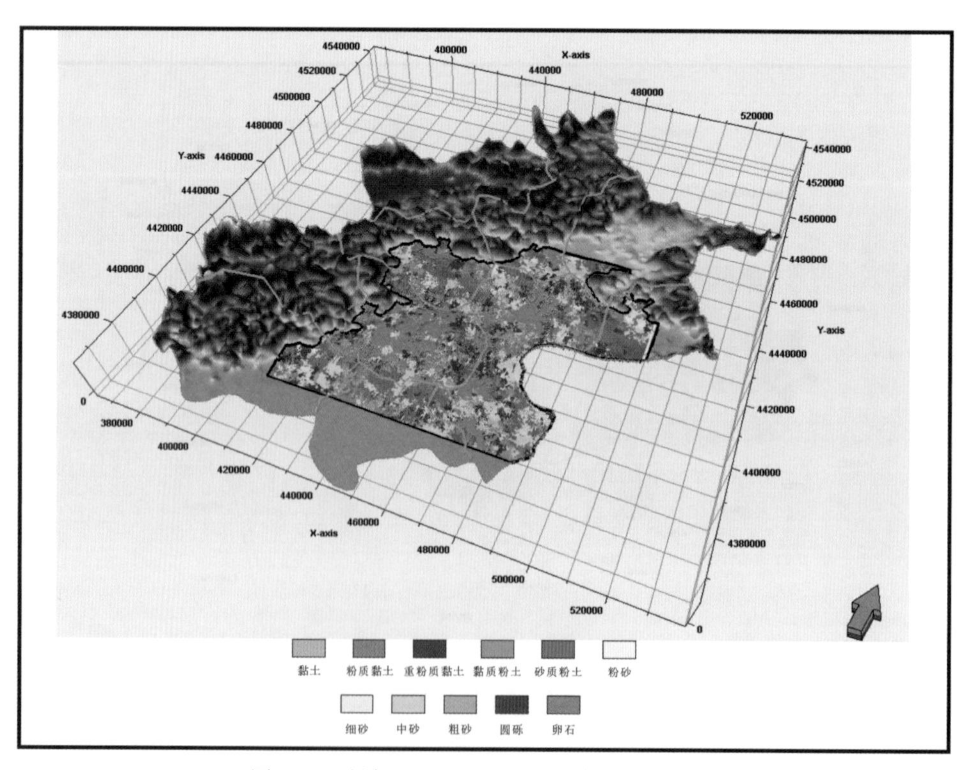

图 3.24　研究区 100m 以下岩性模型（浅部）

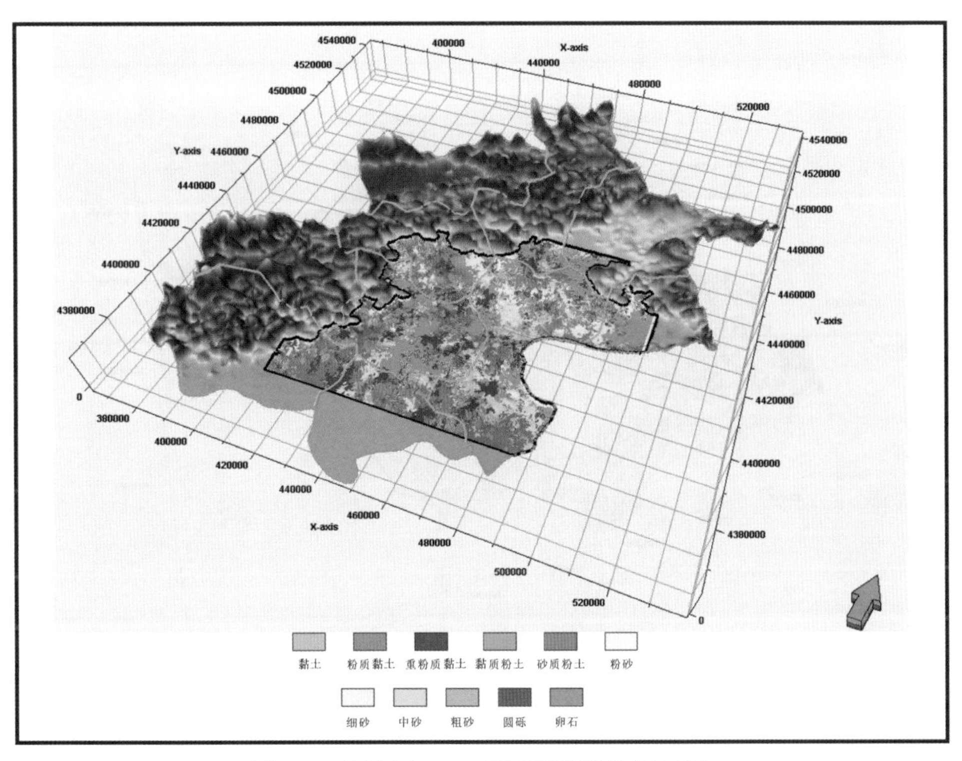

图 3.25　研究区 100m 以下岩性模型（中部）

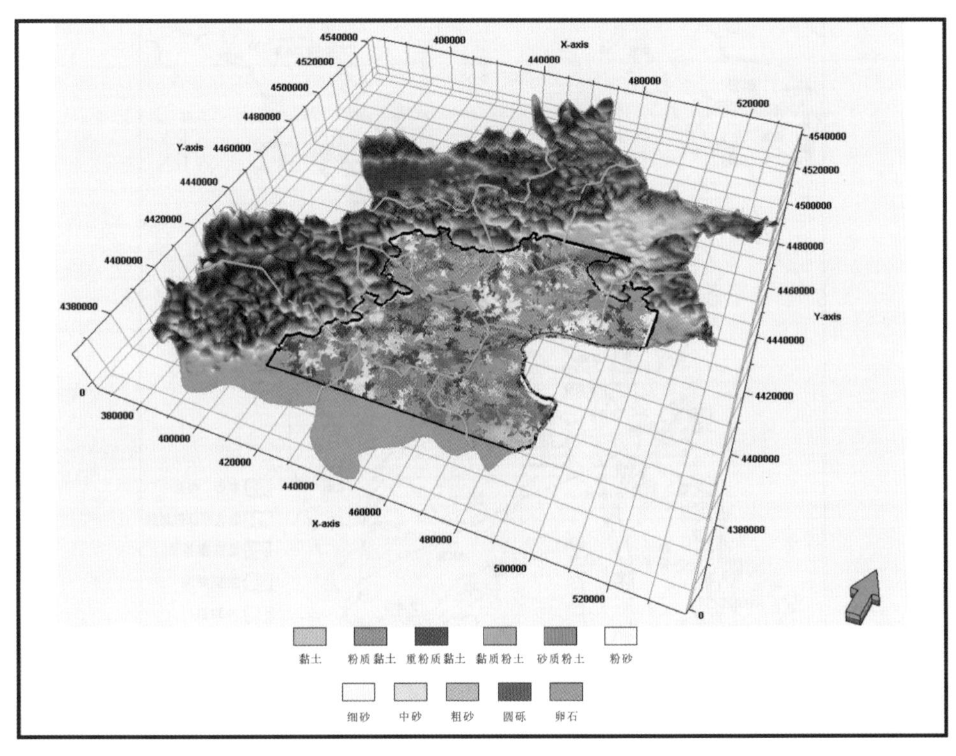

图 3.26　研究区 100m 以下岩性模型（底部）

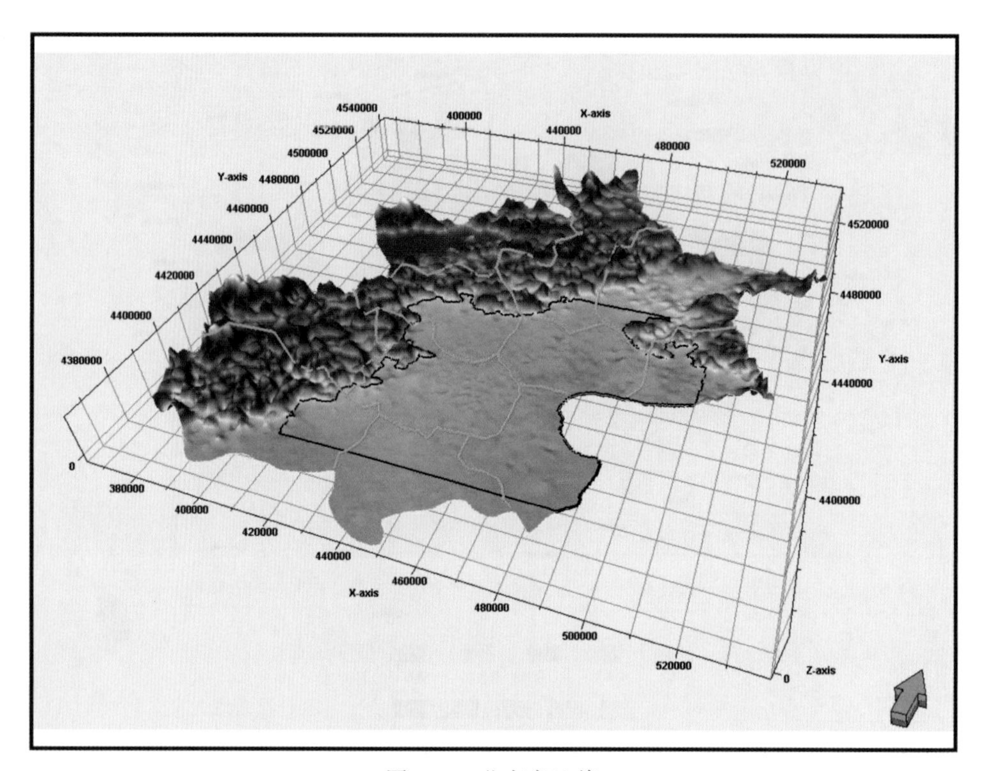

图 3.27　北京市地貌

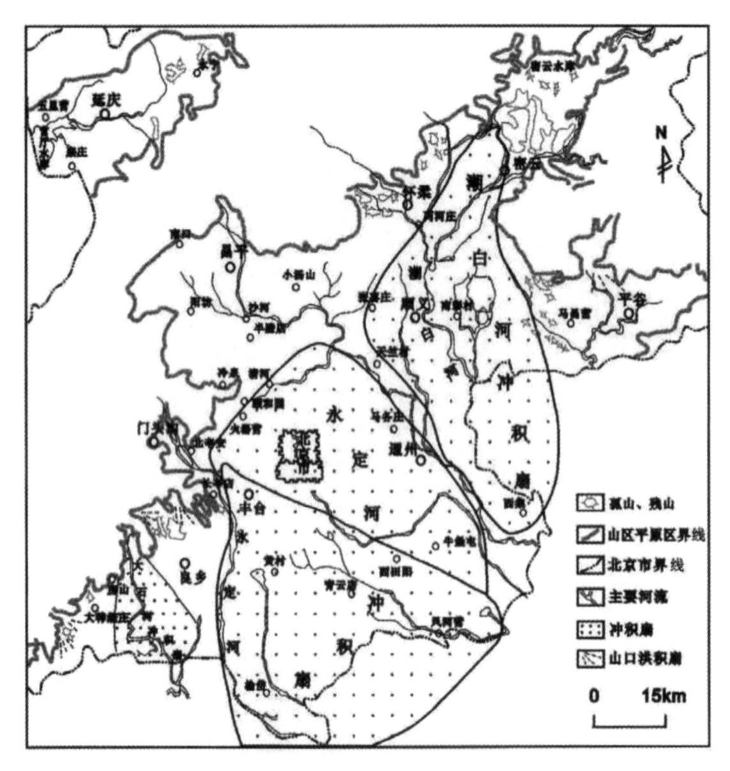

图 3.28　北京平原第四纪冲洪积扇示意图（据蔡向民等，2009）

附图：

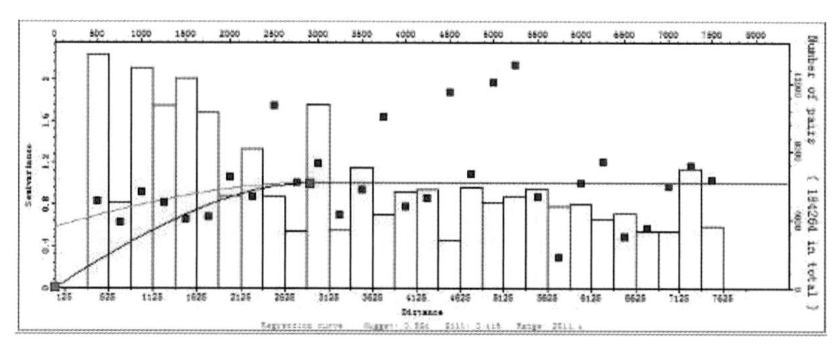

（a）黏土主变程变差函数曲线

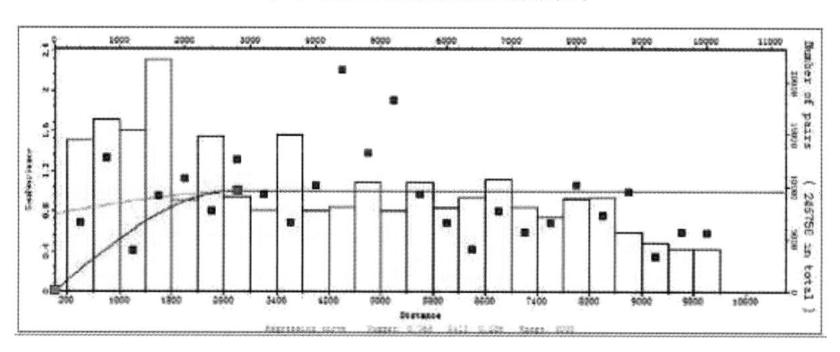

（b）黏土次变程变差函数曲线附图

附图 3.1　研究区黏土变差函数曲线

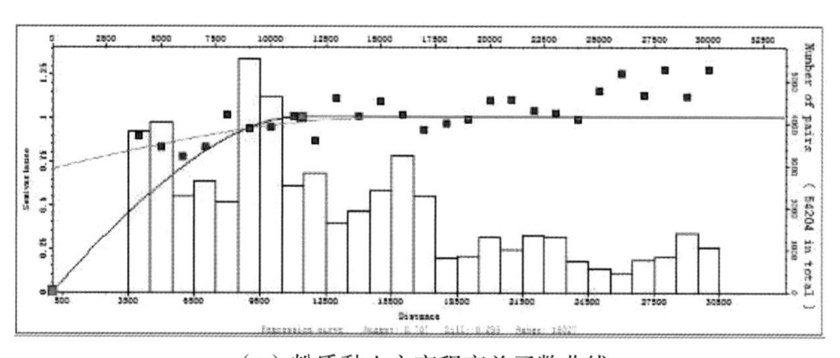

（a）粉质黏土主变程变差函数曲线

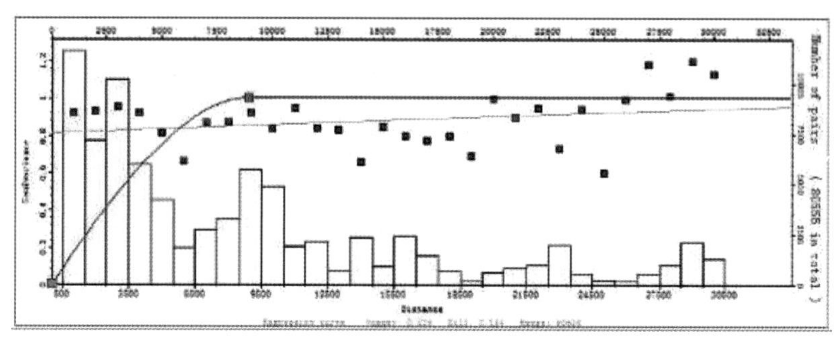

（b）粉质黏土次变程变差函数曲线

附图 3.2　研究区粉质黏土变差函数曲线

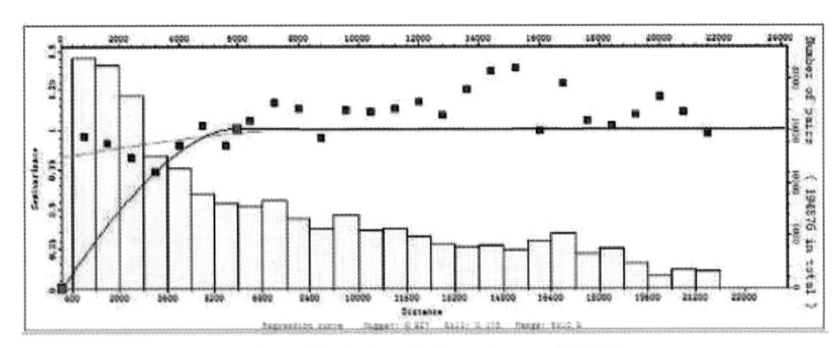

（a）重粉质黏土主变程变差函数曲线

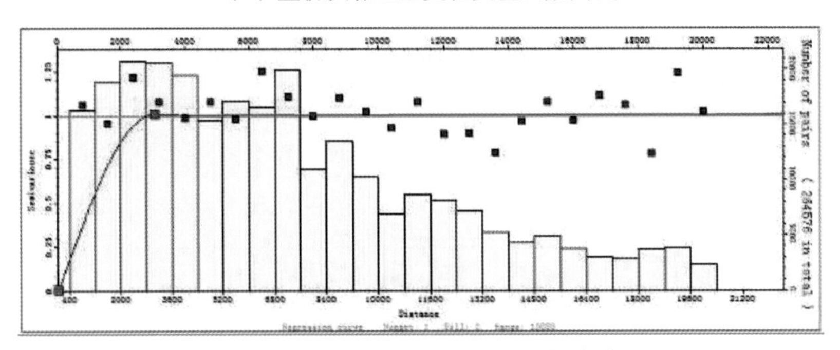

（b）重粉质黏土次变程变差函数曲线

附图 3.3　研究区重粉质黏土变差函数曲线

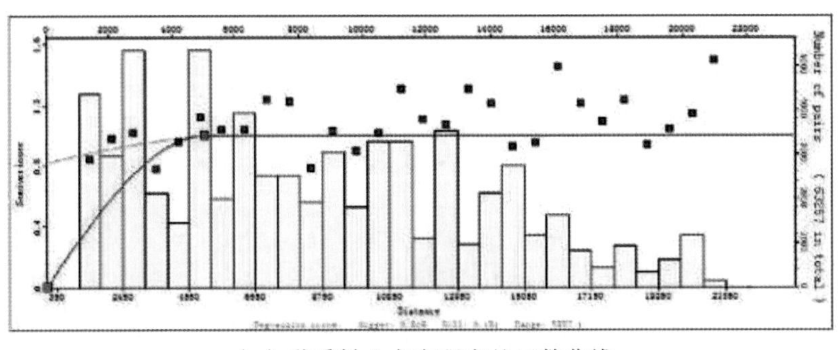

（a）黏质粉土主变程变差函数曲线

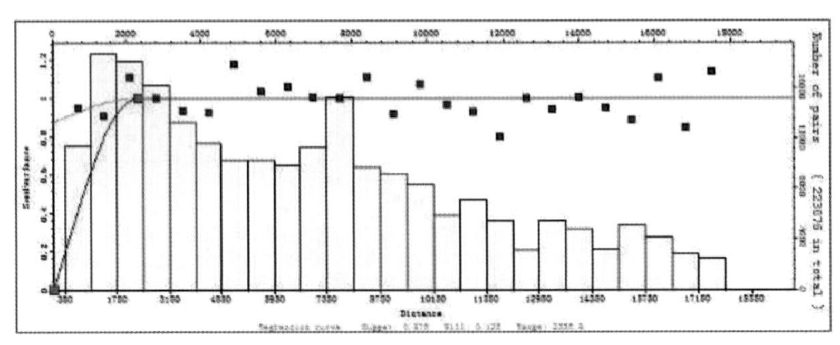

（b）黏质粉土次变程变差函数曲线

附图 3.4　研究区黏质粉土变差函数曲线

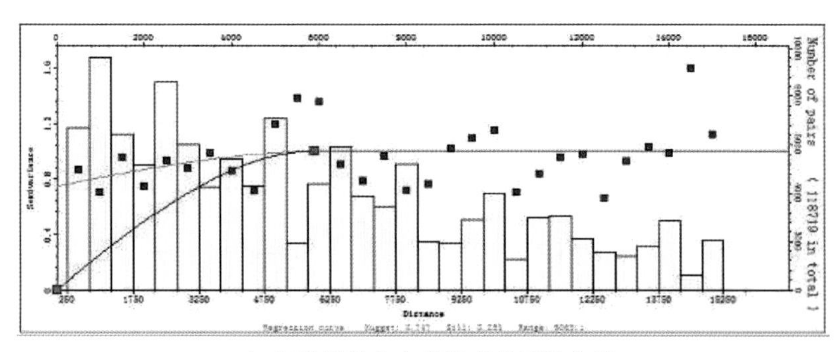

（a）砂质粉土主变程变差函数曲线

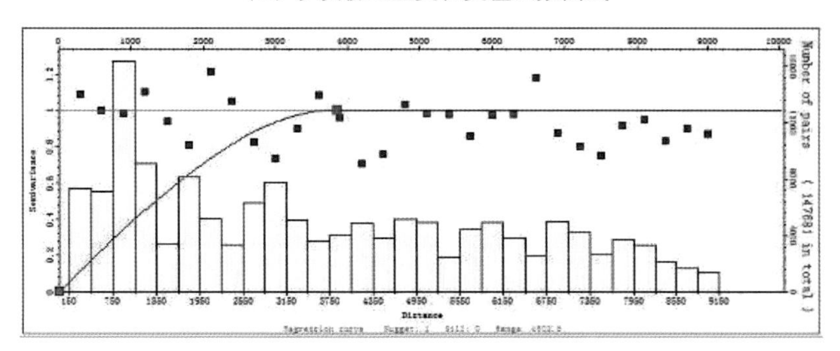

（b）砂质粉土次变程变差函数曲线

附图 3.5　研究区砂质粉土变差函数曲线

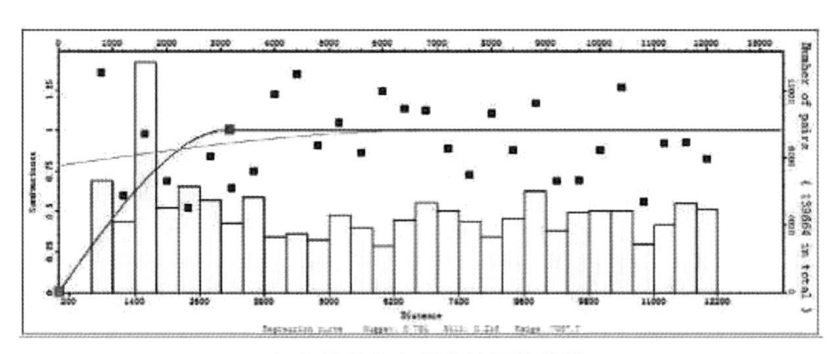

（a）粉砂主变程变差函数曲线

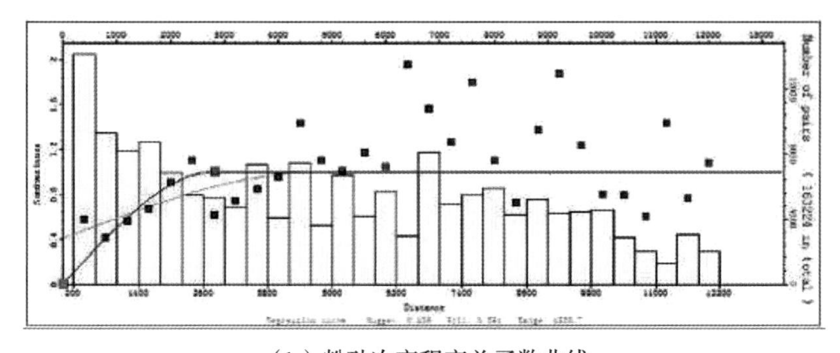

（b）粉砂次变程变差函数曲线

附图 3.6　研究区粉砂变差函数曲线

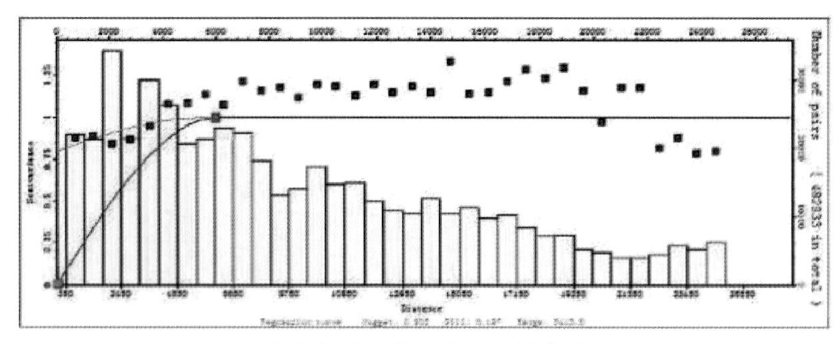

（a）细砂主变程变差函数曲线

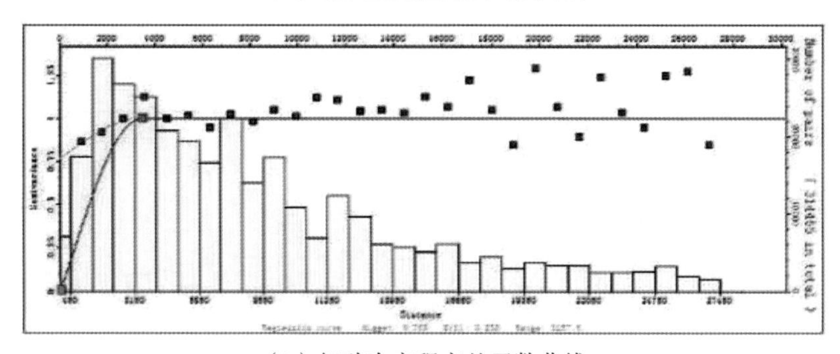

（b）细砂次变程变差函数曲线

附图 3.7　研究区细砂变差函数曲线

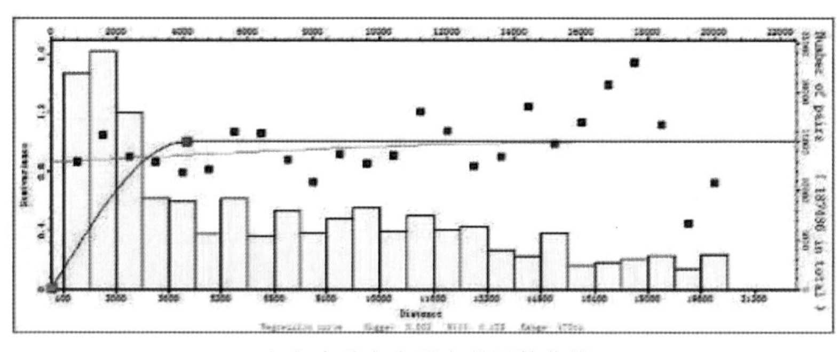

（a）中砂主变程变差函数曲线

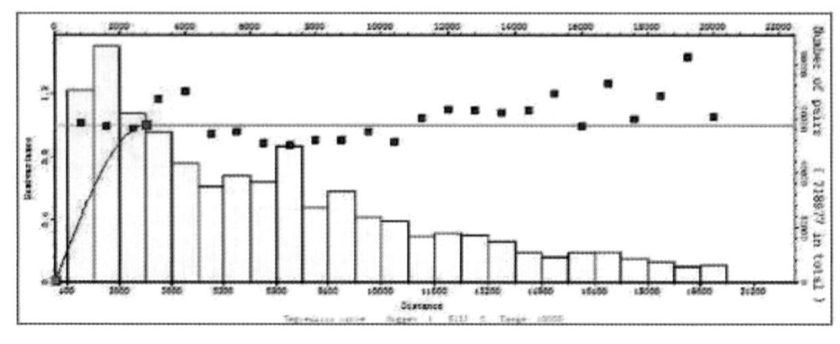

（b）中砂次变程变差函数曲线

附图 3.8　研究区中砂变差函数曲线

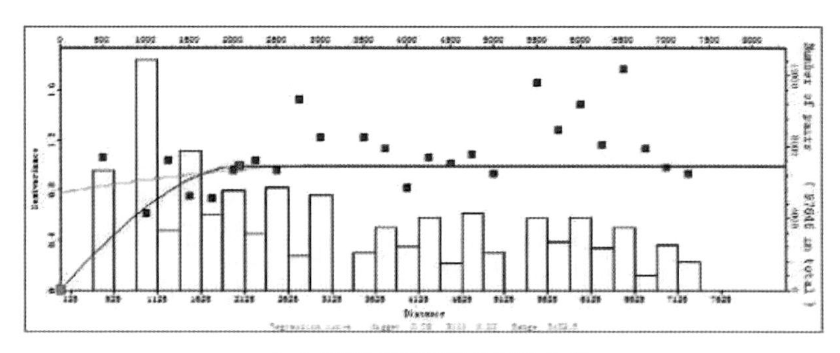

（a）圆砾主变程变差函数曲线

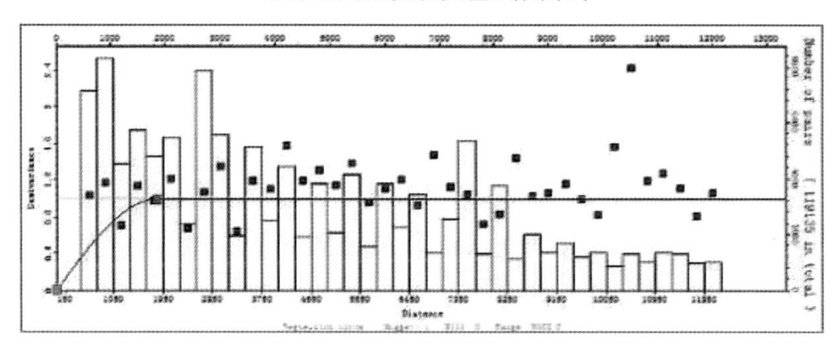

（b）圆砾次变程变差函数曲线

附图 3.9　研究区圆砾变差函数曲线

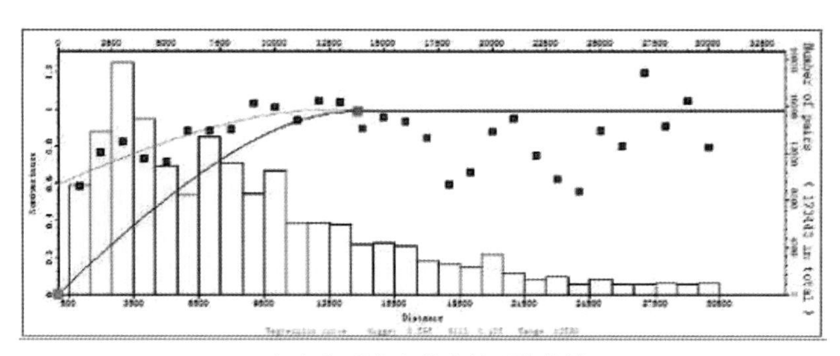

（a）卵石主变程变差函数曲线

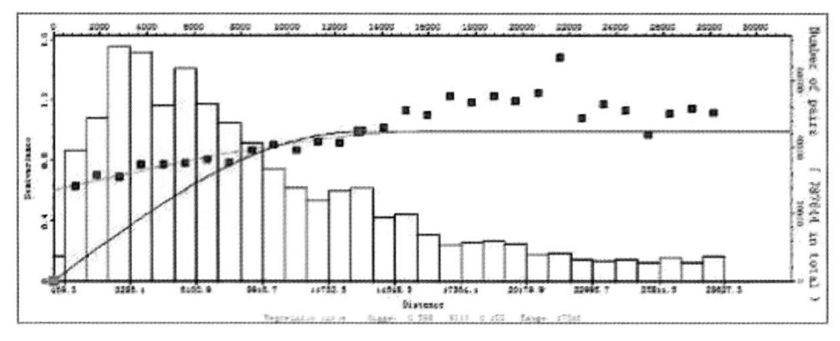

（b）卵石次变程变差函数曲线

附图 3.10　研究区卵石变差函数曲线

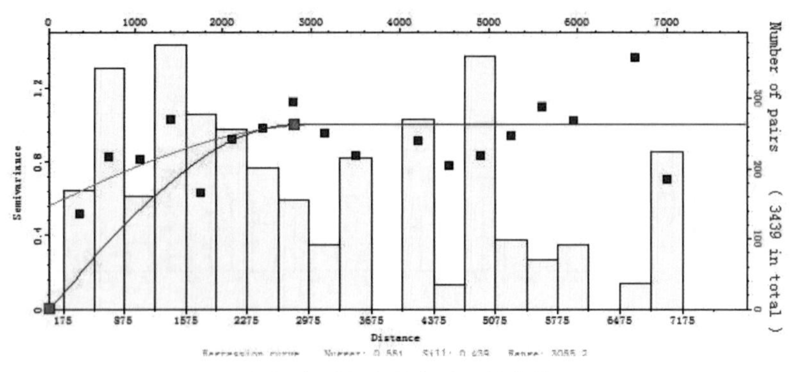

（a）卵石主变程变差函数曲线

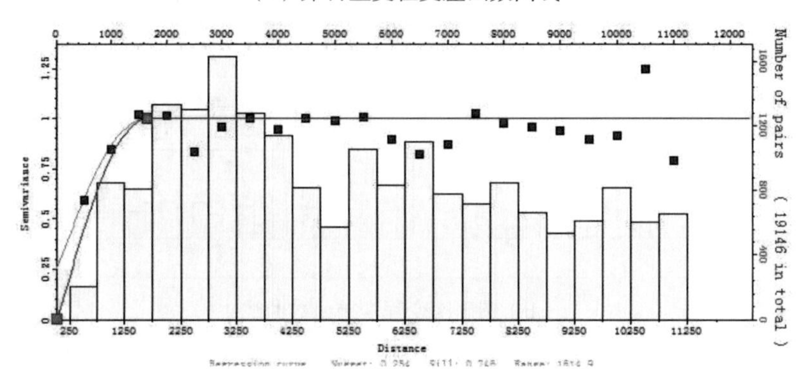

（b）卵石次变程变差函数曲线

附图 3.11　研究区粗砂变差函数曲线

第 4 章　基于公里网格的群体震害预测

4.1　群体震害预测的研究思路

北京市作为国际大都市，工程结构密集，新老结构并存且结构类型繁多，拟采用基于公里网格的抗震能力分区分类方法，给出北京市抗震能力分布及地震灾害损失预测结果。基于北京市地震局震害防御基础数据库，并收集北京市人口公里网格数据、GDP 公里网格数据、土地利用公里网格数据、设防烈度矢量数据、房屋建筑公里网格数据（结构类型、建筑面积、空间分布以及设防状况等）等资料，同时，对北京所属周边地区采用第六次人口普查等数据，利用数学回归方法模拟出建筑物和基础设施等数据，为大震巨灾模拟提供基础数据。

由于北京市的房屋建筑结构类型、生命线工程构造特点等有明显差异，造成其抗震能力明显不同。因此，采用分区分类方法给出北京市市辖区公里网格建筑物及生命线工程的抗震能力分布，预测北京市在大震巨灾下的经济损失和人员伤亡分布情况，为城市改造、规划选址提供依据；也可为政府和大型企业进行地震应急预案演练提供平台。此外，还可为其他灾害防御、城市科学化管理和相关行业提供基础资料信息服务。

4.2　数据收集与处理

本部分研究内容的一项重要任务就是北京市不同精度不同维度不同范围的基础数据收集与处理。收集北京行政区范围内的生命线工程、大型基础设施、应急避难场所、场地钻孔等资料，为大震巨灾模拟提供基础数据。朝阳区的范围有 470 平方千米，首先以朝阳区作为示范区，收集朝阳区内包括建筑结构类型、设防标准、建造年代、用途功能等基础建筑物信息。同时收集、整理了北京市人口、GDP、土地利用、设防烈度等社会多元信息基础数据，为北京市建筑物抗震能力分区分类提供了数据支撑。本部分研究内容取得的基础数据为后期的数据管理和使用提供便捷的服务。

4.2.1　人口数据收集与整理

随着人口数据空间化研究的深入，人口数据空间化研究已形成了一系列具有代表性的模型和方法，主要有城市人口密度理论模型、面插值法、基于土地利用的人口密度模型以及基于自然、社会经济综合特征的人口密度模型。依据中华人民共和国国家统计局网站发布的第六次全国人口普查数据、地震应急数据库数据等，通过购买数据、修正数据，对北京市人口数据进行网格化。图 4.1 为经过处理修正后的北京市人口公里网格分布图。

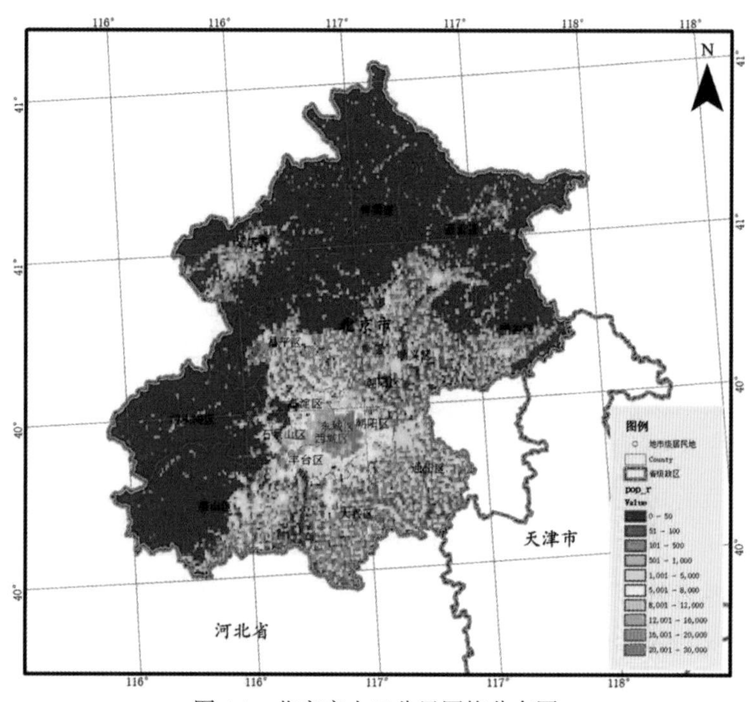

图 4.1　北京市人口公里网格分布图

4.2.2　建筑物公里网格数据

北京作为国际大都市，地广人多，工程结构密集，新老结构并存且结构类型繁多，北京市中心和郊区及周边农村建筑物抗震能力存在很大的差别。本部分研究内容基于遥感技术，结合现场考察建立了北京市不同区域基于公里网格数据的建筑物基础属性库。

本部分研究内容基于遥感的建筑物提取方法研究已经比较成熟，基于 Google Earth 遥感数据，采用面向对象的特征提取方法，基于人口公里网格数据和第六次人口普查数据相结合进行类比和反推。基于 Google Earth 卫星遥感数据，采用面向对象特征提取地物的方法提取地物信息，其流程图如图 4.2 所示。主要技术路线：

考虑光谱特征与形状特征相结合的异质性最小原则的基于边缘的分割算法。分割中设定一个分割阈值，通过不同尺度边界的差异控制，产生从细到粗的多尺度分割效果。

基于遥感数据提取地物信息的理论基础是：遥感图像通过亮度值或像元值的高低差异及空间变化来表示不同地物的差异。面向对象特征提取的分类方法不仅考虑像元的光谱亮度值，还利用像元和周围像元之间的空间关系对像元进行分类。

通过目视解译影像特征，得出图像中容易与建筑错分的地物：道路、植被、耕地以及其他建筑用地，利用规则一一将这些地物去除。根据上一步计算属性中得到的图像对象的空间、光谱、纹理、颜色空间和波段比值，构建分类规则。

结合地震应急基础数据库房屋的基础资料，或当地现场调查和统计的建筑物基础数据，再将其空间网格化。

根据人口网格数据，参考已有的研究成果，考虑务工人员和本地居民的住房统计数据以及区别公共建筑和住房建筑，建立人口和建筑物的关联模型，利用人口网格数据反演建筑物网格数据。

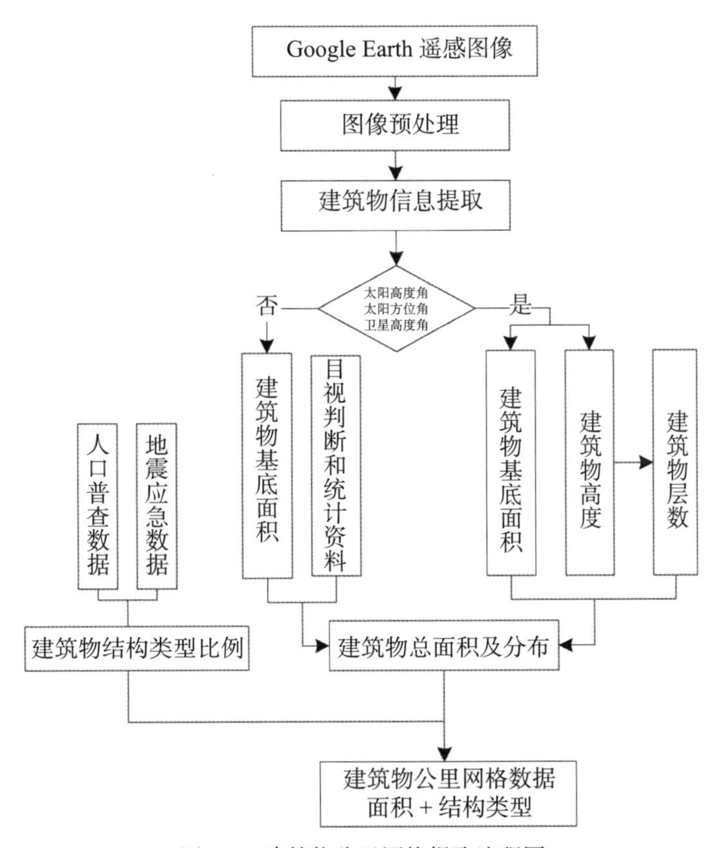

图 4.2　建筑物公里网格提取流程图

目前 Google Earth 数据被分为 22 级，级数越高精度越高。国内一般只到 20 级，极少数城市有 21 级影像，北京市的精度可以到 21 级。国外（北美洲、欧洲、澳洲等）普遍 20 级以上，大城市一般都 22 级。相同视角高度下，级数越高图像越清晰。海洋一般到 10 级，非城区一般到 16 级，城区一般可到 19 或 20 级，国外某些城区可到 22 级。

采用水经注 Google Earth 影像下载器，它可以提供名称、坐标查询定位，支持多任务、多线程下载，支持任务断点续传，同时可以生成精确的坐标文件以及无缝拼接影像，具体下载界面如图 4.3 所示。

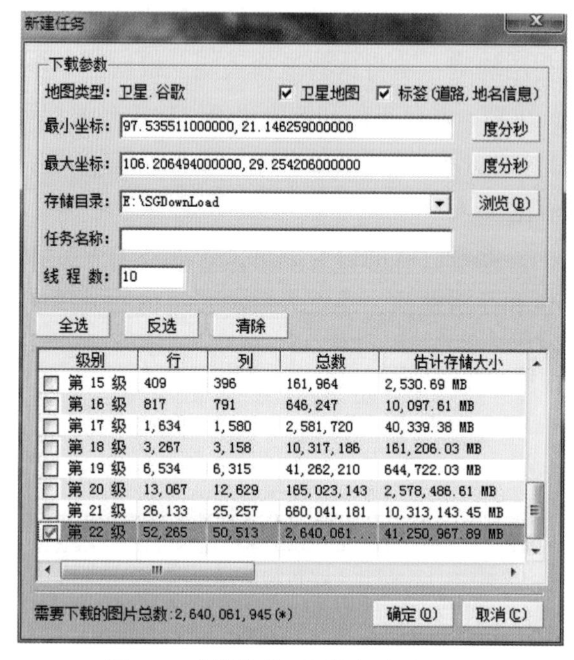

图 4.3　建筑物公里网格提取流程图

对于北京市，其中有大部分为山区或无人区，在遥感影响提取时，我们先过滤掉无人区。对于有少量房屋的山区，如果将整片数据全部下载处理，将增加巨大工作量（数据下载时间和提取时间）。此时，采用手工勾绘反而效率更高，Google Earth 提供了地标绘制功能，可以绘制多边形，并保存成 kml 文件，如图 4.4 所示，然后利用 GIS 软件中“kml 转图层”工具，将 kml 地标文件转化为矢量图层。

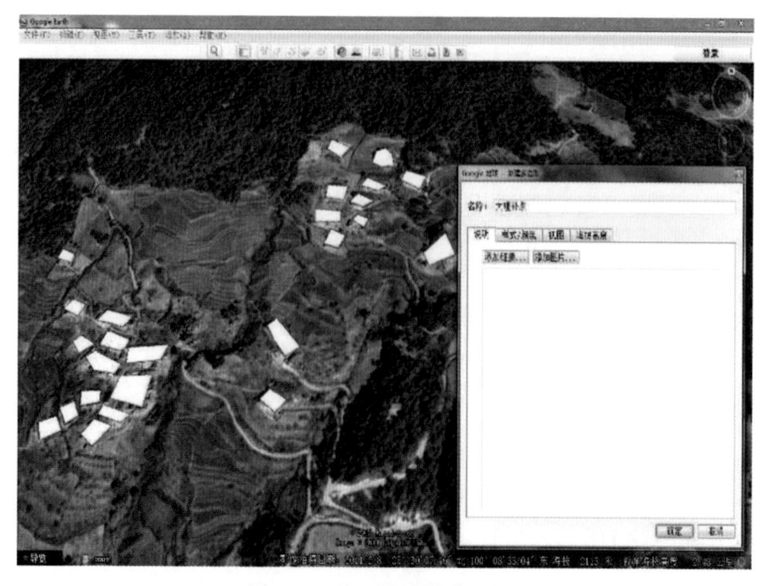

图 4.4　手工处理散落民居

数据下载完成后，基于 ENVI FX 模块经过五个步骤即可完成建筑物遥感影像提取：① MSSegment（分割）；② Regmerge（合并）；③ FxAttribute（确定属性）；④ FxClassify（分类）；⑤ FxExport（导出），如图 4.5 所示。图 4.6 为采用上述方法得到的北京市建筑密度空间分布图。

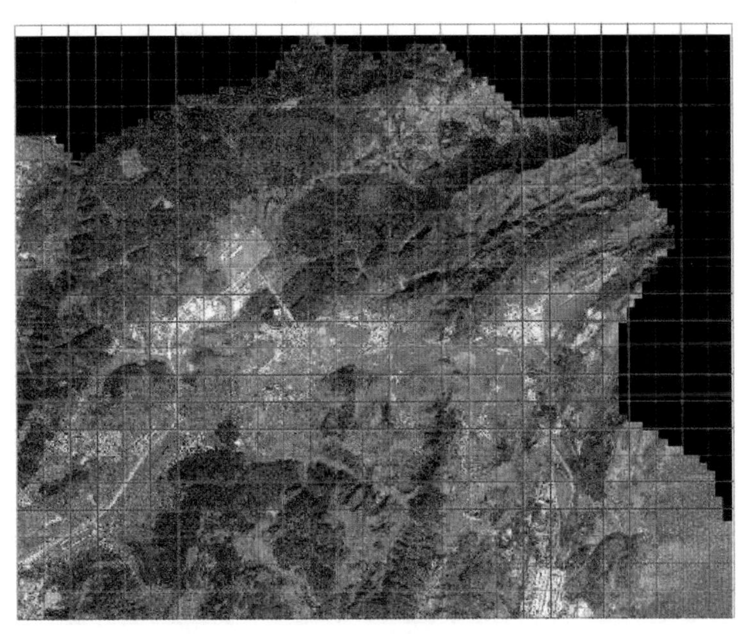

（a）网格划分

（b）图像识别

图 4.5　基于遥感的建筑提取

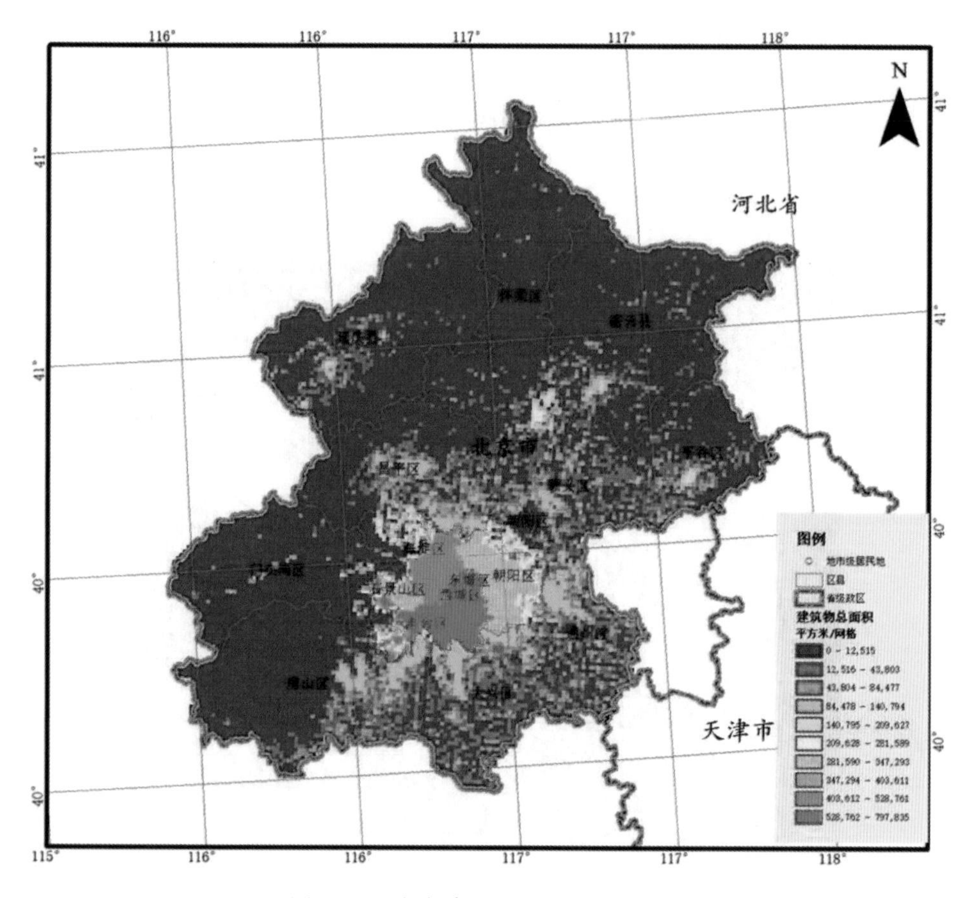

图 4.6 北京市建筑物公里网格分布图

4.2.3 GDP 公里网格数据

GDP 公里网格数据采用中科院地理资源研究所生产的精度为 1km 网格的 GDP 分布数据集。该数据集建立了第一产业、第二产业以及第三产业的 GDP 数据，并与土地利用类型进行相关性建模，同时分析统计了土地利用格局与 GDP 空间分布的规律，最终给出 1km 精度的 GDP 空间分布。该数据集的精度和可信度均能够满足本系统分区分类模型的要求。如图 4.7、图 4.8 所示。

4.2.4 土地利用公里网格数据

土地利用率采用中国科学院资源与环境数据中心研发的 1∶10 万的土地利用数据，数据格式为 ArcGIS 的 GRID 格式，每个网格的数值代表该类土地类型占网格总面积的百分比。土地利用数据共分为 6 大类 25 小类，本系统主要采用城市建设用地和农村用地。图 4.9 为北京市城镇建设用地公里网格数据。

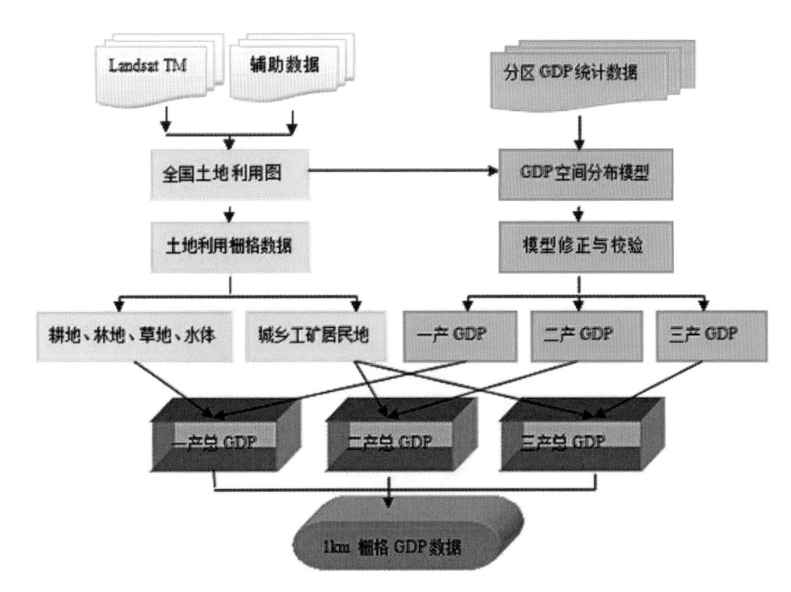

图 4.7　GDP 公里网格数据建模流程

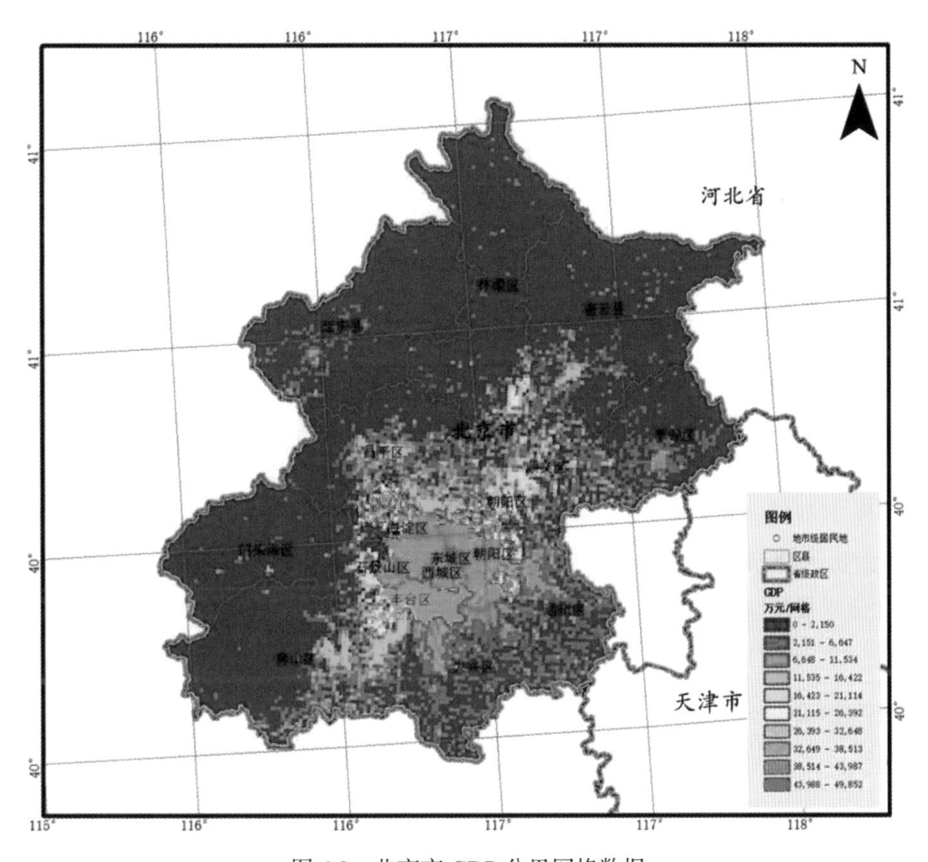

图 4.8　北京市 GDP 公里网格数据

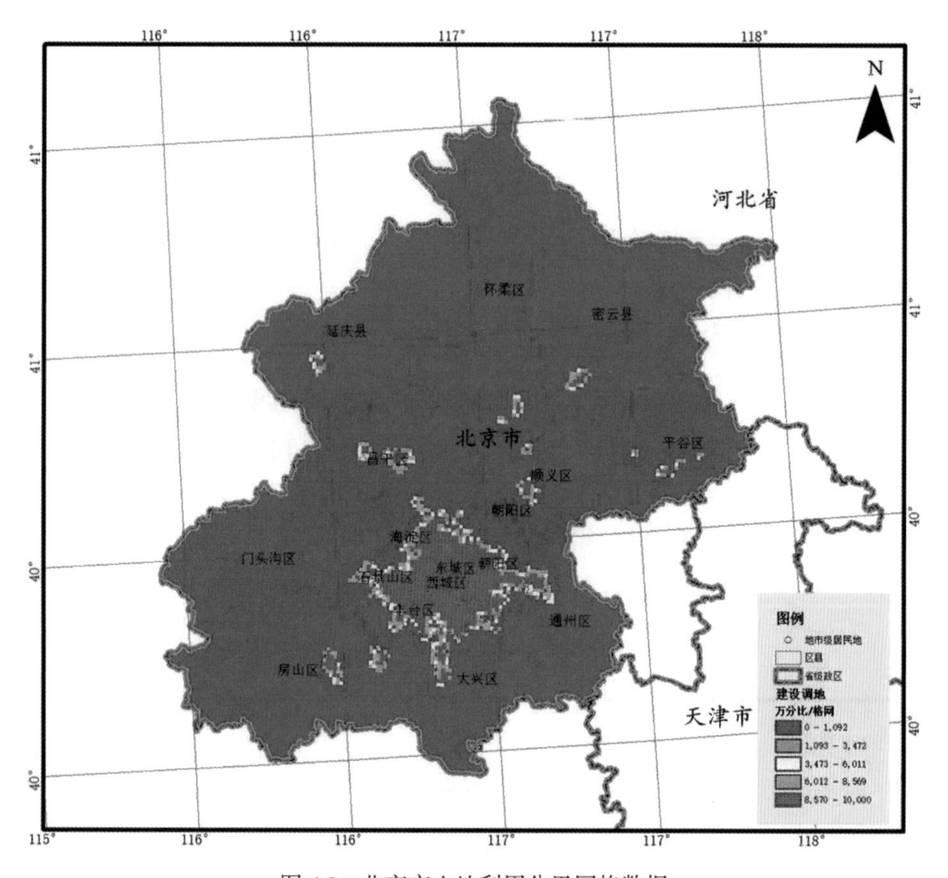

图 4.9　北京市土地利用公里网格数据

4.2.5　房屋造价数据收集及整理

本项目收集整理了北京市城市住宅工程造价、近十年《中国建筑业统计年鉴》（2007–2016）中北京市相关数据。获取建筑业企业房屋建筑竣工面积和竣工价值等相关数据（表 4.1，表 4.2）。竣工房屋价值指在报告期内竣工房屋本身的建造价值。包括竣工房屋本身的基础、结构、屋面、装修以及水、电、卫等附属工程的建筑价值，也包括作为房屋建筑组成部分而列入房屋建筑工程预算内的设备（如电梯、通风设备等）的购置和安装费用。不包括厂房内的工艺设备、工艺管线的购置和安装，工艺设备基础的建造；办公和生活用家具的购置等费用；购置土地的费用；迁移补偿费和场地平整的费用及城市建设配套投资。

建筑建设基本信息包括建筑物名称、楼座编号、建筑物详细地址、建设单位、施工单位、建立单位、设计单位、建筑年代、建筑面积、建筑层数、建筑高度、设防烈度等信息。

◆ 建筑物名称：指房屋建筑实体的实地名称，填写建筑的完整、准确名称，应包括建筑楼座编号，建筑名称要求唯一，不重复。

◆ 楼座编号：建筑物的 ID 编号，系统自动填充。

◆ 建筑物详细地址：指房屋建筑所在地的实际门牌标志内容。

◆ 建设单位：本建筑的建设单位名称。没有经过正规公司设计、建设、施工、监理的可填写“个人业主”“当地工匠”等。

◆ 施工单位：本建筑的施工单位名称。没有经过正规公司设计、建设、施工、监理的可填写“个人业主”“当地工匠”等。

◆ 监理单位：本建筑施工过程中的监理单位名称。没有经过正规公司设计、建设、施工、监理的可填写“个人业主”“当地工匠”等。

◆ 设计单位：本建筑的设计单位名称。没有经过正规公司设计、建设、施工、监理的可填写“个人业主”“当地工匠”等。

◆ 建筑年代：根据相关竣工验收证明的竣工日期填写，格式为“XXXX 年 XX 月 XX 日”，如 2002 年 03 月 05 日。只能确定年份、月份的按“XXXX 年 XX 月 01 日”填写，如 1980 年 5 月，填写成 1980 年 05 月 01 日。

◆ 建筑面积：建筑的总建设面积，单位为平方米。建议参考《建筑设计总说明》。

◆ 居住 / 办公人数：在本建筑居住或办公的总人数。

◆ 场地类别：场地的类别分为四类，分别是Ⅰ、Ⅱ、Ⅲ、Ⅳ类，根据该建筑《结构设计总说明》填写。

◆ 建筑层数：分别用数字填写建筑物地上、地下的层数。无地下室的地下层数填“0”。

◆ 建筑高度：可通过查阅房屋建筑档案获取；无档案可查时，可通过实测房屋屋顶平面至室外地面的距离获得。

◆ 结构类型：房屋建筑结构类型以其承重结构所用材料，可分为钢筋混凝土结构、钢结构、砖混结构、砖木结构、石结构、木结构等；以围护结构即墙体类型，可分为框架结构、剪力墙结构、框架 - 剪力墙结构、筒体结构、筒体 - 框架结构、框筒结构、筒中筒结构、悬索结构、网架结构等形式。房屋建筑结构类型可通过查阅该建筑的竣工档案获取；没有建筑档案或在档案上查不到相应内容的，应进行记录存档。

◆ 楼板形式：有现浇、预制、木屋架等形式，可通过查阅该建筑物的竣工档案，按其相应内容获取。对于多层砌体房屋还要调查其是否有构造柱和圈梁等。

◆ 基础形式：按开挖深度，可分为深基础（根据结构形式，又可分为桩基础、墩基础、沉井和沉箱、地下连续墙等形式）、浅基础（根据结构形式，又可分为独立基础、条形基础、十字交叉基础、筏板基础和箱型形基础等形式）等；按受力特点，可分为刚性基础、柔性基础、扩展基础等；按材料，可分为钢筋混凝土基础、毛石基础、混凝土基础、砖基础、灰土基础等形式，地基基础类型通过查阅该建筑的竣工档案获取。

◆ 墙体材料：结构类型为砖混、砖木的建筑填写此项，根据墙体砌筑材料勾选。

◆ 是否有圈梁 / 构造柱：圈梁和构造柱是在砌完每层墙后用混凝土浇筑、配有钢筋的梁和柱。圈梁是围成一圈的梁，构造柱位于房屋四角或纵横墙连接处。圈构造柱顶端和圈梁连到一起，是为提高房屋整体性而采取的一种抗震措施。

◆ 设防烈度：根据该建筑《结构设计总说明》勾选，一般情况下取基本烈度。

◆ 抗震设防等级：抗震设防分类等级有两种不同的表述方式分：甲、乙、丙、丁和特殊设防、重点设防、标准设防、适度设防。特殊设防相当于甲类、重点设防相当于乙类、标准设防相当于丙类、适度设防相当于丁类。

◆ 依据的抗震设计规范：根据该建筑《结构设计总说明》填写。无相关信息的可不填。74 规范是《工业与民用建筑抗震设计规范》（TJ11—74）的简称；78 规范是《工业与民用建筑抗震设计规范》（TJ11—78）的简称；89 规范是《建筑抗震设计规范》（GBJ11—89））的简称；2001 规范是《建筑抗震设计规范》（GB50011—2001））的简称；2010 规范是《建筑抗震设计规范》（GB50011—2010)）的简称。

◆ 建筑用途：勾选建筑物目前的实际用途，比如学校、医院、住宅等。

◆ 是否曾抗震加固：勾选本建筑竣工后，是否对建筑进行抗震加固。

◆ 楼顶类型：根据顶层屋面材料和形式填写，如现浇板平屋面、预制板平屋面、现浇板坡屋面、非现浇坡屋面。

◆ 抗震加固时间：对建筑进行抗震加固的时间。

◆ 有无设计图纸：按照本建筑现存的设计、施工图纸、竣工验收等资料。

◆ 是否被鉴定为危房：勾选本建筑是否被鉴定为危房。

◆ 鉴定时间：开展危房鉴定的时间。

◆ 有无设计和施工材料：本建筑现存的设计、施工图纸、竣工验收等资料的完备情况进行勾选。

◆ 是否文物保护单位：勾选本建筑是否属于文物保护单位。

◆ 有无坠落危险物：坠落危险物指建筑的外墙、顶部有不是建筑设计方案中原有的，而是后期人为修建、外加的。

◆ 是否有裂缝：说明裂缝的位置和大小等情况。

◆ 平面是方形或矩形：根据建筑物外轮廓在水平地面上的投影形状勾选。

◆ 立面不规则：立面不规则包括某一层墙、柱明显少于其他多数层的建筑；立面呈 U 型，L 型的退台建筑、首层柱高不等（通常是建在山坡上）或某一层层高明显小于或大于其他多数层的建筑；质量分布不均匀、墙体竖向不垂直的情况。

◆ 建筑物照片：应提供该建筑的正面、侧面、背面三张彩色照片，单张照片的文件大小不大于 2MB。

◆ 备注：对不能在表格中体现的重要信息在这里进行补充说明。

表 4.1　北京市按主要用途分的建筑业企业房屋建筑竣工面积（单位：万平方米）

年份	住宅	商业及服务用房屋	办公用房屋	科研、教育和医疗用房屋	文化、体育和娱乐用房屋	厂房及建筑物	仓库	其他未列明的房屋建筑物
2016	6303	1229.4	873.6	499.9	209.8	477.7	46	246.8
2015	5774	1010.6	885.9	435.7	115	743.7	50.6	259.4
2014	5272.8	1433.6	782.6	448.6	91.8	687.3	34.6	198.6
2013	5629.4	559.4	640.1	424.9	98.9	695.6	33.5	324.4
2012	3630.6	548.5	754.5	319.8	140.6	655.2	50.5	355.7
2011	3263.7	449.7	814	291	153.2	659.2	0	302.5
2010	2910.5	228.3	877.1	339.7	129.6	502.2	0	238
2009	2253.6	424.2	927.3	318.8	200.8	503.6	0	174.5
2008	2734	373	679.1	298.6	166.7	446.8	0	247.6
2007	2862.2	268.5	607	312.1	75.8	497.9	0	162.4

表 4.2　北京市按主要用途分的建筑业企业房屋建筑竣工价值（万元）

年份	住宅	商业及服务用房屋	办公用房屋	科研、教育和医疗用房屋	文化、体育和娱乐用房屋	厂房及建筑物	仓库	其他未列明的房屋建筑物
2016	13197407	3093997	2985211	1678257	891271	1250808	68238	962741
2015	11544782	2610782	2431866	1262308	541179	1776426	96685	1057002
2014	10419034	3426208	2363783	1396616	455825	1752184	77159	795616
2013	9448015	1296439	1766399	1235654	506695	1574561	74622	1625470
2012	5833349	1191058	1787153	808186	532145	1196573	95111	1245870
2011	5041322	1011845	1919865	663970	414053	1168001	0	969136
2010	4217346	432782	1723305	703723	264043	841579	0	778721
2009	3115308	813930	2072916	711822	832310	797252	0	451318
2008	3667047	816449	1288960	537769	405528	667541	0	477390
2007	3378139	461717	1229171	527677	130414	715371	0	289910

4.2.6 建筑物现场调查

2016 年 11 月 11—14 日，项目组一行三人对北京市朝阳区的建筑物进行了抽样调查和动力性能测试。其中调查内容包括：建筑物的结构类型及所占比例、建筑年代、结构特点、抗震构造特点等。动力性能测试主要针对医院、学校和高层住宅，目的在于用测试获得的周期结果与建筑物有限元模态分析结果对比，判断有限元分析模型的合理性，进而基于有限元方法开展朝阳区重点建筑物地震易损性研究。

（1）抽样点分布。

此次朝阳区建筑物调查共抽样了 5 个调查点，分别为建国门外大街、十八里店乡白墙子社区、十八里店村、周庄嘉园三期、北京市朝阳区急诊抢救中心。调查点覆盖了城市核心区、城乡结合部等不同的区域。

（2）建筑物基础信息调查。

① 建国门外大街。

调查点位于城市核心区，建筑物以高层和超高层建筑为主（图 4.10），主要结构类型包括：钢筋混凝土框架—核心筒结构、钢筋混凝土框架—剪力墙结构、钢筋混凝土筒中筒结构、钢筋混凝土束筒结构、钢结构等。这类结构均严格按照我国各类设计规范进行设计，部分结构进行了超限设计，因此这类结构具有很强的抗震冗余度。此地区建筑物的抗震能力较强。

（a）（b）（c）（d）

图 4.10　建国门外大街典型建筑

② 十八里店乡白墙子社区。

十八里店乡位于朝阳区三环与五环之间，白墙子社区属于城乡结合部，建筑物以单层砖木为主，少数二层砖混结构（图 4.11）。单层砖木结构的基础埋深 0.5m，条形基础；20 世纪 90 年代前建的房屋基本没有地圈梁，90 年代后建的个别有地圈梁，绝大多数没有；承重墙以 37 墙为主，纵墙和内墙以 24 墙为主；砌块采用普通烧结砖；砂浆绝大多数是沙子加白灰为主（配比为沙子∶白灰 = 4 ∶ 1），90 年代前以泥浆为主；绝大多数未设置构造柱；山墙和外纵墙是咬槎砌筑，山墙开窗；屋顶为硬山搁檩，铺的是烧结机制瓦。

单层砖木结构属于居民自建建筑，结构缺少有效的抗震构造措施，结构整体抗震能力偏弱。目前随着朝阳区城镇化进程的加快，此类结构的保有量逐渐下降。

（a）　（b）　（c）　（d）

图 4.11　白墙子社区典型建筑

③ 十八里店村。

十八里店村属于城乡结合部，是外来流动人口集中区。建筑物以单层砖木和私自搭建的简易房屋为主（图 4.12），其中单层砖木结构与白墙子社区类似，简易房屋量大而杂，整体抗震能力较差。

图 4.12　十八里店村典型建筑

④ 周庄嘉园三期。

调查点位于朝阳区东三环和东四环之间，属于城市核心区，建筑物以高层剪力墙结构为主（图 4.13）。这类结构均严格按照我国各类设计规范进行设计，抗震设防烈度为Ⅷ度（0.2*g*）。震害经验表明高层剪力墙结构的震害较轻，因此结构具有很强的抗震冗余度。

图 4.13　周庄嘉园三期典型建筑

⑤ 北京市朝阳区急诊抢救中心。

调查点位于朝阳区东三环和东四环之间，位于大羊坊路和周庄路交汇处，属于城市核心区，建筑物以多层钢筋混凝土框架结构为主（图 4.14）。这类结构均严格按照我国各类设计规范进行设计，抗震设防烈度为Ⅷ度（0.3*g*）。震害经验表明多层钢筋混凝土框架结构的抗震能力较好，震害多以填充墙的破坏为主。

图 4.14　北京市朝阳区急诊抢救中心典型建筑

（3）建筑物动力性能测试。

选择北京市典型高层钢筋混凝土剪力墙结构，应用脉动法进行结构动力性能测试，测试结构的数量分布如表 4.3 所示。测试结构的用途均为住宅楼，结构平面布置规则对称，侧向刚度沿竖向变化基本均匀。

表 4.3　朝阳区结构动力性能测试样本

名称	结构类型	用途
北京市朝阳区急诊抢救中心南区	钢筋混凝土框架结构	医疗
北京市朝阳区急诊抢救中心北区	钢筋混凝土框架结构	医疗
周庄嘉园 1 号楼二单元	钢筋混凝土剪力墙结构	住宅
周庄嘉园 1 号楼一单元	钢筋混凝土剪力墙结构	住宅
周庄嘉园 2 号楼一单元	钢筋混凝土剪力墙结构	住宅
周庄嘉园 2 号楼二单元	钢筋混凝土剪力墙结构	住宅
新升小学南楼	钢筋混凝土框架结构	教育
新升小学北楼	钢筋混凝土框架结构	教育
十里河医院	钢筋混凝土框架结构	医疗

测试设备采用 941-B 超低频测振仪的小速度档和 G01NET-2 通用数据采集器。在被测结构的 1/2 总高度处和顶层的平面中心位置，沿水平纵横两个方向布置 941-B 超低频测振仪，即被测结构共设置 2 个测点，每个测点共进行 2 次测试，获得各个测点的 600s 内速度时程。

采用随机信号的频域分析方法对测试数据进行分析，将结构测点的速度时程数据转化为表示不同频率的正弦波信号的无限叠加，进而确定每组测试数据下结构动力特性（水平纵横两个方向的基本自振周期、二阶和三阶自振周期及其阻尼比），再将4组测试数据下的结构动力特性取平均值，最终获得结构的动力特性。

测试结果包括结构水平纵横两个方向的基本自振周期、二阶自振周期、自振周期。测试结构的基本参数和测试结果汇总于表4.4。

表4.4 朝阳区结构动力性能测试结果

编号	名称	横向周期 / s			纵向周期 / s		
		一阶	二阶	三阶	一阶	二阶	三阶
20161111-11	北京市朝阳区急诊抢救中心南区	0.683995	0.515996		0.683995	0.522193	
20161111-12		0.683995	0.524109		0.683995	0.533333	
20161111-21	北京市朝阳区急诊抢救中心北区	0.673401	0.450857		0.673401	0.450857	
20161111-22		0.674309	0.447828		0.674309	0.429553	
20161111-31	周庄嘉园1号楼二单元	1.557632	1.166861	0.943396	1.166861	0.943396	0.684932
20161111-32		1.55521	1.179245	0.943396	1.179245	0.943396	0.683995
20161111-41	周庄嘉园1号楼一单元	1.557632	1.169591	0.932836	1.169591	0.932836	0.683527
20161111-42		1.5625	1.169591	0.937207	1.169591	0.937207	0.683527
20161111-51	周庄嘉园2号楼一单元	1.488095	1.101322	0.911577	1.101322	0.911577	0.681663
20161111-52		1.492537	1.096491	0.913242	1.096491	0.913242	0.681663
20161111-61	周庄嘉园2号楼二单元	1.466276	1.09529	0.913242	1.09529	0.913242	0.681199
20161111-62		1.488095	1.096491	0.914913	1.096491	0.910747	0.681199
20161114-11	新升小学南楼	0.672043			0.672043		
20161114-12		0.672043			0.672043		
20161114-21	新升小学北楼	0.672043			0.672043		
20161114-22		0.675676			0.675676		
20161114-31	十里河医院	0.674764	0.282725	0.188076	0.688705	0.269034	0.189107
20161114-32		0.675676	0.283447	0.185082	0.675676	0.264061	0.18622

4.3 理论方法与技术流程

本部分研究内容基于4.2收集得到的相关基础数据，开展了北京市基于公里网格的建筑物抗震能力综合分区分类方法研究，建立了北京市在不同分类情况下各类建筑结构的地震易损性分析方法；基于地震易损性分析结果，给出了北京市在概率地震或设定地震作用下的建筑物地震直接经济损失及空间分布情况；建立了生命线工程同建筑物地震直接经济损失的数学关联模型，计算得到了北京市在概率地震作用下生命线工程直接经济损失；发展了分区分类的地震人员伤亡评估模型，建立了北京市在概率地震作用下人员伤亡评估模型，绘制了北京市在概率地震作用下地震人员伤亡分布图。最后，以一次设定性地震为例，计算得到了地震区建筑物、生命线工程和人员伤亡及损失数量和空间分布情况。

4.3.1　北京市建筑物抗震能力分区分类方法

（1）建筑物抗震能力影响因素分析及数据预处理。

通过对历次地震震害的总结、各地区建筑结构建（构）造特点的对比分析和大量的数据统计分析可以看出，一个地区的经济发展状况、行政区划归属级别、土地利用属性、设防情况、人口规模以及地域特点等社会多元因素同该地区建筑结构抗震能力有着不同程度的相关性，且这些因素造成的影响是多层次、多方面的。本项目以此为出发点，抓住主要影响因素，研究北京市不同地区相关基本属性同建筑物抗震能力的关联程度，在此基础上将北京市以公里网格为单元进行分区分类。

鉴于相关资料获取的难易程度和资料时效性等因素，本项目拟采用人口、GDP 产值、城镇建设用地占比、设防烈度和行政区划五个主要因素作为分区分类方法中的控制变量，所采用的数据源主要包括：

① 北京市人口数量公里格网数据；

② 北京市 GDP 产值公里格网数据；

③ 北京市 1∶10 万土地利用数据中的城镇建设用地数据；

④ 《中国地震烈度区划图》矢量数据；

⑤ 北京市县级行政区界数据。

（2）综合分区分类方法。

本项目重点考虑北京市不同行政区划内［市、区、乡镇（街道）、村（社区）］各级行政单位人口密度、单位面积 GDP 产值、城镇建设用地比例、当地设防烈度等影响因素，结合现场调查数据，分析北京市城区、乡镇及农村等不同地区的相似性和差异性，以公里网格为单元，研究给出各影响因素对建筑物抗震能力的影响因子值，利用各影响因子之间的关联程度，通过统计学方法计算得到综合影响因子值，根据抗震能力影响程度对北京市进行分类。图 4.15 为基本研究思路。

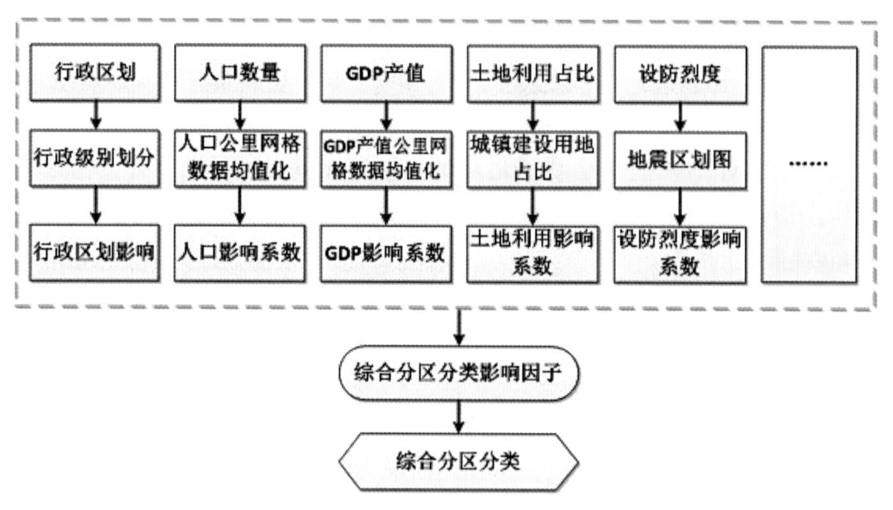

图 4.15　基于公里网格的分区分类方法基本思路

① 分区分类方法介绍。

本项目采用加权综合评价法建立研究区域的分区分类模型。首先分别建立不同影响因素的影响系数 H_{di}，分析各影响因素对工程结构抗震能力的影响程度，运用层次分析法计算得到各影响因素的权重值，采用加权综合评价法计算得到分区分类综合影响系数。某研究区域综合影响系数的计算见如下公式。

$$C_d = \sum_{i=1}^{4} g_{di} H_{di} \tag{4.3.1}$$

式中，C_d 为某研究区域综合影响因子值；H_{di} 为某研究区域不同影响因素的影响系数；i 为影响因素个数；d 为某研究区域；γ_{di} 为某研究区域各影响因素的权重。

其中　$\sum_{i=1}^{4} g_{di} = 1$

影响系数的计算：

（a）人口和 GDP 影响系数的计算。

首先将北京市按照［市、区、乡镇（街道）、村（社区）］各级行政区划进行划分。人口和 GDP 产值公里网格影响系数的计算是以研究区域省会级市辖区为基准，采用均值变换方法，将原始数据转换成可比较的数据序列，即首先计算出研究区域省会级市辖区的公里格网数据的平均值 V_{mav}，然后用研究区内所有公里格网数据分别除以 V_{mav}，得到一个无量纲的新数列，作为人口或 GDP 产值的影响系数 H_{di}，计算公式如下所示。

$$V_{mav} = \frac{1}{n} \sum_{k=1}^{n} v_{mn} \tag{4.3.2}$$

$$H_{di} = \frac{v_n}{V_{mav}} \tag{4.3.3}$$

式中，V_{mav} 为研究区域市辖区公里格网数据平均值；V_{mn} 为研究区域市辖区每个公里格网数据值；H_{di} 为研究区域不同影响因素的影响系数值；V_n 为研究区域每个公里网格数据值。

（b）城镇建设用地影响系数的计算。

采用城镇建设用地作为影响北京市建筑结构抗震能力的主要影响因素之一，根据近期北京市不同地区城镇建设用地公里格网占比情况，综合考虑三级划分区域城镇建设用地对建筑结构抗震能力的影响程度，给出了影响系数 H_{di}，具体见表 4.5。

表 4.5　城镇建设用地影响系数

行政区划分级	土地利用数据	影响系数
省会级市辖区	城镇建设用地	1
	非城镇建设用地	0.25
地级市区	城镇建设用地	0.75
	非城镇建设用地	0.17
其他	城镇建设用地	0.5
	非城镇建设用地	0.08

（c）设防烈度影响系数的计算。

本项目整理统计了《中国地震烈度区划图》中北京市不同地区抗震设防情况，给出了设防烈度对建筑结构抗震能力的影响系数，见表 4.6。

表 4.6　设防烈度影响系数

设防烈度	8 度及以上	6 ~ 7 度	不设防
影响系数	1	0.625	0

权重的取值：

本项目采用层次分析法定量分析不同因素对建筑结构抗震能力的贡献大小，得到其权重值 γ_{di}。层次分析法（Analytical Hierarchy Process，简称 AHP）首先是将与决策有关的元素分解成目标、准则、方案等层次，然后基于专家经验知识估计每一层次所有因素两两之间的关系来构造判断矩阵，最终确定权重值。AHP 分析方法是一种多因素分析、多指标分级的评价方法。运用层次分析法解决权重值的求解问题，总体上分为如下 3 个步骤。

（a）建立阶梯层次结构模型。层次结构模型的层数一般不受限制，最高层即目的层，最低层即方案层，中间层为准则层。

（b）构造判断矩阵。将同层次的所有影响因子两两比较，按照 Thomas Saaty 提出的标度方法，构建 1 ~ 9 评价指标的判断矩阵 A。

（c）一致性检验。使用一致性指标 CI（Consistency Index）和一致性比率 CR（Consistency Ratio）来评价判断矩阵的一致性。CI 检验公式如下：

$$CI = \frac{(l_{\max} - n)}{n - 1} \tag{4.3.4}$$

随机一致性比率 CR 的计算表达式见下述公式。一般认为 $CR < 0.1$ 时判断矩阵具有很好的一致性，否则需要重新调整判断矩阵。

$$CR = \frac{CI}{RI} \tag{4.3.5}$$

本项目采用几何平均法计算权重值，计算公式为：

$$g_{di} = \frac{(\prod_{j=1}^{n} a_{ij})^{\frac{1}{n}}}{\sum_{i=1}^{n}(\prod_{j=1}^{n} a_{ij})^{\frac{1}{n}}} \qquad i=1,2,\ldots,n \tag{4.3.6}$$

式中，g_{di} 为矩阵的权重向量；a_{ij} 为矩阵中的第 i 行 j 列的元素；n 为矩阵的阶数。

分区分类的影响因素权重取值计算：

本项目根据专家经验对人口、GDP、城镇建设用地、设防烈度 4 个影响因素的相对重要性构造判断矩阵，如表 4.7 所示。

表 4.7　影响因子权重的两两比较矩阵

因子	人口 B1	经济 B2	城镇建设用地 B3	设防烈度 B4
人口 B1	1	1	1/6	3
经济 B2	1	1	1/6	3
城镇建设用地 B3	6	6	1	5
设防烈度 B4	1/3	1/3	1/5	1

对其进行一致性检验，经计算得出 $CR < 0.1$，故矩阵符合一致性要求。根据上述公式，计算得出各影响因素的权重值。

② 北京市分区分类展示。

根据上述综合分区分类方法，本项目对北京市进行了分区分类。首先计算得到了北京市所有公里网格综合影响系数，然后对北京市按照 12 类进行了分类，图 4.16 为北京市综合分区分类展示图。

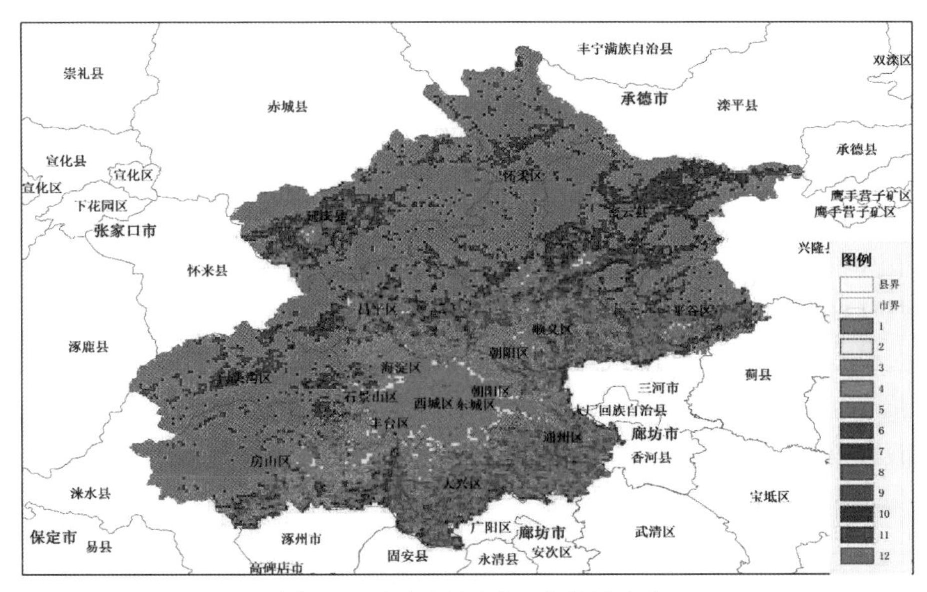

图 4.16　北京市综合分区分类展示图

4.3.2　北京市建筑物地震易损性分析

（1）震害及震害预测资料分析。

收集整理了自 2006 年以来我国大陆地区近百次破坏性地震的地震灾害损失评估报告。统计整理了地震基本参数、震区面积、人口、GDP 等基本数据信息；整理出不同结构类型房屋不同破坏等级破坏面积，进而得出每种结构类型震害矩阵。但是每次实际地震往往只能得到各类建筑结构在某几个地震烈度下的震害概率，为了能够全面反应建筑物在Ⅵ~Ⅹ度完整的震害概率分布，采用经验震害矩阵的完善方法，建立了不同地区各类建筑结构完整的震害矩阵。首先选取一个完善的标准矩阵，假设相邻地震烈度之间震害指数的期望值和方差的变化值与标准矩阵相对应的期望和方差的变化值相同，得到其他地震烈度下震害指数的期望值和方差，通过假设其他地震烈度下的震害指数的分布统一服从贝塔分布，利用贝塔分布密度函数，最终求得各个地震烈度下的不同破坏等级发生的破坏概率，进而对不同区域各种结构类型震害矩阵进行补充完善。

同时，收集整理了“七五”以来我国开展过震害预测的 100 多个城市和区域的震害预测矩阵。

（2）考虑设防水准的建筑物群体震害预测方法。

① 结构类型的分类。

一般情况建筑结构主要有两种分类方法：按结构类型分类和按使用功能分类。国内外专家对于建筑结构类型的分类也不尽相同。如美国联邦紧急事务管理署（FEMA）编制形成的建筑物（ATC-13）将建筑物和构筑物划分为 50 多种类型；尹之潜在进行地震易损性分析研究中将我国建筑物分为 20 种类型。

本项目根据项目总体实施要求，并参考了 GB/T 19428—2013《地震灾害预测及其信息管理系统技术规范》和第六次人口普查数据、地震应急数据库数据等，结合北京市房屋现有存量及分类情况，最终将房屋建筑分成高层建筑、钢筋混凝土结构、砌体结构、单层民宅和其他 5 种结构类型。

② 抗震设防水准对建筑结构的震害影响。

我国建筑抗震设计规范从 1959 年开始至今，经历了 7 个历程，具体见表 4.8，每一个抗震设计规范的编制，都对我国结构抗震设计的发展起到了积极地推动作用，每一个抗震规范修订的过程，都标志着我国抗震设计水平的不断进步与提高。建筑结构的抗震设防标准是衡量建筑抗震设防要求高低的尺度，由抗震设防烈度或设计地震动参数及建筑抗震设防类别确定。设防烈度是按国家规定的权限批准作为一个地区抗震设防依据的地震烈度。

表 4.8　不同时期抗震设防标准的比较

抗震设计规范的发展阶段	基本烈度（或设计基本加速度）	设防烈度
1964 年以前《地震区建筑抗震设计规范》1959 年，简称《59 规范》	历史上曾发生过的最大地震烈度	Ⅰ级建筑除场地烈度 8 度设防烈度也为 8 度外，6 ~ 10 度建筑按提高 1 度的要求设防；Ⅱ级建筑均按场地烈度设防；在场地烈度 7 度 ~ 10 度时对一般建筑按降低 1 度的要求设防；Ⅳ级建筑均按 6 度设防
1964–1974 年《地震区建筑抗震设计规范》1964 年，简称《64 规范》	历史上曾发生过的最大地震烈度	特级建筑均按场地烈度提高 1 度设防；Ⅰ级建筑按场地烈度（6 度时不设防）设防；Ⅱ级建筑按场地烈度降低 1 度（6 度时不设防，7 度时不降低）设防；Ⅲ级建筑均不设防
1974–1978 年《工业与民用建筑抗震设计规范（TJ11–74）》，简称《74 规范》	未来 100 年内平均土质条件下可能遭遇的最大烈度	适用于 7 度 ~ 9 度的工业与民用建筑物。对特别重要的建筑物，设计烈度可比基本烈度提高 1 度；对重要的建筑物，设计烈度应按基本烈度采用；对一般建筑物，设计烈度可比基本烈度降低 1 度采用（基本烈度 7 度时不降低）；对临时性建筑物，不设防
1979–1989 年《工业与民用建筑抗震设计规范（TJ11–78）》，简称《78 规范》	未来 100 年内平均土质条件下可能遭遇的最大烈度	建筑物的设计烈度一般按基本烈度采用，基本烈度为 6 度的地区，工业与民用建筑物一般不设防
1990–2001 年《建筑抗震设计规范（GBJ11–89）》，简称《89 规范》	50 年内超越概率为 10% 的烈度	一般民用建筑和工业建筑都按基本烈度设防，根据建筑物的重要性控制设防烈度，设防烈度范围为 6 度 ~ 9 度
2001 年以后《建筑抗震设计规范（GB50011–2001）》，简称《01 规范》	50 年内超越概率为 10% 的地面峰值加速度	一般民用建筑和工业建筑都按基本烈度设防，根据建筑物的重要性控制设防烈度，设防烈度范围为 6 度 ~ 9 度
2010 年以后《建筑抗震设计规范（GB50011–2010）》，简称《10 规范》	50 年内超越概率为 10% 的地面峰值加速度	一般民用建筑和工业建筑都按基本烈度设防，根据建筑物的重要性控制设防烈度，设防烈度范围为 6 度 ~ 9 度

丰富的震害经验得出，经过抗震设防或抗震加固的房屋有一定的抗震能力，抗震效果明显要比未经设防的房屋好很多。在唐山大地震中，天津市 1974 年通用住宅标准图按《74 规范》中Ⅶ度设防。震后对其中的 37 幢这种住宅进行了震害调查，其中中等破坏的房屋占 9%，轻微破坏的房屋占 20.5%，其他为基本完好。震前天津市房管局曾对 6.3 万平方米民用建筑进行了加固，震后也表现出了良好的抗震性能。

因此，房屋的抗震设防情况影响着房屋本身在地震中各个烈度下的破坏状态，也就影响着整个地区震害预测结果的好坏。因而在对某个地区进行震害预测时，建筑结构的抗震设防标准应作为一项重要的因素予以考虑。

③ 数学模型。

房屋是否经过抗震设防，在地震中的表现有很大的不同。以此为出发点，从设防水准对房屋的震害影响着手，建立预测区的震害矩阵。通过以往的震害实例和震害方法得知，相近场地上的"相似"建筑物当遭受相同烈度的地震影响时，房屋破坏程度大体相同，基于这一点，选取与预测区地形及建筑结构上最为相似的样本作为已知数据资料，所得出的震害矩阵用 A 来表示，通过寻求影响因素对震害矩阵的影响程度，分别确定预测区设防和未设防结构的震害矩阵，最终建立预测区的模拟震害矩阵，用 D 来表示，则预测区的震害矩阵表达式为：

$$D=\frac{a\sum_{i=1}^{n}x_{1i}}{a\sum_{i=1}^{n}x_{1i}+b\sum_{i=1}^{n}x_{2i}}A_1+\frac{b\sum_{i=1}^{n}x_{2i}}{a\sum_{i=1}^{n}x_{1i}+b\sum_{i=1}^{n}x_{2i}}A_2 \tag{4.3.7}$$

式中，D 为欲模拟城镇某类建筑的震害矩阵；A_1 为已知样本某类建筑中设防结构的震害矩阵；A_2 为一已知样本某类建筑中未设防结构的震害矩阵；α 为预测区设防结构建筑面积占整体结构建筑面积的比值；β 为预测区未设防结构建筑面积占整体结构建筑面积的比值；ξ_{1i} 为预测区设防结构的影响因子大小；ξ_{2i} 为预测区未设防结构的影响因子大小；n 为影响因素的个数。

其中，

$$\frac{a\sum_{i=1}^{n}x_{1i}}{a\sum_{i=1}^{n}x_{1i}+b\sum_{i=1}^{n}x_{2i}}+\frac{b\sum_{i=1}^{n}x_{2i}}{a\sum_{i=1}^{n}x_{1i}+b\sum_{i=1}^{n}x_{2i}}=1$$

4.3.3　建筑物地震直接经济损失分析

（1）数学模型。

一次地震的直接经济损失是指地震后的修复、重建费用，室内财产和救灾费用所投入的资金。建筑物地震直接经济损失是指地震造成的建筑结构破坏的经济损失。本项目通过考虑各类房屋建筑不同破坏等级的破坏比、损失比、房屋重置单价和分区分类的影响，给出了建筑物地震直接经济损失分析模型，计算公式为：

$$DEL_{si} = S_{si} \times D_{si} \times R_{si} \times P_{si} \tag{4.3.8}$$

式中，DEL_{si} 为研究区域某种建筑结构地震直接经济损失；S_{si} 为研究区域不同分区分类情况下某种建筑结构总建筑面积；D_{si} 为研究区域不同分区分类情况下某种建筑结构某个破坏等级的破坏比；R_{si} 为研究区域不同分区分类情况下某种建筑结构某个破坏等级的损失比；P_{si} 为研究区域不同分区分类情况下某种建筑结构重置单价。

（2）房屋造价。

根据 GB/T 18208.4—2011《地震现场工作第 4 部分：灾害直接损失评估》中定义，重置费用是指基于当地当前价格，重建与震前同样规模和标准的房屋和其他工程结构、设施、设备、物品等物项所需费用。重置单价可以表示为重置费用和建筑面积的商。目前我国获取重置单价的方法主要是通过当地政府或建设部门上报各类建筑结构重置单价，然后由评估小组进行核查，调整后采用。这就需要其他部门的大力配合，很难获取到高效准确的数据信息。

本项目参考近十年的《中国建筑业统计年鉴》中各地区按主要用途分的建筑业企业房屋建筑竣工面积和竣工价值等相关数据，并根据房屋主要用途将其按照结构类型重分类，结合不同分区分类的影响，给出不同区域修正系数，最终计算得出了不同区域的重置单价。

（3）损失比。

损失比是指房屋或工程结构某一破坏等级的修复单价与重置单价之比。GB/T 18208.4-2011《地震现场工作第 4 部分：灾害直接损失评估》中按照钢筋混凝土和砌体房屋、工业厂房、城镇平房和农村房屋三种类型给出了五种破坏等级的损失比范围。本项目通过统计 63 次地震灾害损失评估报告中各类结构损失比情况，综合标准中给出的取值范围及分区分类的影响，结合北京市建筑物实际情况，给出了北京市不同区域各类结构不同破坏等级的损失比。

4.3.4 生命线工程地震直接经济损失分析

生命线工程包含电力、交通、供水、燃气、通信等 5 个子系统，它是现代社会人类生产生活所不可或缺的工程系统，是震后一切应急救援活动的重要依托和前提。生命线工程一旦遭受地震破坏，会严重影响正常的社会生产生活，造成大量的经济损失。但是由于生命线系统是一个极其庞大复杂的网络工程，涉及电力、燃气、通信等多个研究领域，具有复杂性、网络性、广泛性等特性。如果按照传统的计算模式，一是基础资料的获取专业性较强，开展一个地区的基础资料收集工作一般需耗费大量的人力物力和时间才能完成，也不适宜大范围开展工作；二是在不同区域，生命线各系统的存量和抗震能力也不相同，地震对其造成的损失存在很大差别，很难有统一的计算模式。

因此，在一次地震中，很难根据现有资料准确地给出生命线工程地震直接经济损失值。基于此，本项目从历次典型历史地震震害中，通过寻求建筑物地震直接经济损失同生命线工程地震直接经济损失之间的关联程度，给出不同地区生命线工程地震直接经济损失分析模型。

不同地区生命线工程的存量及抗震能力有很大的差异，地震时造成的损失同建筑物破坏造成的损失存在着很大的相关性。本项目在分区分类的基础上，通过分析不同地区震害与震害预测资料中建筑物损失和生命线工程损失的对应关系，建立不同分区情况下生命线工程同建筑物损失的数学模型；同时，分析不同地区同时期人口、经济、建筑物总量及设防情况的对应关系及分布曲线，给出不同城市各分区情况下的调整系数；最后，利用北京市不同分区现有建筑物、人口、经济及设防数据资料，模拟给出适用于北京不同分区的生命线工程地震直接经济损失分析模型。

（1）基础资料分析。

本项目收集整理了《中国大陆地震灾害损失评估汇编》及近几年发生的几次破坏性地震的数据资料，同时整理分析了 10 余个城市震害预测资料。主要统计了数百次地震发生时间和地点、震级、建筑物经济损失、生命线工程经济损失等数据。重点分析了历次地震中不同地震烈度下建筑物直接经济损失和生命线工程直接经济损失的相对关系，即重新梳理和分析了历次地震及震害预测在不同烈度下建筑物的直接经济损失和生命线工程直接经济损失值，目的是建立两者之间的对应关系。

（2）生命线工程地震直接经济损失分析模型。

从建筑物直接损失同生命线工程损失数量关系着手，根据上述基础数据，采用综合分区分类方法，对不同地区进行分区曲线拟合，建立多元线性回归的数学模型。经研究，建筑物和生命线工程损失符合二项式分布规律，具体见公式（4.3.9）。

$$Y = a_0 + a_1x + a_2x^2 \tag{4.3.9}$$

式中，Y 为生命线工程地震直接经济损失占建筑物地震直接经济损失的比值；x 为地震烈度。

根据综合分区分类方法，初步按照分区分类结果计算，得到不同分区分类情况下生命线工程占建筑物地震直接经济损失比的拟合曲线，具体见图 4.17。

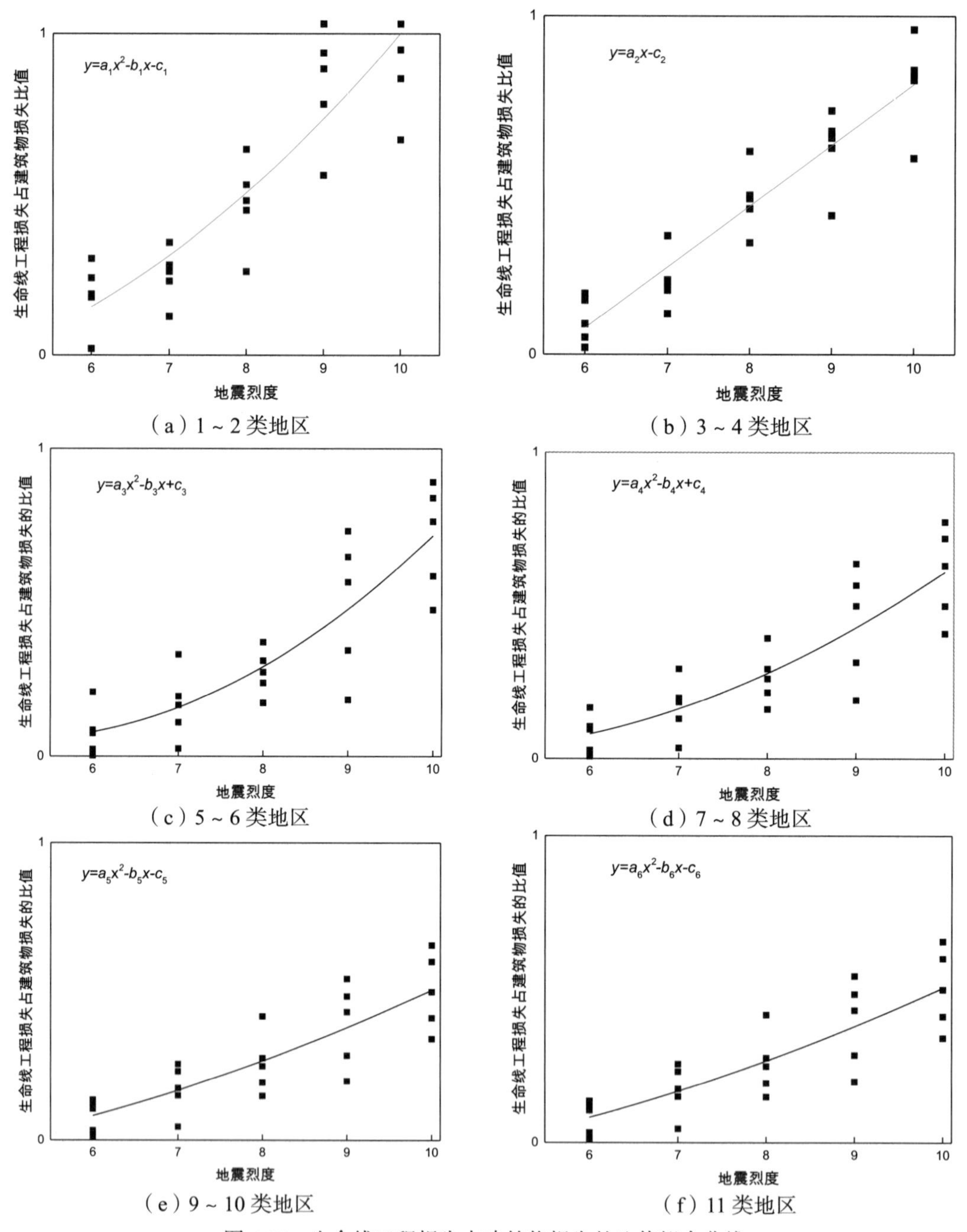

图 4.17　生命线工程损失占建筑物损失的比值拟合曲线

4.3.5　人员伤亡分析

地震人员伤亡研究最早可追溯到 20 世纪 50 年代，日本学者 Kawasumi 对日本重大地震案例开展研究，获得地震人员伤亡情况。美国在 20 世纪 70 年代开始了地震人员伤亡的研究。近几年来，USGS 采用重建地震场景的方法建立了基于地震动影响的人员死亡率函数。我国开始对地震人员伤亡开展研究是在 20 世纪 90 年代，大体可概括为考虑结构地震易损性和不考虑结构地震易损性两类研究模式。尹之潜等通过研究我国 1966–1976 年间大陆发生的 10 余次 7 级以上地震案例，以不同类型房屋毁坏比为主要参数，建立了基于结构倒塌的地震人员伤亡模型。此外，考虑了地震发生时间和室内人员密度对人员伤亡的影响，并给出了计算方法。陈颙等考虑宏观易损性方法，以国内生产总值体现结构抗震水平，建立不同经济发展水平地区人员死亡同地震烈度之间的关系。近几年来，随着互联网的快速发展，刘倬等建立了地震死亡人数随时间变化的指数规律曲线，对地震造成的最终死亡人数进行了预测。本项目充分考虑地震发生时间、地点、人员不同时段的空间分布、当地自然环境、结构类型、行政区划等影响因素，以 GIS 平台为依托，基于公里网格的人口、建筑物等矢量数据，研究一种适用于北京市不同地区不同建筑物功能的考虑人员空间分布的多因素影响的人员伤亡估计方法。

（1）研究思路。

建筑物倒塌是人员死亡的主要影响因素，但是建筑物倒塌不一定都造成人员大量伤亡，地震造成的人员伤亡还同一天内人们的活动空间位置有关；城市和农村居民因生活和工作活动的空间不同，也有很大差异；结构类型不同，地震时其破坏状态不同，造成的人员伤亡情况也不同，且建造在不同地区的同一结构类型地震人员伤亡情况也不相同；同时，地震发生地点不同，造成的死伤情况也不同，如地震发生在平原地区还是山区，人员伤亡情况有所差别。本项目综合考虑了上述影响因素，给出了分区分类的地震人员死亡分析模型。

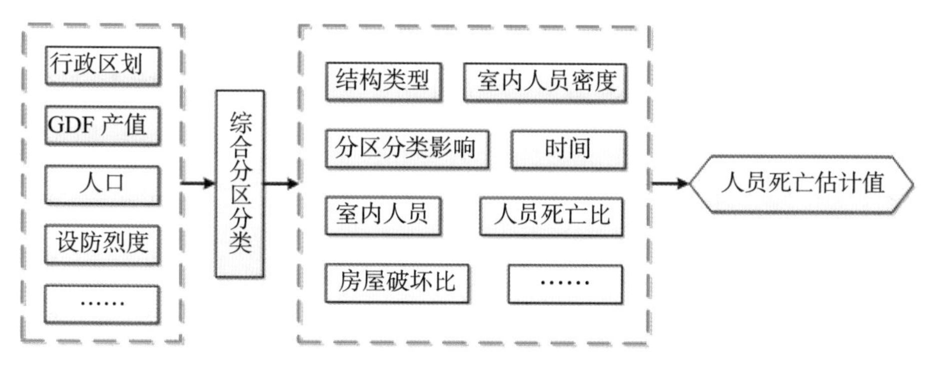

图 4.18　地震人员死亡方法研究思路

（2）数学模型。

本项目统计分析了 1990−2013 年我国地震人员伤亡数量及空间分布情况，通过分析死亡人数同房屋结构类型、地震发生时间和地点等因素，考虑不同影响因素对地震人员死亡的影响程度，给出以下计算公式。

$$PDN = D_{rm} C_{rj} S_{rk} A_i rm/A \tag{4.3.10}$$

式中，PDN 为研究区域地震人员死亡数量；D_{rm} 为人员死亡比；C_{rj} 为我国大陆地区不同分区分类的修正系数；S_{rk} 为不同结构类型房屋的修正系数；A_i 为结构在五种破坏状态下的建筑面积，单位：m^2；rm/A 为不同时段室内人员密度，其中，r 为不同时段室内人员影响系数，m 为该区域总人口数，A 为该区域总建筑面积。

1975 年，美国的惠特曼（Whitman）等人提出了地震伤亡比同房屋完好、轻微破坏、中等破坏、严重破坏、极重破坏和倒塌六种破坏程度的关系，ATC-13 提出了地震伤亡比同房屋完好、基本完好、轻微破坏、中等破坏、严重破坏、极重破坏和倒塌七种破坏程度的关系，具体见表 4.9。

表 4.9　人员死亡比与房屋破坏程度的关系

房屋破坏状态死亡比	完好	基本完好	轻微破坏	中等破坏	严重破坏	极重破坏	倒塌
1975 年惠特曼（Whitman）	0	—	0	0	1/400	1/100	1/5
ATC-13	0	1/1000000	1/100000	1/10000	1/1000	1/100	1/5

由于国外的房屋结构类型、建造标准等同我国有着很大的区别，上述关系不适用于我国。本项目采用尹之潜根据对低烈度区人员死亡的统计得出的结果，见表 4.10。根据分区分类结果，结合历史地震人员死亡信息统计，得出了不同分区分类的修正系数。

表 4.10　人员死亡比与房屋破坏程度的关系

房屋破坏状态	完好	基本完好	轻微破坏	中等破坏	严重破坏	极重破坏	倒塌
死亡比	0	—	0	0	1/400	1/100	1/5

美国新马德里地区地震灾害损失预测研究报告给出了美国 15 个地震资料，说明了地震发生在白天和晚上人员死亡率和地震烈度之间的关系。本项目通过分析不同地区的人员在一天内的活动情况，给出了不同地区、不同时段室内人口密度折减系数。

历次地震震害表明，地震烈度相同的地区，房屋结构类型不同，其死亡情况也是不同的。这是由于不同结构类型因地震力导致的破坏形式是不一样的。如同样是严重破坏的框架结构和未设防的砌体结构，在室内人员相同的情况下，造成的伤亡情况很大程度上可能是不同的。本项目考虑了结构类型对人员死亡情况的影响，通过统计历次地震中各类建筑破坏情况与人员死亡的关系，给出了结构类型对人员死亡的影响系数。

4.3.6　北京市地震直接经济损失和人员死亡预测图绘制

根据本项目研究成果，计算得到了北京市在概率地震作用下建筑物地震直接经济损失、生命线工程地震直接经济损失和人员死亡数量及空间分布情况。基于 ArcGis 软件平台，绘制了空间分布图，具体见图 4.19 ~图 4.21。

（1）北京市建筑物在概率地震作用下地震直接经济损失空间分布图。

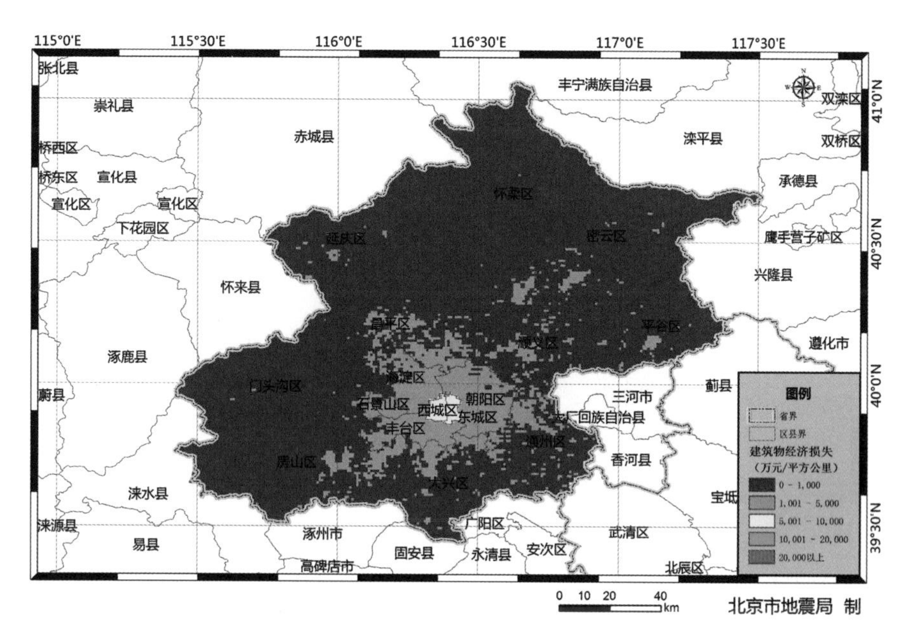

（a）建筑物在Ⅵ度地震作用下地震直接经济损失分布图

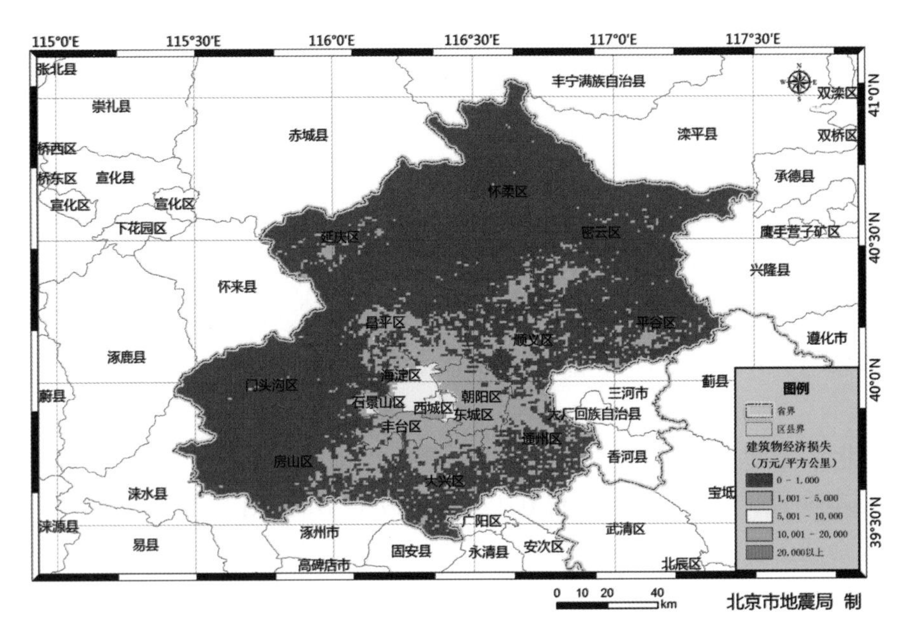

（b）建筑物在Ⅶ度地震作用下地震直接经济损失分布图

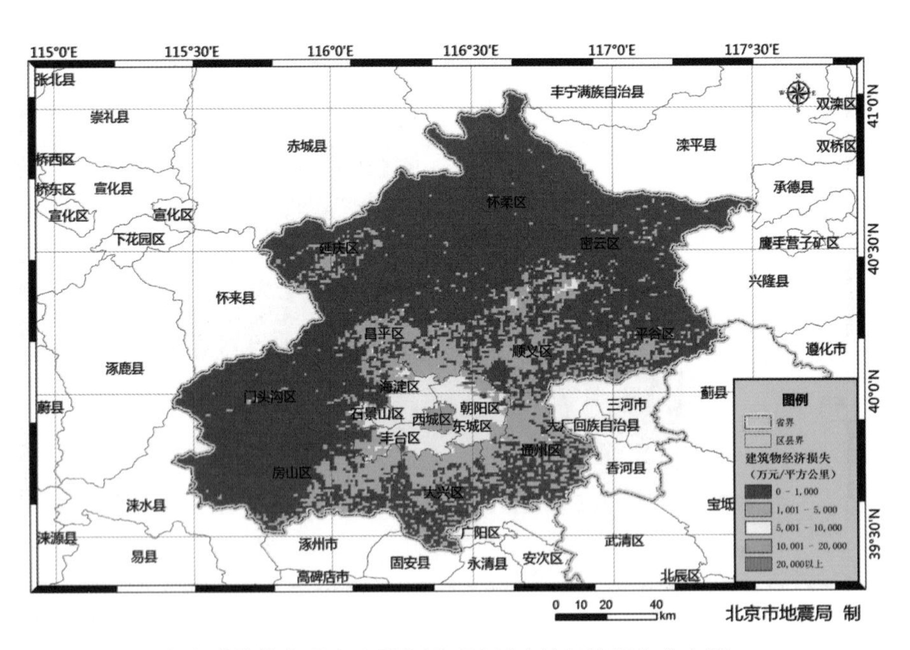

（c）建筑物在Ⅷ度地震作用下地震直接经济损失分布图

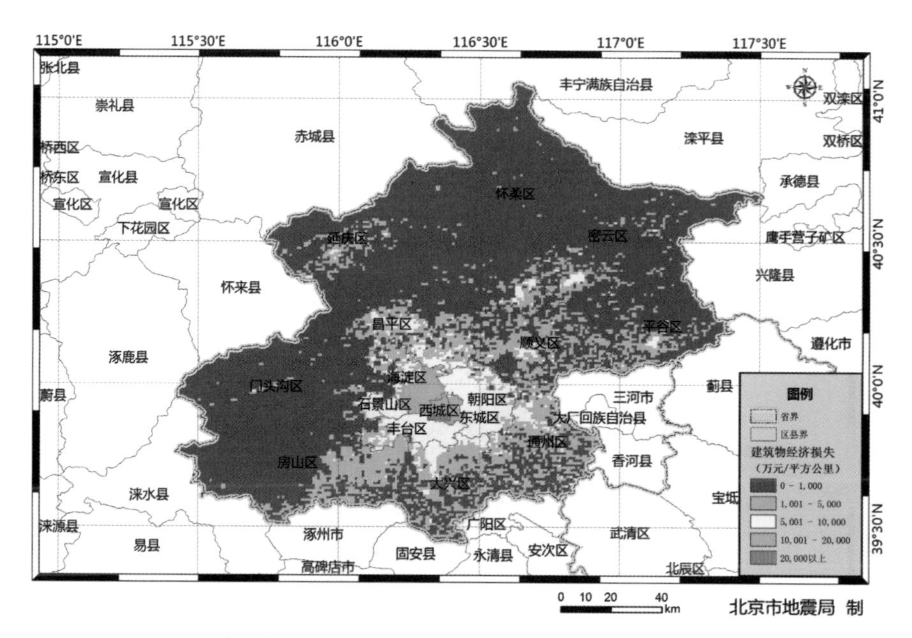

（d）建筑物在Ⅸ度地震作用下地震直接经济损失分布图

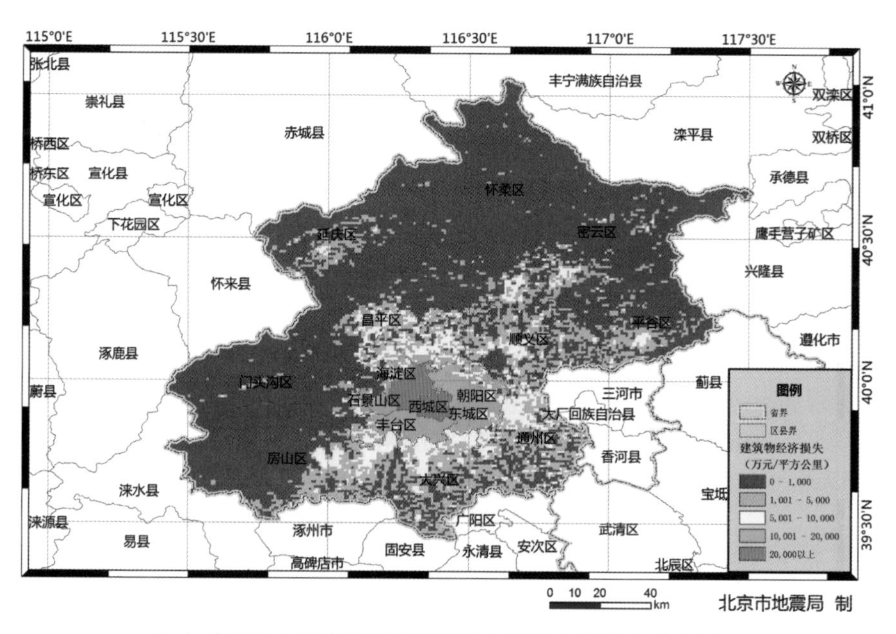

（e）建筑物在Ⅹ度地震作用下地震直接经济损失分布图

图 4.19　北京市建筑物在概率地震作用下地震直接经济损失分布图

（2）北京市生命线工程在概率地震作用下地震直接经济损失空间分布图。

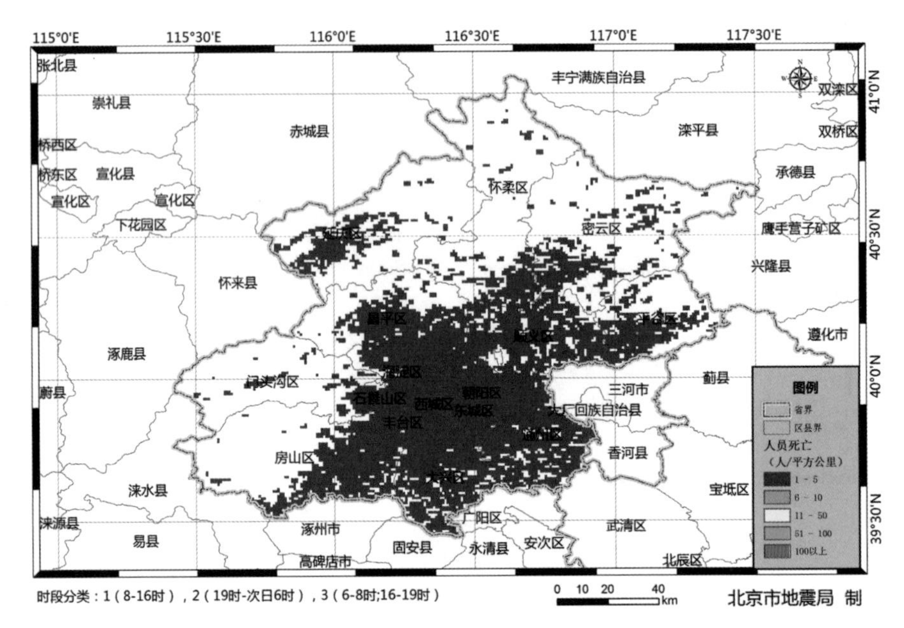

（a）生命线工程在Ⅵ度地震作用下地震直接经济损失分布图

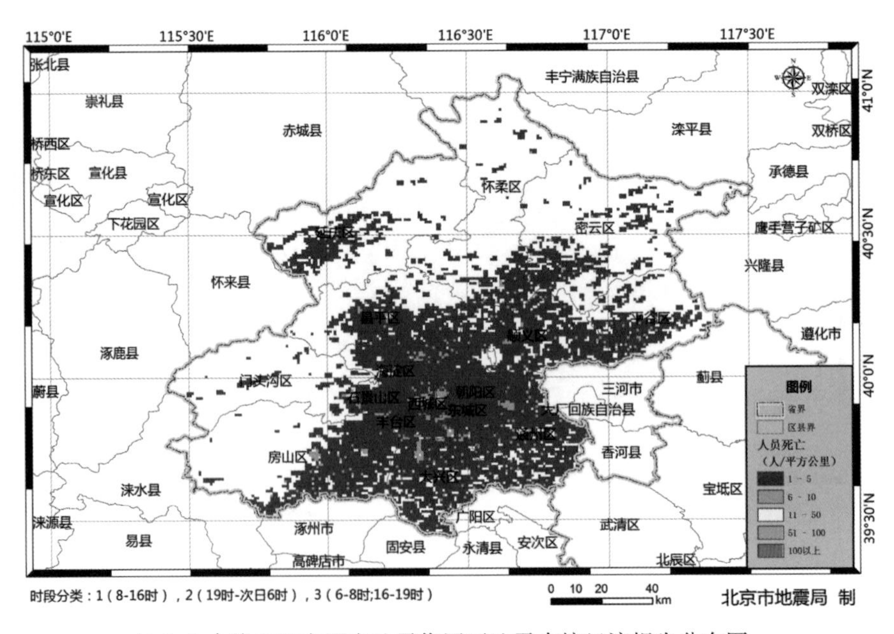

（b）生命线工程在Ⅶ度地震作用下地震直接经济损失分布图

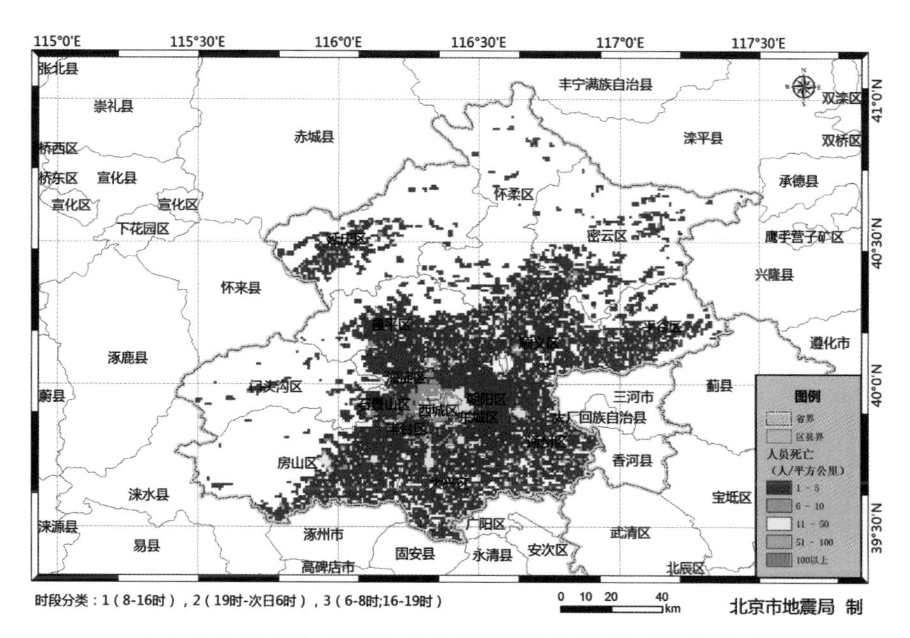

（c）生命线工程在Ⅷ度地震作用下地震直接经济损失分布图

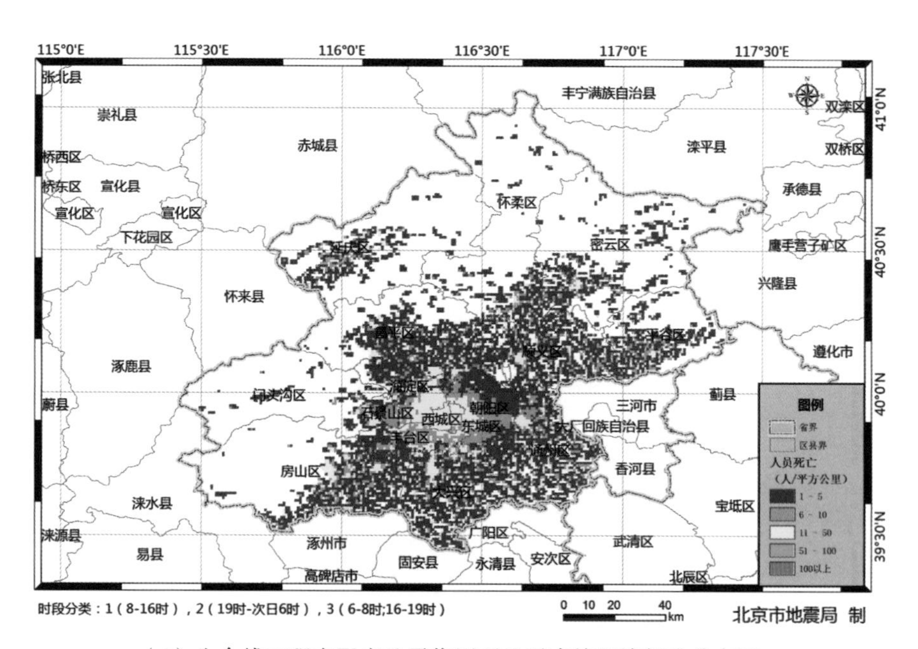

（d）生命线工程在Ⅸ度地震作用下地震直接经济损失分布图

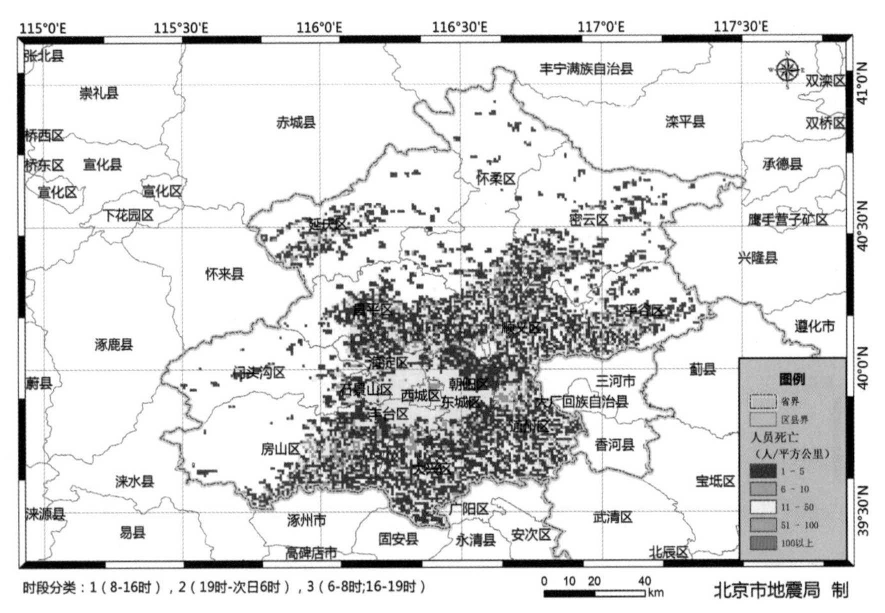

（e）生命线工程在X度地震作用下地震直接经济损失分布图

图 4.20　北京市生命线工程在概率地震作用下地震直接经济损失分布图

（3）北京市在概率地震作用下人员死亡空间分布图。

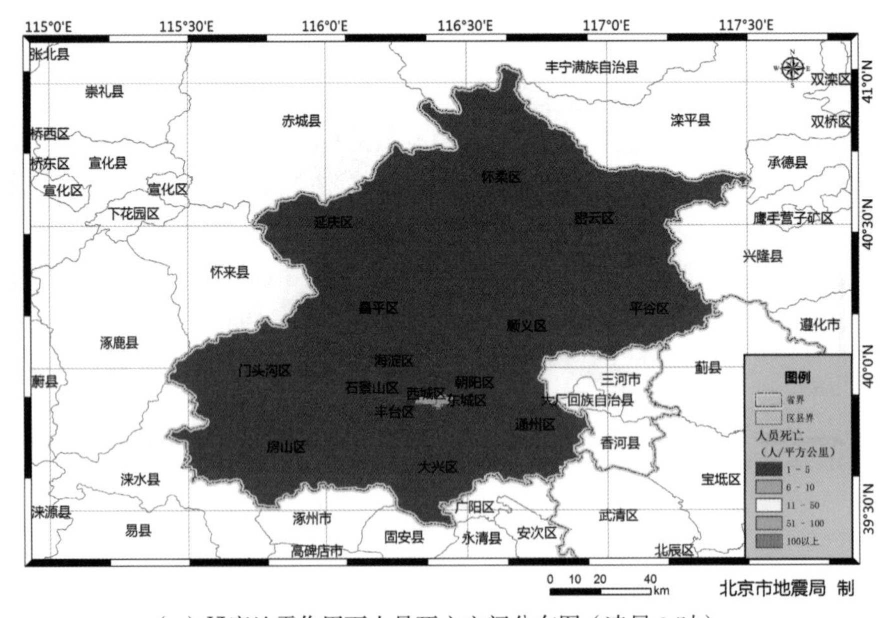

（a）Ⅵ度地震作用下人员死亡空间分布图（凌晨 2 时）

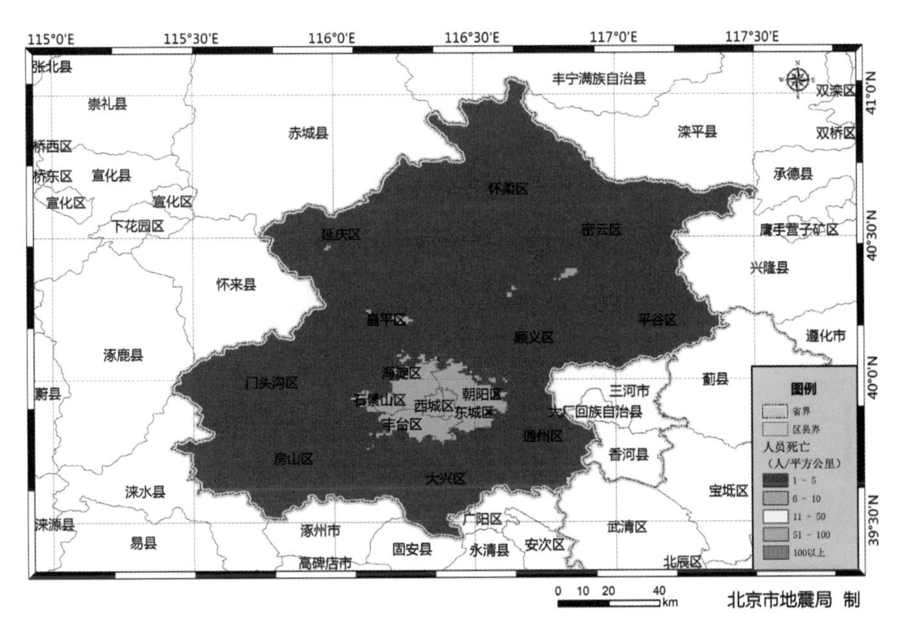

（b）Ⅶ度地震作用下人员死亡空间分布图（凌晨 2 时）

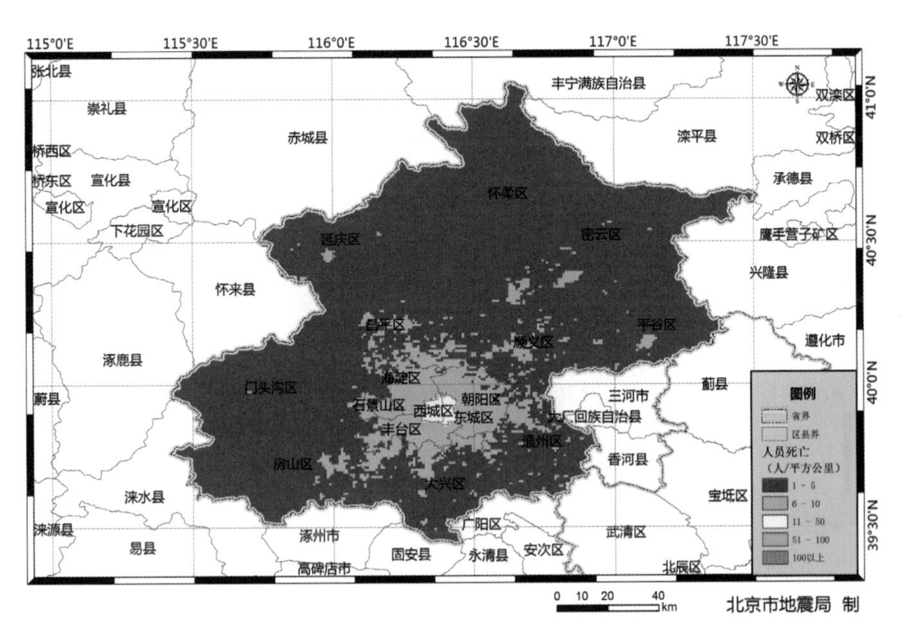

（c）Ⅷ度地震作用下人员死亡空间分布图（凌晨 2 时）

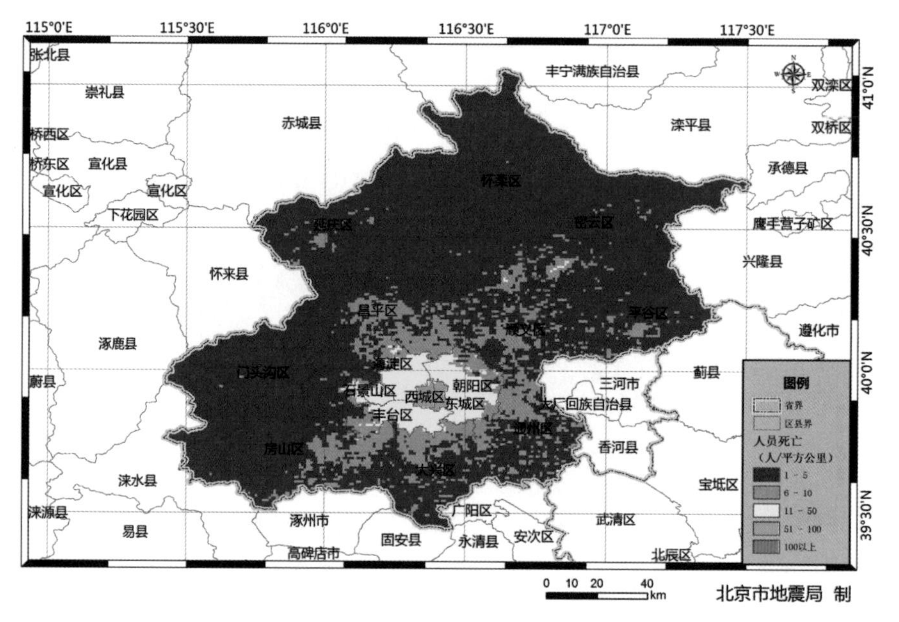

（d）Ⅸ度地震作用下人员死亡空间分布图（凌晨 2 时）

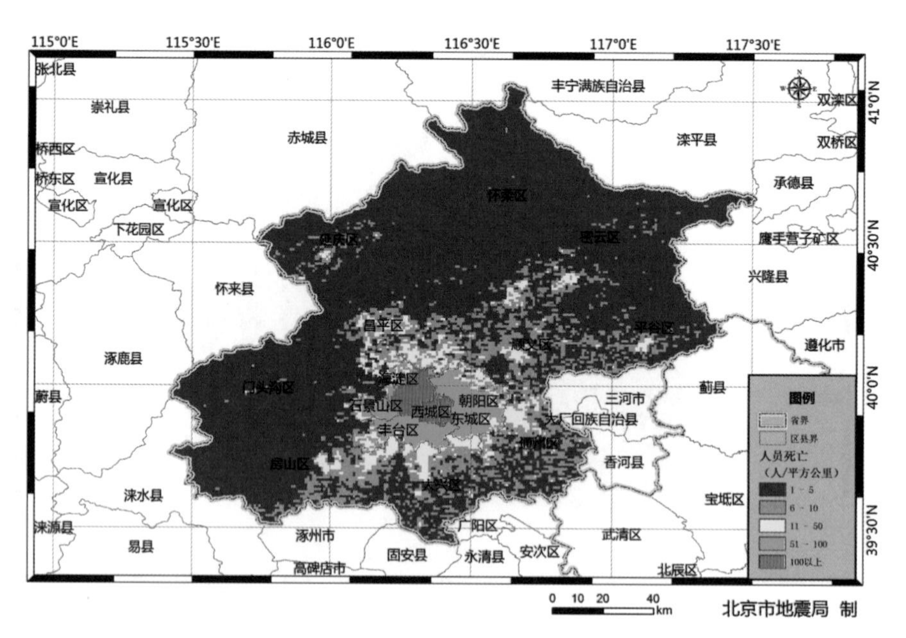

（e）Ⅹ度地震作用下人员死亡空间分布图（凌晨 2 时）

图 4.21　北京市在概率地震作用下地震人员死亡空间分布图

4.4　震害预测信息系统集成

基于上述理论研究成果，研发“北京市基于公里网格的震害预测软件”，该软件的主要功能包括：计算概率地震（Ⅵ~Ⅹ度）作用和设定地震作用下的建筑物地震直接经济损失、生命线工程直接经济损失和人员死亡预测数量，并输出打印相关专题图。

4.4.1　软件技术路线

软件技术路线为：①根据地震参数生成地震影响场或直接设定整个北京市遭受某地震烈度；②基于经济损失和人员死亡数量的公里网格分布结果，叠加生成的地震影响场或概率地震烈度，生成此次地震造成的损失结果；③将生成结果以图片和文字的形式保存。

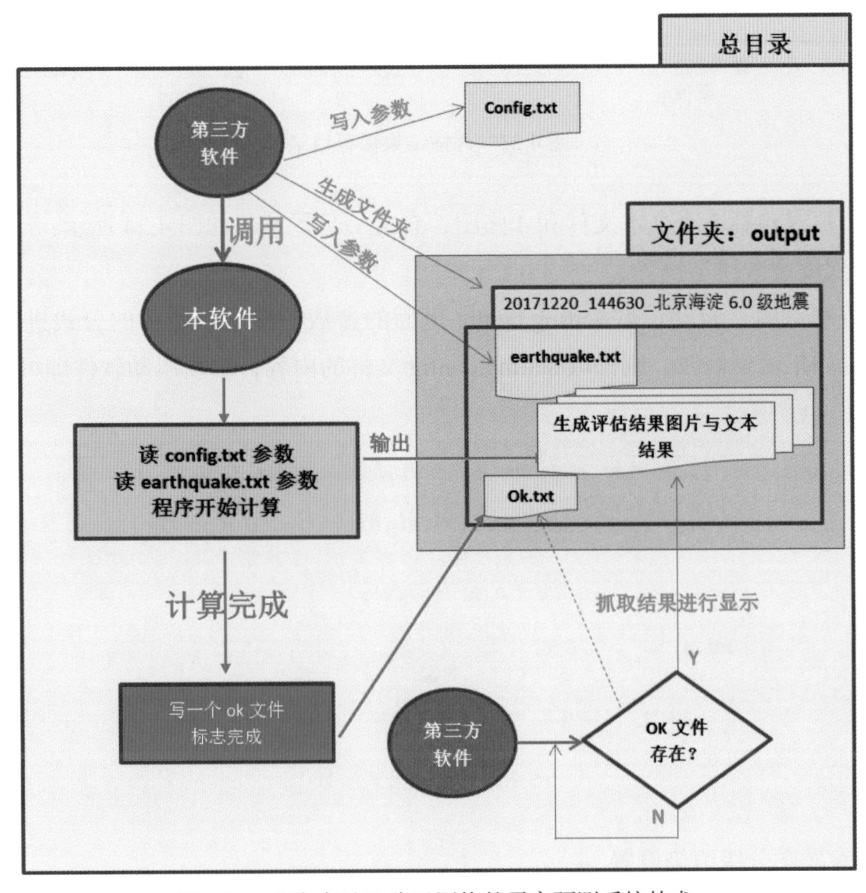

图 4.22　北京市基于公里网格的震害预测系统技术

4.4.2 设定地震作用下经济损失和人员伤亡

（1）参数配置。

① 结果保存。

在软件的 output 目录中，自动生成“日期 + 地震名称”命名的文件夹，计算结果存储在此目录下，便于以后查找使用。如图 4.23 所示：

20180123_092141__2018年1月23日北京海淀6.9级地震
20180126_180420__2018年1月26日北京房山6.7级地震
20180128_160719__2018年1月28日北京海淀5级地震
20180131_083038__2018年1月31日北京昌平6.5级地震

earthquake.txt

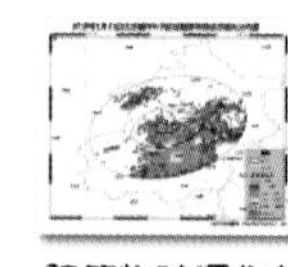
建筑物破坏分布图.png

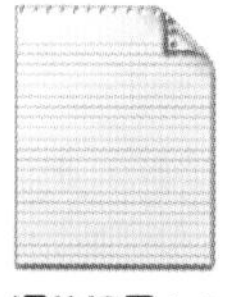
评估结果.txt

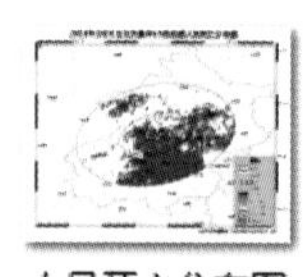
人员死亡分布图.png

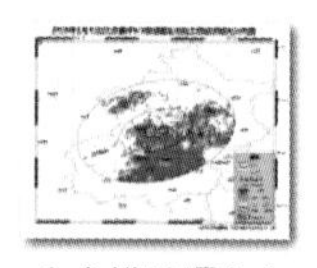
生命线破坏分布图.png

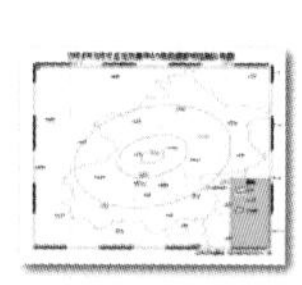
影响范围分布图.png

图 4.23　评估结果保存目录

每个目录包括 2 个文本文件和 4 张图，含义一目了然，如图 4.24 所示：

② 烈度衰减模型设置。

软件启动时，自动读取 setting.config 里面的参数，按下图所示的公式进行烈度衰减计算。如果需要修改，则修改 setting.config 文件的内容，重新启动软件即可。

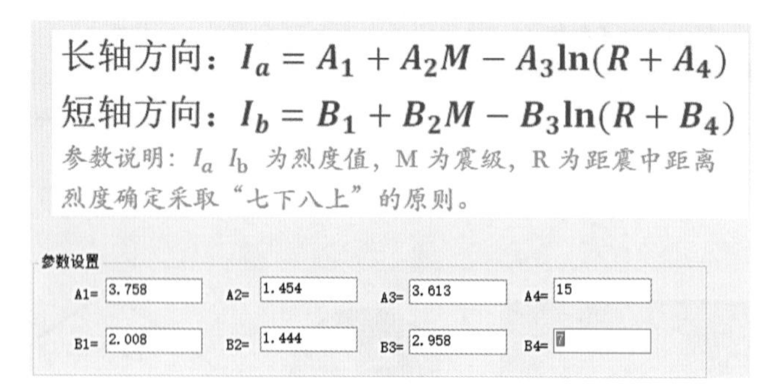

图 4.24　衰减公式参数

③ 专题图分级渲染设置。

在 userdata/color.txt 设置了人员死亡、建筑物经济损失、生命线经济损失的分级渲染参数，如图 4.25 所示。每一数据类型都分 5 级显示，每一行分别代表数值范围、颜色值等，具体为：［下限值　上限值 RGB 透明度（0 ~ 255）］。

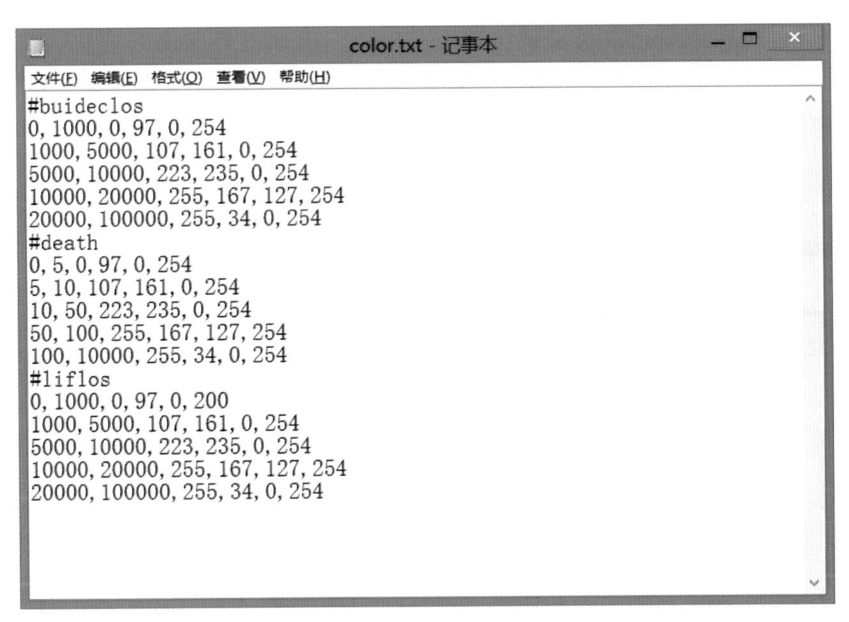

图 4.25　图例颜色渲染参数配置

④ 全北京市在Ⅵ ~ Ⅹ度地震破坏下的损失图，在 userdata/maps 目录下，如果有更新，可以手动替换，注意命名规则。

（2）设定地震作用下北京市地震灾害损失评估。

① 点击 EQMapLoss.exe 可执行文件，启动软件后，输入地震参数，点击“开始计算”即可触发计算，计算完成后，评估结果会自动保存到 output 目录。

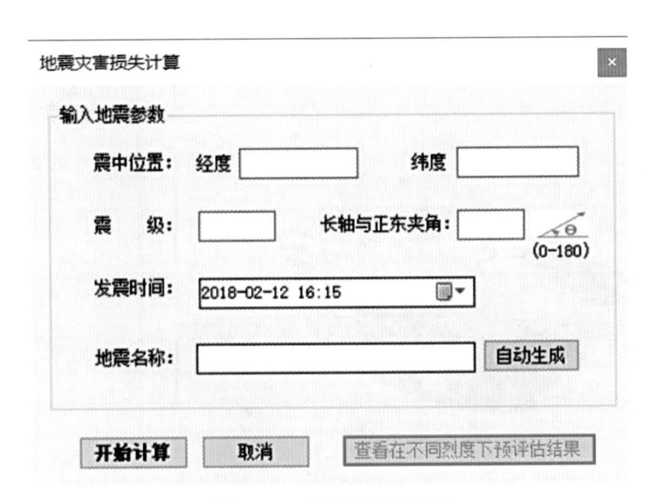

图 4.26　地震参数设定

② 软件计算完成后，会自动弹出如下对话框，可通过界面上的切换键查看“影响范围评估结果”“人员死亡评估结果”“建筑物损失评估结果”“生命线损失评估结果”，界面中央显示专题图，右侧显示统计数据。

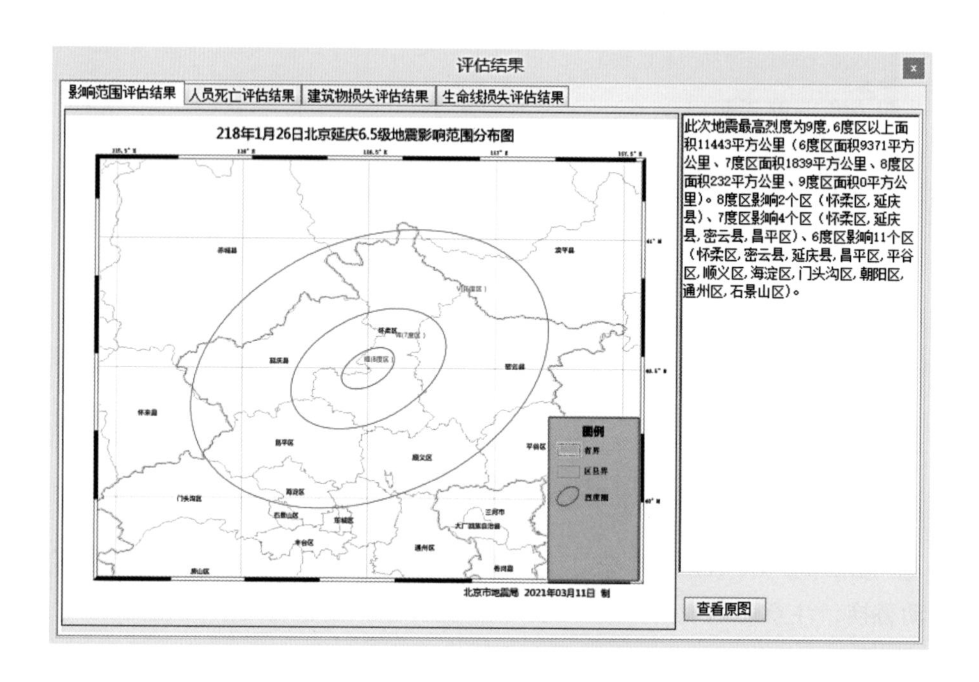

图 4.27 查看影响场范围专题图

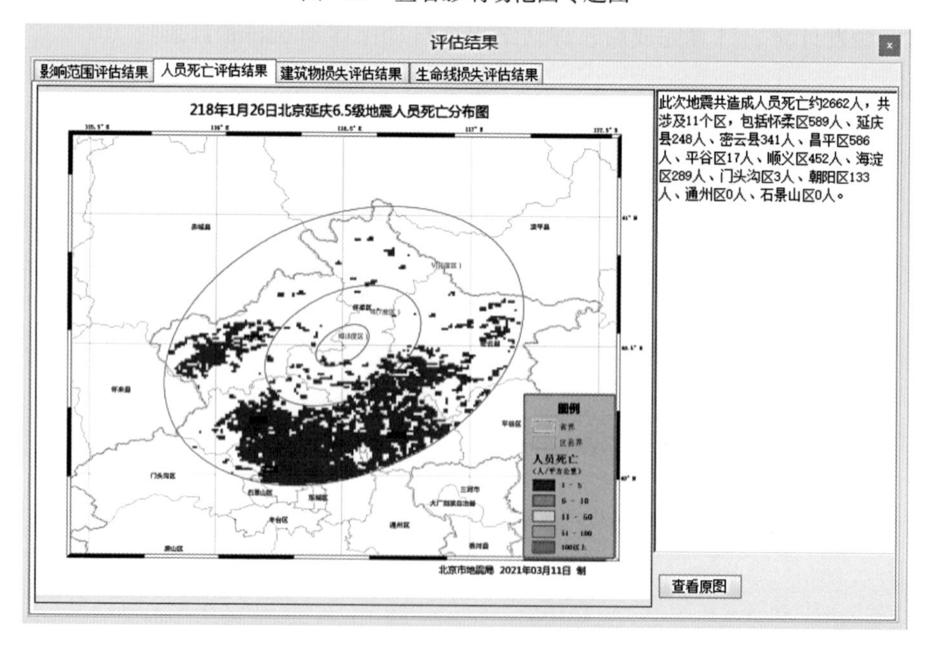

图 4.28 查看人员死亡预测专题图

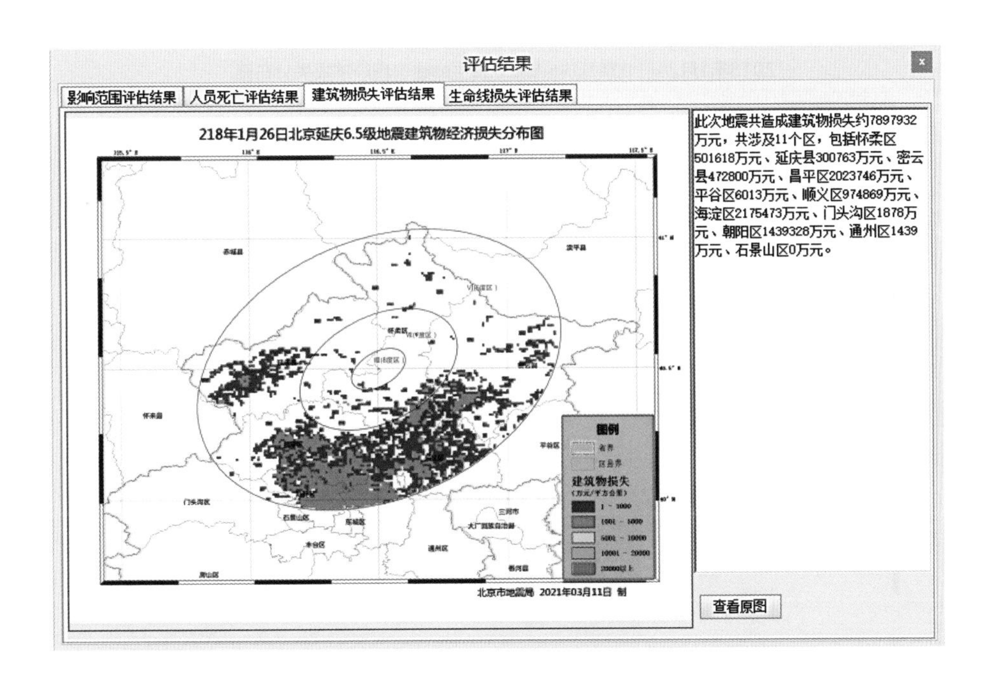

图 4.29　查看建筑物地震直接经济损失分布专题图

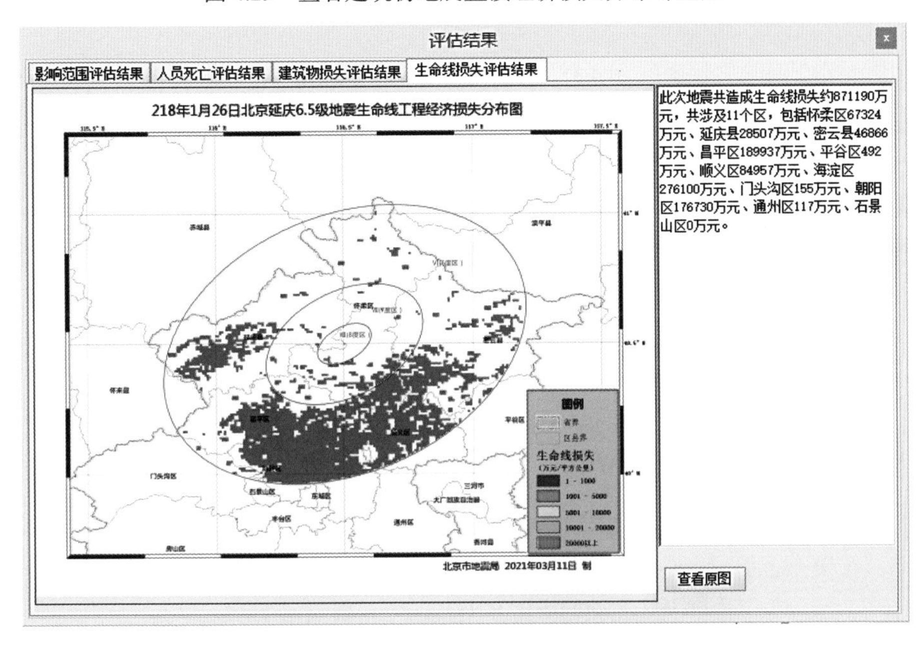

图 4.30　查看生命线工程地震直接经济损失分布专题图

③上述对话框中的图片是缩略图，可在软件中点击“查看原图”，以查看分辨率更高的专题图。

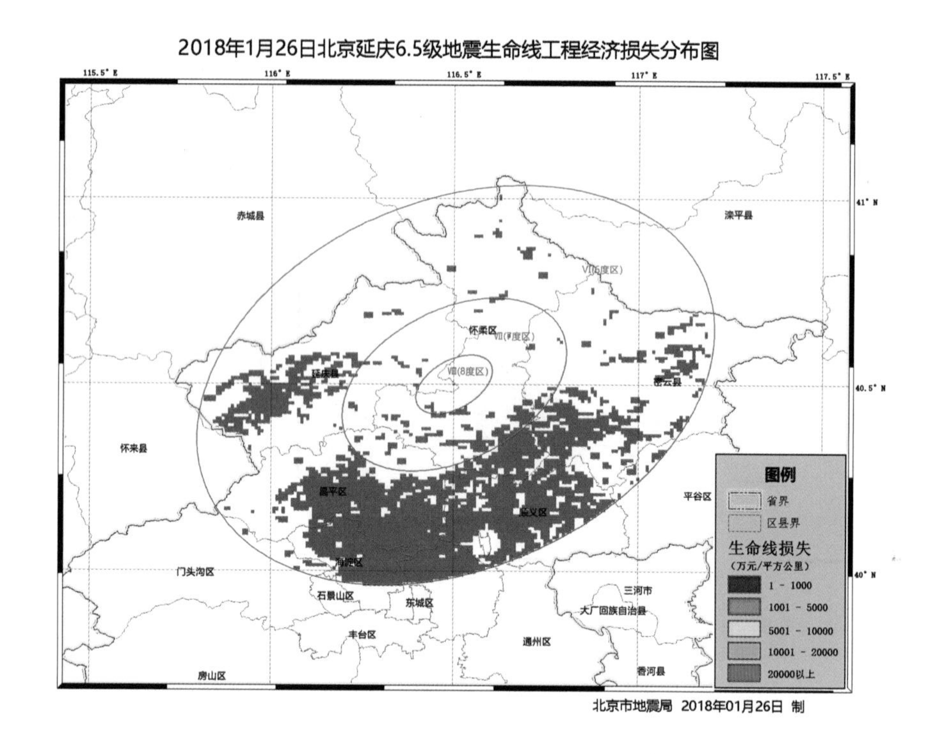

图 4.31 查看高分辨率的专题图

4.4.3 概率地震作用下经济损失和人员伤亡

① 点击 EQMapLoss.exe 可执行文件，弹出地震灾害损失计算的对话框，点击“查看在不同烈度下预评估结果”按钮，即可查看不同地震烈度下的经济损失和人员伤亡。

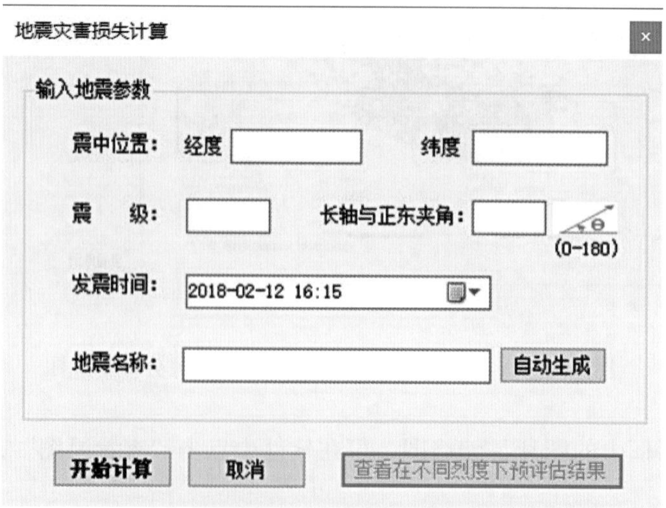

地震灾害损失计算

输入地震参数

震中位置： 经度 纬度

震 级： 长轴与正东夹角： (0-180)

发震时间： 2018-02-12 16:15

地震名称： 自动生成

开始计算 取消 查看在不同烈度下预评估结果

图 4.32 地震参数输入界面

② 以人员死亡分布为例，选择“地震烈度”和数据分类中的人员死亡，再选择不同时段，即可查看不同地震烈度下人员死亡分布。同时可查看不同地震烈度下的建筑物经济分布和生命线工程损失分布。

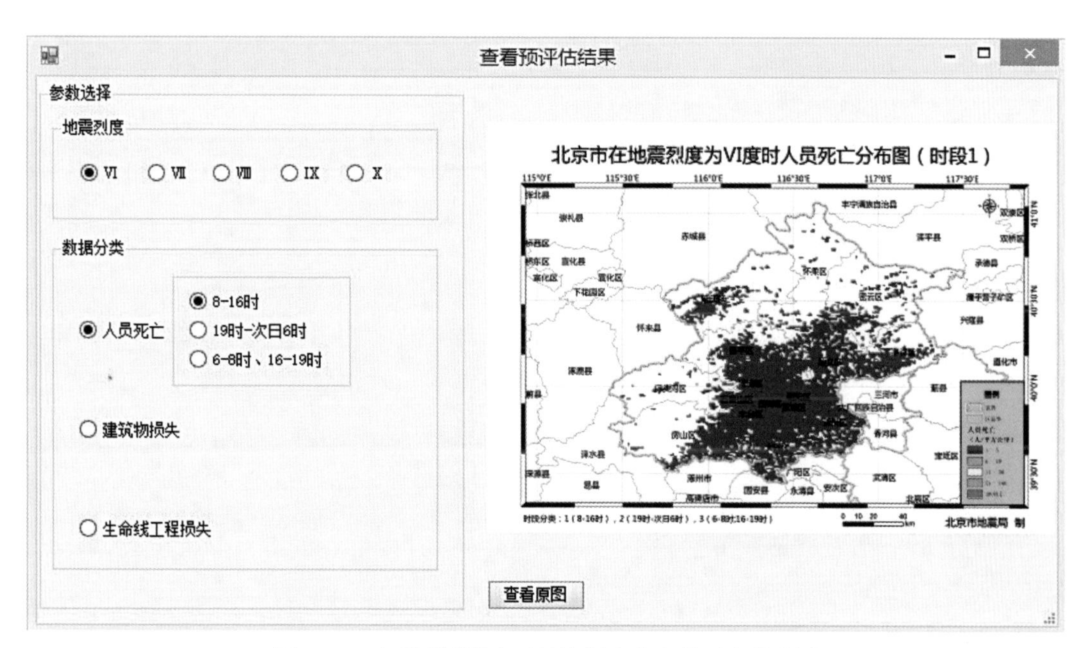

图 4.33　查看不同烈度下经济损失和人员死亡分布图

4.5　总结

项目通过收集、整理北京市建筑物、人口、经济、设防烈度等社会多元基础数据，分析了北京市建筑物抗震能力的关键影响因素，建立了社会多元因素同建筑物抗震能力的数学关联模型，将北京市分成了 1 ~ 12 类地区。建立了适用于北京地区各类建筑结构的地震易损性分析模型；研究给出了北京市建筑物和生命线工程地震直接经济损失和人员伤亡估计模型；利用 GIS 软件，计算得到了北京市在概率地震作用下直接经济损失和人员伤亡数量及空间分布情况。通过计算结果得出，北京市在遭受Ⅷ度及以上地震作用下，将会发生较大的经济损失和人员伤亡，建议加快推进北京市老旧危房的加固改造工作，提前做好地震应急准备工作。

基于北京市建筑物地震易损性模型、经济损失评估模型、人员死亡预测模型，开发了“北京市基于公里网格的震害预测软件”，该软件可计算概率地震（Ⅵ度~Ⅹ度）作用和设定地震作用下的建筑物地震直接经济损失、生命线工程直接经济损失和人员死亡预测数量。该软件的研发成果可为北京市地震应急辅助决策提供信息支持。

第 5 章　震害预测信息管理系统

5.1　系统平台建设概述

北京地区具有发生强震的构造背景。作为国际大都市，其工程结构密集，新老结构并存且结构类型繁多，生命线工程错综复杂，且不同区域城乡各类工程结构抗震能力存在明显差异。近年来的高速发展使其对灾害的敏感性和脆弱性极高，存在发生小震大灾、大震巨灾的可能。为了有效应对震灾风险，本项目基于自主研发的平台和仿真模拟技术建立了北京市震害预测信息管理系统，并选取朝阳区的建外街道和十八里店街道进行了示范应用。在后期数据收集工作完善以后，该系统将推广应用到整个北京市，可为管理者提供完备、关键的抗震防灾辅助决策信息，为其采取合理的对策措施提供依据。

基于图形与建筑的属性信息关系，研发震害预测信息管理系统，利用示范区地震构造背景分析、地震危险性分析、地下三维结构分析等相关成果，开发震害预测和疏散分析模块，对朝阳区及示范区域在设定地震和概率地震作用下建筑物震害、人员伤亡和经济损失情况进行预测和估计，对避难疏散进行评估，最后针对薄弱环节提出改造建议和措施。

课题组在相关研究的基础上开发了北京市震害预测信息管理系统(以下简称系统)，并形成朝阳区示范应用系统，可通过现场调研、建筑等工程设施资料收集，汇总基础数据信息，构建和完善基础信息数据库。基于图形与建筑的属性信息关系，实现建筑工程等档案数据统计、震害预测、人员伤亡和经济损失估计等功能，预测结果以可视方式直观表达，并能生成统计表格或数据，可为城市抗震防灾提供决策参考，并可随城市建设的发展对各类信息进行动态管理与即时更新，使城市建筑工程的管理过程可视化、动态化、实时化，实现顺畅良好的循环。

5.2　系统平台设计

5.2.1　系统平台简介

地理信息系统（Geographic Information System，简称 GIS）是一种采集、存储、管理、分析、显示与应用地理信息的计算机系统，是分析和处理海量地理数据的通用技术。

GIS技术由于在空间数据的存储、转换、分析等方面的突出优势，在自然资源管理、城市管理、经济分析乃至军事组织等诸多领域已得到广泛应用。

从技术角度分析，GIS可以在城乡建设领域的许多方面发挥其独特的技术特长，为决策者提供服务：

① 可实现图形与属性数据一体化管理。

GIS由于其对空间数据与属性数据的统一管理与分析能力，弥补了城乡建设管理中以纸质文本和图件为载体的缺陷，空间数据的图形表达与属性数据的空间分析为城市建设管理工作提供了直观和理性的工具。

② 具有强大的空间数据存储管理与分析功能。

GIS可以管理大容量的数据，支持多种形式的空间数据，提供良好的数据维护更新能力，以及查询、叠加、聚类、网络、邻近空间信息的能力，对数据收集、分类、汇总和大数据分析具有重要的意义。

③ 可实现城乡建设的动态、实时管理。

GIS由于数据更新的快捷性、空间分析的实时性，对城乡管理的动态调整提供了良好的技术支持。借助GIS的可视化图形档案平台，可以对城乡建设进行动态监督和实时管理。

AutoCAD用于二维绘图、详细绘制、设计文档和基本三维设计，现已经成为国际上广为流行的绘图工具。AutoCAD具有良好的用户界面，通过交互菜单或命令行方式便可以进行各种操作。它的多文档设计环境，让非计算机专业人员也能很快地学会使用。在不断实践的过程中更好地掌握它的各种应用和开发技巧，从而不断提高工作效率。AutoCAD具有广泛的适应性，它可以在各种操作系统支持的微型计算机和工作站上运行。

综合GIS和AutoCAD的优点，在自主研发的平台上构建建筑工程等档案—图形信息管理系统，充分利用平台的图形和数据处理能力，实现相关工程对象的管理、地震灾害分析预测和结果的可视化，并进一步实施动态化管理，在城市灾害管理中发挥重要作用。

5.2.2 系统运行环境、用途和特点

（1）运行环境。

硬件环境：办公用台式电脑或移动电脑：主频：不小于2.7GHz；内存：4G及以上；硬盘：500G及以上。

软件环境：Windows64位或Windows32位操作系统。

（2）用途。

为北京市朝阳区震害预测信息管理系统基础数据库的建立提供了应用平台，通过示范区建筑的调研和资料收集，逐步建立和完善基础数据库。

系统功能全面，适用于城市建设和防灾方面的管理，可进行建筑档案信息的数据输入、修改、查看、统计、抗震能力评定等操作。本系统可输入与管理建筑、场地、道路、桥梁、烟囱、水塔、电视塔、古塔、水库和堤防等十大类地面工程的档案信息。

本系统在可视化图形平台基础上，具有各类建筑基础档案的管理、分类统计、抗震能力评定等功能，不仅图形与档案信息实现了动态管理，还可以为城市的防灾建设和发展服务。

（3）特点。

① 管理功能强大。图形与档案两者均有增、删、改等功能，可实现图形与档案的动态管理；对于重要建筑还可进行深层次管理，如测绘图、实态照片、改造更新记录、建筑历史简介等相关资料。

② 图形显示速度快。软件利用高效的 OpenGL 图形处理函数，对计算机的图形适配器 GPU 编程，使得具有几十万到上百万个图形的城市地形图，做到缩放、移动平滑连续，选择、捕捉即时响应。可应用于各种规模的城市地形图及其房屋建筑档案信息管理。

③ 软件功能齐全。由于软件具有自己的图形平台，图形与档案两者均有增、删、改等功能，可实现图形与档案信息的动态管理。

④ 操作简便、信息直观。软件采用传统商业性应用软件界面，操作命令可由点按菜单或工具条获得；图形档案信息的输入、修改、显示等采用弹出式对话框形式。熟悉 AutoCAD 的技术人员可很快适应。

⑤ 软件界面友好，且具有在线帮助功能。

⑥ 档案输入便捷。成批房屋的档案信息可采用文件方式，用鼠标点选图形批量输入，快捷方便；也可采用键盘单个输入。

5.2.3　系统主要功能

北京市震害预测信息管理系统（以朝阳区为示范）适用于城市建设和防灾的动态管理，可实现建筑震害预测、信息查询和分类统计等功能，图 5.1 为系统主界面。

该系统主要功能包括：

具有档案数据统计功能　可分别按照结构类型、用途、层数、建造年代等对已纳入系统的建筑进行实时统计，便于建设管理部门及时了解城市发展现状。

具有抗震能力评定功能　可分别进行不同烈度下（输入参数）的建筑抗震能力评定，可及时了解每一栋建筑的抗震能力，为改造、加固和更新提供依据。

具有 AutoCAD 矢量图形文件读入功能　可打开并读入用 AutoCAD 存储的矢量图形文件。

具有光栅图形读入与矢量化功能　可打开读入如 Photoshop 建立或扫描仪生成的 .bmp 光栅文件（单位或城市小区现状平面图），用以对其进行矢量化。

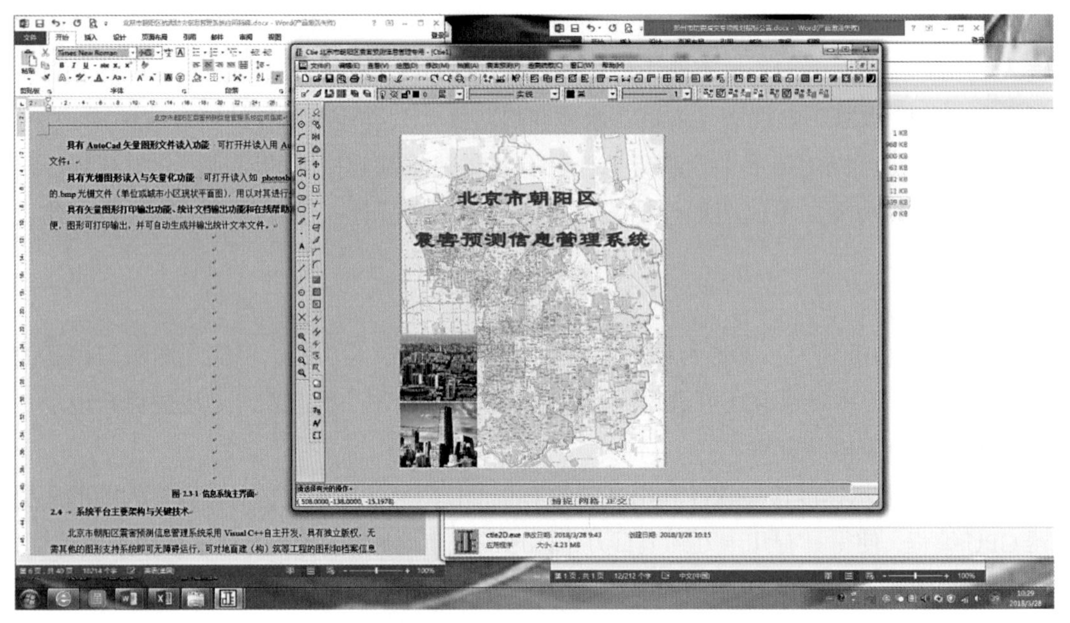

图 5.1　信息系统主界面

具有矢量图形打印输出功能、统计文档输出功能和在线帮助功能；信息系统操作方便，图形可打印输出，并可自动生成并输出统计文本文件。

5.2.4　系统平台主要架构与关键技术

北京市朝阳区震害预测信息管理系统采用 Visual C++ 自主开发，具有独立版权，无需其他的图形支持系统即可无障碍运行，可对地面建（构）筑等工程的图形和档案信息进行管理。

（1）系统平台主要架构。

北京市朝阳区震害预测信息管理系统由 10 大模块构成，对应于系统菜单或工具条，包括：

文件菜单、编辑菜单、查看菜单、绘图菜单、修改菜单、档案菜单、震害预测菜单、避震疏散菜单、窗口菜单、帮助菜单。

（2）系统平台关键技术。

① 系统运行环境、内存使用技术。

系统可以在 Windows64 位或 Windows32 位操作系统上运行。

Windows32 位操作系统的寻址范围最大只能到 4G 内存，对于有几十万到上百万个图形的城市地形图及其档案信息所需内存量将超过 4G，计算机会出现内存不足错误，在 Windows64 位操作系统上运行则不受此限制。

64 位操作系统的最大寻址范围可达到 2 的 64 次方，即 1.84 万 T，只要主机内存能充分扩容，几乎是无限可用，在 64 位操作系统下，系统可对具有几十万到上百万个图形的地形图及其档案进行管理和操作。

② 地图选择与操作界面技术。

为了使软件界面友好、操作简单，系统开发时采用了简单易懂的图形界面，用户可直接点选操作。

③ 图形的显示技术。

CPU 是计算机的核心部件，主要管理、协调计算机各部件的计算、显示、数据输入、输出等功能，这些功能已使 CPU 处于高负荷运行状态，对于大量图形的管理和显示速度则显得很慢。

GPU 是计算机图形适配器负责计算与显示的主要单元，北京市朝阳区震害预测信息管理系统利用高效的 OpenGL 图形处理函数，对计算机的图形适配器 GPU 编程，就使得具有几十万到上百万个图形的城市地形图可即时显示，做到缩放、移动平滑连续，较 CPU 的显示速度提高几十倍。

④ 图形链接技术。

系统图形采用双向链表链接技术，使图形的增加、删除、复制和修改等操作安全可靠。

⑤ 图形的选择、捕捉技术。

图形系统的选择、捕捉等操作的反馈速度直接影响系统使用者的感受，当图形的数量较多，达到几十万到上百万的规模时，一般情况下相关操作就会显得迟滞，不能满足即时响应的需求。

为了使图形的选择、捕捉做到即时响应，系统采用了高性能的过滤与筛选技术，可满足各种规模的城市平面布局及房屋建筑档案信息管理的操作需求。

⑥ 图形数据与档案数据库的链接技术。

图形数据与档案数据库采用 64 位指针链接技术，图形数据与档案数据分别存储在图形信息数据库和档案信息数据库中，简洁明了。

建筑档案信息中采用了非模式对话框链接技术，在档案查询模块中可对已存储在文件夹中的照片、图片（jpg、bmp 格式）等进行显示。如建筑的立面和室内外关键部位的照片、图件等。

5.3 系统构建和主要功能

5.3.1 系统数据库构建

系统数据库构建主要解决两方面的问题，一是收集示范区内建筑、场地等资料的现场调研和收集；二是汇总、调整为便于系统读取的数据格式，建立基础信息数据库。

示范区内建筑、场地等资料的现场调研和收集由各街道具体负责。对示范区域内的每一栋被调查的建筑填写“北京市朝阳区楼房建筑信息调查表”（表 5.1），并汇总录入电脑，形成 excel 文件。

由表 5.1 可知，该调查表包含了四大类信息。

（1）建筑基本信息。

包括建筑名称、地址、属地、用途、人数等。

（2）建筑建造信息。

包括建筑高度、面积、抗震设防烈度、设防等级等

（3）建筑结构信息。

包括场地土类别、基础形式、主体结构类型、墙体材料、楼屋面类型、构造措施等信息。

（4）建筑现状情况。

包括抗震鉴定与加固情况、有无裂缝、有无坠落危险物、现状照片等信息。

信息系统面向管理需求，从宏观管理到精强化管理，建立了市—区—街道的层级结构。信息系统为开放式可更新平台，可随时补充建筑普查信息，即时进行动态更新，同时完成基础信息数据库建设。

表 5.1　北京市朝阳区建筑信息调查表

填表单位：　　　　　　　　　　　　填表人：　　　　　日期：　　　年　　月　　日

建筑名称			
详细地址 / 邮编		所属街道 / 地区 / 乡	
所属小区 / 村		楼座编号	
建筑高度（m）		建筑层数	地上___层，地下___层
设计单位		建设单位	
施工单位		监理单位	
竣工时间		建筑面积（m^2）	
居住 / 办公人数	___人	有无设计图纸	□有 □无
用途与功能	□住宅 □办公楼 □宾馆旅店 □工业厂房 □仓库 □政府 □车库 □幼儿园 □小 / 中 / 大学 □商业 □应急服务 □医院 □人防 □图书馆 □纪念馆 □博物馆 □体育馆 □电影院 □其他：___		
是否文物保护单位	□否　是：□国家级 □省级 □市、县级		
抗震设防烈度	□不设防 □六度设防 □七度设防 □八度设防 □九度设防		
抗震设防分类等级	□特殊设防（甲类）□重点设防（乙类）□标准设防（丙类）□适度设防（丁类）		
依据的抗震设计规范	□ 74 规范 □ 78 规范 □ 89 规范 □ 2001 规范 □ 2010 规范		
建筑基础形式	□条形基础 □独立基础 □筏板基础 □箱型基础 □桩基础		
结构类型	□钢结构 □筒体 □框架 □剪力墙 □钢混 □砖混 □砖木 □其他：___		
墙体材料	□砖墙 □石墙 □生土墙 □多种材料混合 □其他：___		
是否有圈梁和构造柱	□无圈梁 □有圈梁 □无构造柱 □有构造柱		
楼顶类型	□现浇板平屋面 □预制板平屋面 □现浇板坡屋面 □非现浇板坡屋面 □其他：		
场地土类别	□ I □ II □ III □ IV		
设计和施工资料	□齐全 □基本齐全 □无		
有无坠落危险物	□无 有：（□无钢筋烟囱 □无钢筋女儿墙 □护栏 □空调室外机 □大型广告牌 □其他：___）		
是否进行过抗震加固	□是 □否	抗震加固时间	
是否被鉴定为危房	□是 □否	鉴定单位	
主体结构是否有裂缝	□无　有（□柱 □梁 □墙 □板）	裂缝情况	
平面是方形或矩形	□是 □否	立面不规则	□是 □否
建筑照片	□正面 □侧面 □背面		
其他补充说明			

5.3.2 建筑震害预测

5.3.2.1 建筑震害预测方法概述

建筑震害预测是指城市在遭遇到可能发生的地震破坏情况下，建筑物、工程设施的震害程度以及由此所造成的人员伤亡和经济损失的预测，在城市震害预测中应用较为广泛。

历次地震灾害表明，建筑物的破坏是地震灾害中最主要的形式，人员伤亡、经济损失也主要是由于建筑破坏造成的，生命线工程的震害、某些次生灾害也在不同程度上受建筑物破坏的影响。因此，建筑物破坏程度是衡量破坏性地震灾害成灾规模的重要指标。通过分析建筑物在遭受不同地震烈度影响时建筑物所具备的抗震能力和可能产生的破坏，可以正确评价各类房屋的抗震能力、薄弱环节以及完成其预定功能的状况，可为城市或村镇抗震防灾能力的提升和改造提供依据。

建筑震害预测分析是指建筑物遭受某一设防标准的地震影响时，对建筑物可能遭受到的破坏情况的估计。一般而言，地震使建筑物遭受灾害的程度主要与以下两个因素有关：一是建筑物所在场地的地震危险性；二是建筑物自身的抗震性能。因此，建筑震害预测应从这两个方面进行分析。建筑物所在场地的地震危险性与未来可能引起震害的地震强度大小、发震机制、震源位置、场地土特征、该地区地震活动性以及历史震害资料等有关，属于专门的学科分支——地震危险性分析。目前，我国已经利用概率方法，对某一地区未来一定时期内遭受不同强度地震影响的可能性，给出了以概率形式表达的地震烈度区划。对建筑物进行震害预测分析时，建筑物所在场地的地震危险性估计通常以中国地震动参数区划图为依据。在获知建筑物所在场地的地面运动特征和建筑物的恢复力特性时，用时程分析或其他方法可以求出结构的内力和变形等，结合相应的破坏标准，可评价建筑物的抗震性能并预测其震害。但是应该认识到，建筑物震害的发生机理和地面运动特征至今存在认识不充分的问题，远远没到可以准确预测的阶段。建筑物的地震动力反应和抗震能力也因结构类型、建筑材料、设计布局的不同存在很大差异。因此，准确地分析建筑物的抗震性能和预测建筑物的震害仍然是一个难题。相关研究也在不断进行中，在理论分析、震害调研和试验验证的基础上，得到了一系列重要成果，并应用于城乡建设实践中。

建筑震害预测是模糊的、系统的、复杂的问题。目前，国内外建筑震害预测的方法很多，归纳起来大体上可分为四类：经验方法、理论方法、半经验半理论方法和动态分析方法，所需要的基础资料和分析精度存在差异，分别适用于不同目的和精度的震害预测。

建筑震害预测是制定抗震防灾策略、提出更新改造对策的重要依据，是反映特定时间的建筑现状在未来地震中的震害程度估计。城乡建设目前处在日新月异、高速更新和发展的阶段，建筑工程相关信息需要通过基础资料调研获得，在发展中会随时变化，采用可即时更新的信息管理系统可以即时修正和完善，与发展的实际情况同步。进行动态分析和动态管理是在城乡一体化的大背景下加强城市建设管理的需求。

5.3.2.2　传统民居抗震能力评定

（1）震害等级划分标准。

按照建设部1990年7月20日(90)建抗字第377号文《建筑地震破坏等级划分标准》，建筑的地震破坏可划分为基本完好（含完好）、轻微损坏、中等破坏、严重破坏、倒塌五个等级。其划分标准如下：

① 基本完好：承重构件完好；个别非承重构件轻微损坏；附属构件有不同程度破坏。一般不需修理即可继续使用。

② 轻微损坏：个别承重构件轻微裂缝，个别非承重构件明显破坏；附属构件有不同程度的破坏。不需修理或需稍加修理，仍可继续使用。

③ 中等破坏：多数承重构件轻微裂缝，部分明显裂缝；个别非承重构件严重破坏。需一般修理、采取安全措施后可适当使用。

④ 严重破坏：多数承重构件严重破坏或部分倒塌。应采取排险措施；需大修、局部拆除。

⑤ 倒塌：多数承重构件倒塌。需拆除。

该标准适用于多层砖房、钢筋混凝土框架房屋、底层框架和多层内框架砖房、单层工业厂房、单层空旷房屋、民房、烟囱、水塔等建筑的地震破坏等级划分。

（2）震害因子的选择。

为了进行抗震能力评定，必须找出地震时导致房屋建筑破坏的主要因素，房屋建筑的结构类型、建筑布局、建筑材料、施工质量、建造年代等情况错综复杂，很难确定主要因素。从力学观点分析，房屋建筑的破坏可有多种原因和震害表现，如墙体的破坏可能是剪切破坏，也可能是较长外纵墙的弯曲破坏，局部尺寸过小时也会在地震时发生窗间墙的率先破坏。

对于不同结构类型的民居建筑，影响房屋震害的主要因素有：砂浆强度、窗间墙宽度、横墙间距、围护墙体类型、房屋质量现状以及房屋层数等，民居抗震能力评定主要以这 6 个因素作为评定参数，并做适当调整。

（3）抗震能力评定方法的选择。

针对传统民居的特点，构建模糊综合评价模型进行抗震能力评定。模糊综合评价是对受多种因素影响的事物做出全面评价的一种十分有效的多因素决策方法，其特点是评价结果不是绝对的肯定或否定，而是以一个模糊集合来表示。模糊综合评价方法以模糊数学为基础，通过指标量化处理和模糊运算等获取评估结果。模糊综合评价法具有综合性强、系统性强的特点，能较好地解决多因素影响、难以量化的问题，适合各种非确定性问题的解决。传统民居的抗震能力和可能发生的震害程度，适用于模糊综合评价法，一方面可以考虑各项影响因素之间模糊性关系的客观存在，另一方面综合考虑了各因素的性质和对房屋抗震能力影响的重要程度，采用权重赋值来体现指标的影响力大小，提高评估结果的可靠度和可信度。建筑抗震能力评定主要参数和系统界面，见图 5.2。

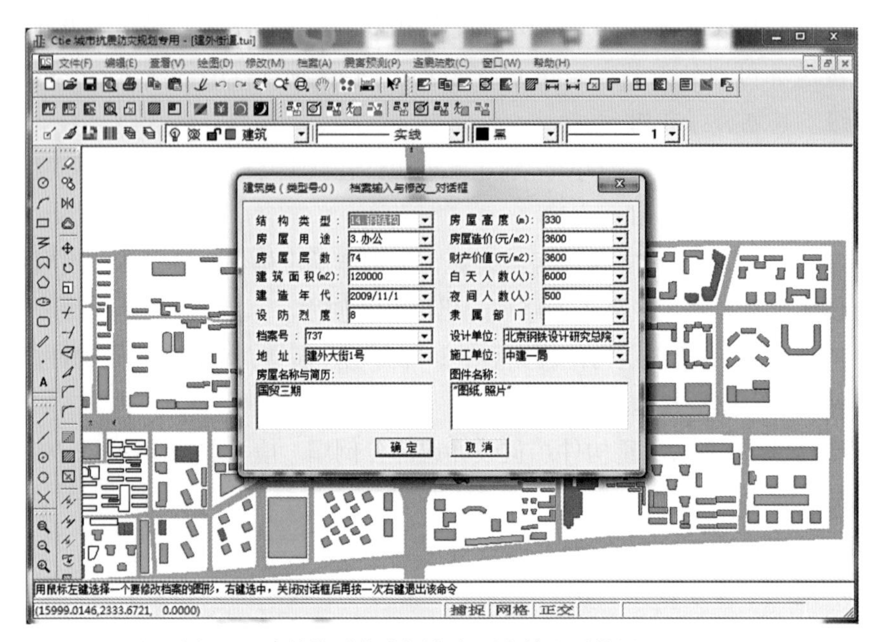

图 5.2　建筑抗震能力评定主要参数和系统界面

（4）模糊层次综合评价模型的建立和评定运算。

通过震害总结和分析，归纳影响民居房屋抗震能力的主要因素，提炼出砂浆强度（u_1）、窗间墙宽度（u_2）、横墙间距（u_3）、房屋质量（u_4）等震害因子，在震害调研的基础上，总结出震害因子与破坏等级的对应关系，称为先验信息，见表 5.2。由表中查出的值为 r_{ij}，根据民居房屋的调研情况收集数据，按式（5.3.1）形成模糊综合关系矩阵 R：

$$\boldsymbol{R}=\begin{array}{c} \\ u_1 \\ u_2 \\ u_3 \\ u_4 \end{array}\begin{array}{c} \begin{array}{ccccc} b_1 & b_2 & b_3 & b_4 & b_5 \end{array} \\ \begin{bmatrix} r_{11} & r_{12} & r_{13} & r_{14} & r_{15} \\ r_{21} & r_{22} & r_{23} & r_{24} & r_{25} \\ r_{31} & r_{32} & r_{33} & r_{34} & r_{35} \\ r_{41} & r_{42} & r_{43} & r_{44} & r_{45} \end{bmatrix} \end{array} \qquad (5.3.1)$$

表 5.2　民居房屋震害影响参数取值

i \ j		b_1 基本完好	b_2 轻微损坏	b_3 中等破坏	b_4 严重破坏	b_5 倒塌
砂浆强度 u_1	≤ M1	0.05	0.19	0.45	0.30	0.02
	M1.5	0.09	0.23	0.40	0.27	0.01
	M2.5	0.12	0.23	0.40	0.25	0.00
	M3.5	0.21	0.21	0.38	0.20	0.00
	M5	0.28	0.30	0.30	0.12	0.00
	M7.5	0.44	0.23	0.22	0.11	0.00
	≥ M10	0.52	0.24	0.16	0.08	0.00
窗间墙宽度 u_2	0.37	0.04	0.36	0.41	0.15	0.04
	0.49	0.07	0.39	0.40	0.12	0.02
	0.61	0.10	0.41	0.41	0.08	0.00
	0.73	0.17	0.40	0.39	0.04	0.00
	0.80	0.35	0.32	0.31	0.02	0.00
	1.00	0.49	0.27	0.23	0.01	0.00
	1.20	0.68	0.17	0.15	0.00	0.00
横墙间距 u_3	3.3	0.72	0.24	0.04	0.00	0.00
	4.5	0.54	0.36	0.08	0.02	0.00
	5.4	0.40	0.42	0.12	0.04	0.02
	6.6	0.21	0.51	0.16	0.08	0.04
	9.9	0.12	0.45	0.23	0.12	0.08
	13.2	0.08	0.39	0.27	0.14	0.12
	15.0	0.05	0.31	0.30	0.20	0.14
房屋质量 u_4	好	0.25	0.35	0.22	0.15	0.03
	中	0.12	0.29	0.33	0.19	0.07
	差	0.00	0.14	0.20	0.35	0.31

矩阵运算取普通矩阵乘法，由下式求评判结果 $\boldsymbol{B}$:

$$\boldsymbol{B} = \boldsymbol{A} \cdot \boldsymbol{R} \tag{5.3.2}$$

其中，砂浆强度、各因素加权值 $\boldsymbol{A} =$（0.35，0.23，0.22，0.40）。由计算出的 $\boldsymbol{B} =$（b_1 b_2 b_3 b_4 b_5）中取 b_j 最大者，则该房屋即归于 j 类破坏。

以上计算的结果是针对烈度为Ⅶ度的情况。对于其他烈度，根据建筑灾害现场调查情况，每增加一度，震害程度提高一个等级；低一度时，则降低一个等级。如，Ⅶ度评定为轻微破坏的，Ⅷ度为中等破坏，Ⅸ度为严重破坏，而Ⅵ度则为基本完好。

评定的一系列计算在后台进行，系统编制了可实现即时评定的子模块，在用户前端可直接显示结果。

5.4 系统命令详解

信息系统命令菜单包括：文件菜单、编辑菜单、查看菜单、绘图菜单、修改菜单、档案菜单、震害预测菜单；工具栏包括：缩放工具栏、捕捉工具栏、属性工具栏、帮助命令和其他命令，下面分别进行简要说明。

5.4.1 通用菜单命令

通用菜单包括文件菜单、编辑菜单、查看菜单、绘图菜单和修改菜单。

5.4.1.1 文件（F）菜单命令

文件菜单提供了以下命令（表 5.3），图 5.3 为系统界面下拉菜单对应的各命令选项。

表 5.3 文件菜单命令

序号	命令名称	说明
1	新建	建立一个新文档
2	打开	打开一个现存文档
3	关闭	关闭一个打开的文档
4	保存	用同样的文件名保存一个打开的文档
5	另存为	用指定的文件名保存一个打开的文档
6	打印	打印一个文档
7	打印预阅	在屏幕上按被打印出的格式显示文档
8	打印设置	选择一个打印机以及打印机连接
9	退出	退出

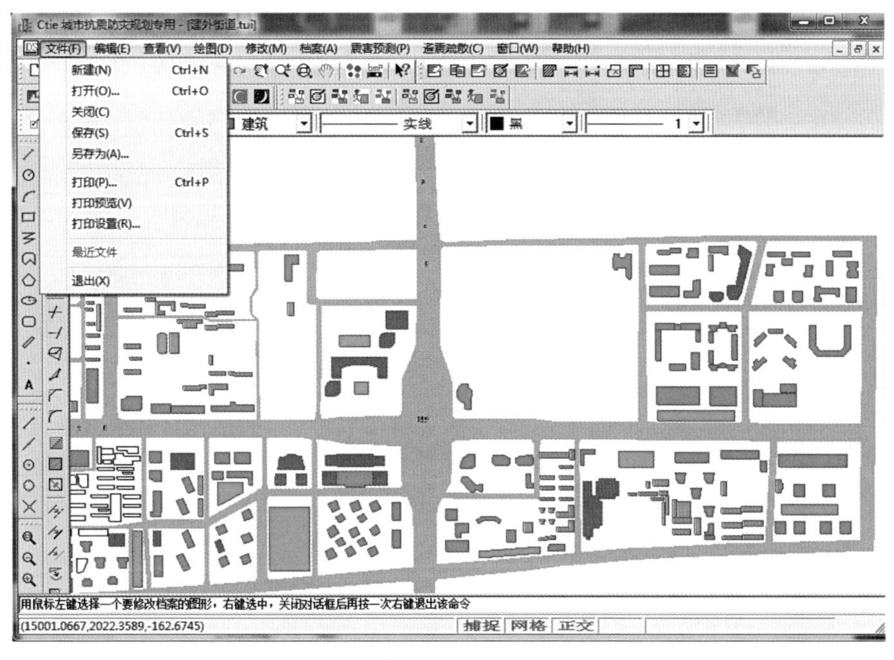

图 5.3　信息系统文件菜单界面

5.4.1.2　编辑（E）菜单命令

编辑菜单提供了以下命令（表 5.4），图 5.4 为系统界面下拉菜单对应的各命令选项。

表 5.4　编辑菜单命令

序号	命令名称	说明
1	撤消	全部图形被重画一遍
2	重做	撤销先前的操作
3	重画全部	重做先前的操作
4	复制	从文档中将数据复制到剪贴板上
5	粘贴	从剪贴板上将数据粘贴到文档中
6	平滑移动	无级地平滑移动窗口中的图形
7	无级缩放	无级地平滑缩放窗口中的图形
8	整屏显示	将窗口中的图形一次缩放至整个窗口
9	移动 BMP 图	平滑移动从建筑档案查询框中读入的 BMP 光栅文件图形
10	获取颜色代码	显示图形颜色在绘图调色板中的序号和颜色代码（RGB）
11	保存为 BMP 文件	将框选中的图形存储为 BMP 图形文件

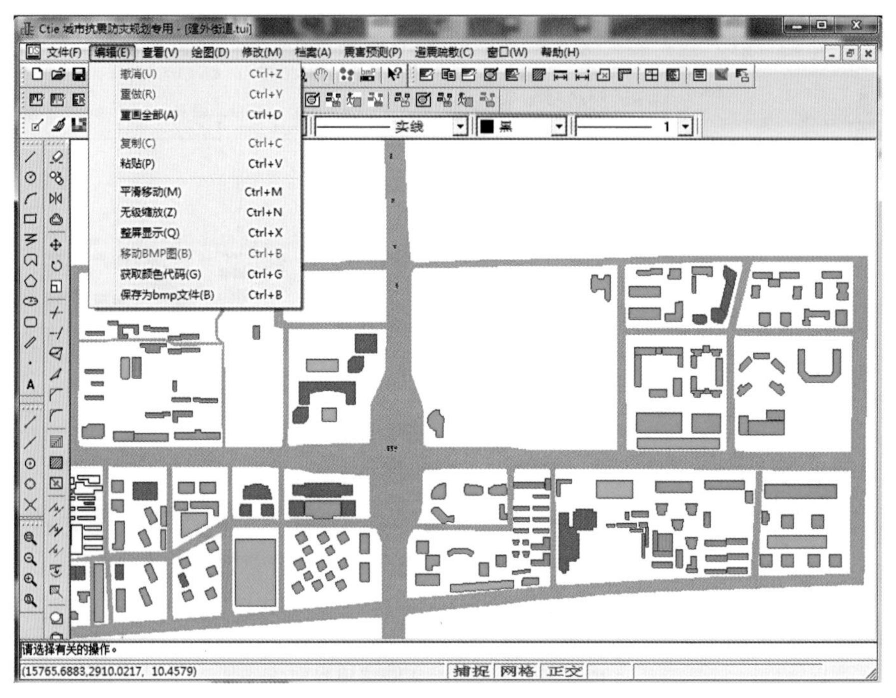

图 5.4　信息系统编辑菜单界面

5.4.1.3　查看（V）菜单命令

查看菜单提供了以下命令（表 5.5），图 5.5 为系统界面下拉菜单对应的各命令选项。

表 5.5　查看菜单命令

序号	命令名称	说明
1	工具栏	显示或隐藏工具栏
2	状态栏	显示或隐藏状态栏
3	捕捉等设置	设置捕捉、网格、正交的状态
4	填充设置	设置面状图形的填充模式（式样）
5	设置背景色	设置当前窗口（用户区）的背景颜色
6	设置笔色	设置当前画笔的颜色
7	转换图层	将图形的原来图层转换为当前图层
8	图层设置	可进行图层的增加与删除及显示、冻结、锁住开关
9	图形总数	用信息框显示当前图形总数
10	档案总数	用信息框显示当前档案总数
11	总建筑面积	用信息框显示当前总建筑面积

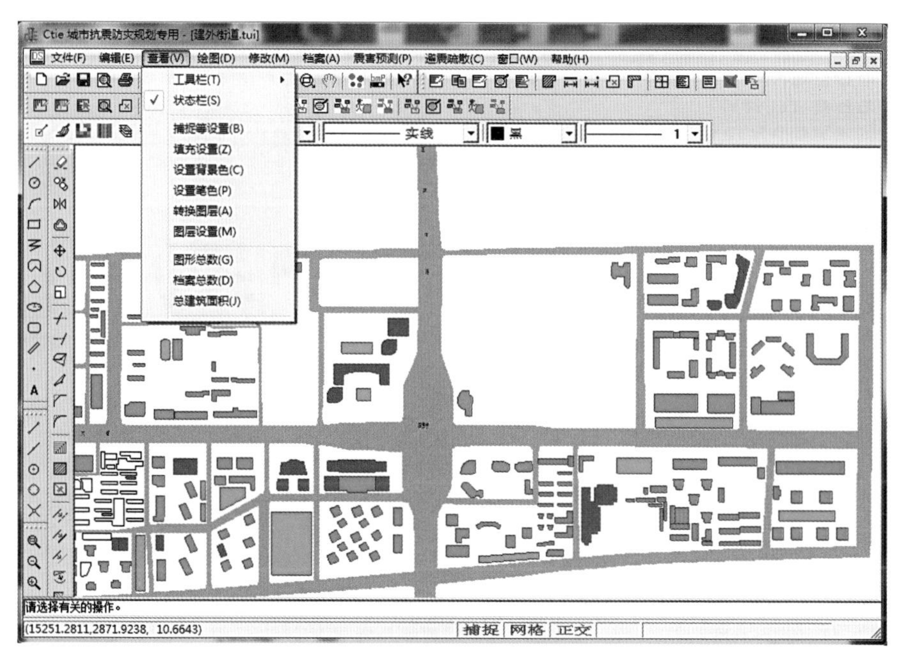

图 5.5　信息系统查看菜单界面

5.4.1.4　绘图（D）菜单命令

绘图菜单提供了以下命令（表 5.6），图 5.6 为系统界面下拉菜单对应的各命令选项。

表 5.6　绘图菜单命令

序号	命令名称	说明
1	线	画一条直线。用鼠标画或用键盘输入两端点的坐标值画
2	圆	画一个圆。用鼠标画或用键盘输入圆心点的坐标值及半径画
3	三点弧	画一个圆弧。用鼠标点三点画或用键盘输入圆弧三点的坐标值画
4	矩形	画一个矩形。用鼠标点两对角点画或用键盘输入矩形两对角的坐标值画
5	折线	画一条折线。用鼠标点拐点画或用键盘输入折线拐点的坐标值画
6	多边形	画一条多边形。用鼠标点拐点画或用键盘输入多边形拐点的坐标值画
7	正多边形	画一个正多边形。用鼠标画或用键盘输入圆心点的坐标值及半径画
8	椭圆	画一个椭圆。用鼠标画或用键盘输入圆心点的坐标值及半轴画
9	圆、斜角矩形	画一个倒角矩形。用鼠标点两对角点画或用键盘输入倒角矩形两对角的坐标值画
10	平行线	画一条平行线。用鼠标点拐点画或用键盘输入平行线拐点的坐标值画
11	点	画一个点。用鼠标画或用键盘输入点的坐标值画
12	文本	写字符或汉字。用键盘输入字符或汉字

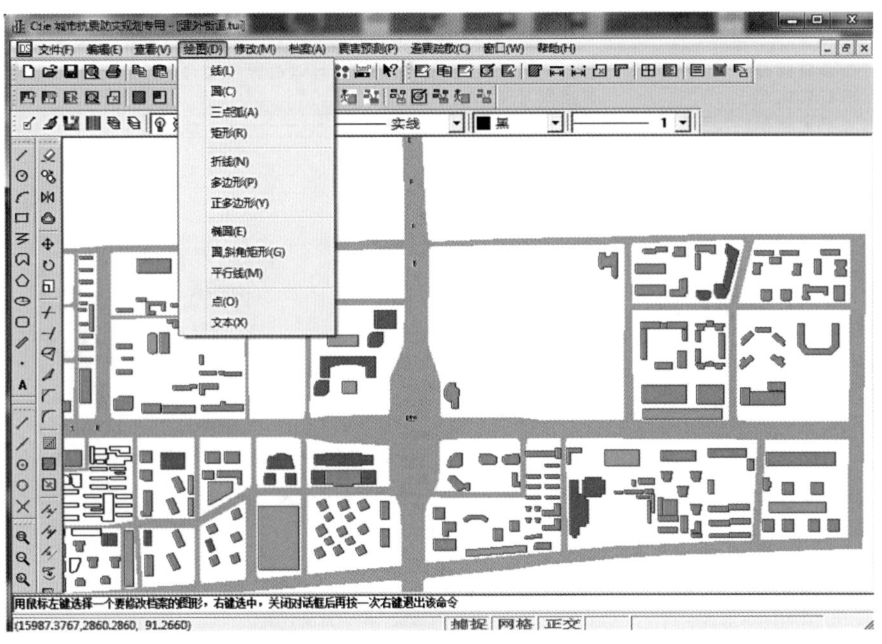

图 5.6　信息系统绘图菜单界面

5.4.1.5　修改（M）菜单命令

修改菜单提供了以下命令（表 5.7），图 5.7 为系统界面下拉菜单对应的各命令选项。

表 5.7　修改菜单命令

序号	命令名称	说明
1	删除	一次删除一个或多个图形
2	复制	一次复制一个或多个图形
3	镜像	一次镜像复制一个或多个图形（沿镜像轴两侧对称）
4	偏移	在给定的偏移量处复制图形（包括侧向偏移和径向偏移）
5	移动	一次移动一个或多个图形
6	旋转	一次旋转一个或多个图形
7	比例缩放	一次比例（输入的比例值）缩放一个或多个图形
8	修剪	用一图形截去另一图形（仅限于直线和折线）的一部分
9	延长	将一图形（仅限于直线和折线的两端线段）延长到另一图形处
10	伸缩节点	将一图形（不包括圆、圆弧、椭圆、倒角矩形、点和文本图形）的某一节点移动（伸缩）到指定位置
11	插入节点	在一图形（不包括圆、圆弧、椭圆、倒角矩形、点和文本图形）的某两节点之间插入一个节点到指定位置
12	尖角改斜角	将一图形（不包括圆、圆弧、椭圆、点和文本图形）的某两线段交点的尖角改为斜角

续表

序号	命令名称	说明
13	尖角改圆角	将一图形（不包括圆、圆弧、椭圆、点和文本图形）的某两线段交点的尖角改为圆角
14	选填充模式	在屏幕上已有的填充模式中选择一种填充模式，用于后续填充
15	填充	将一面状图形（圆、矩形、倒角矩形、多边形、正多边形、椭圆、平行线）用当前的填充模式填充
16	取消填充	取消已填充的面状图形的填充模式（花饰）
17	改线形	用当前线形替换选定图形（要修改的图形）的线形
18	改线宽	用当前线宽替换选定图形（要修改的图形）的线宽
19	改图色 R	用当前颜色替换选定图形（要修改的图形）的颜色
20	选图形色为绘图色	在屏幕上已有的图形颜色中选择一种作为此后的绘图颜色
21	选填充色为绘图色	在屏幕上已有的填充颜色中选择一种作为此后的绘图颜色
22	选屏幕字型号	在屏幕上已有的字型号（大小）中选择一种作为此后的文字型号
23	置图景前	将一图形移到所有图形的最前面
24	置图景后	将一图形移到所有图形的最后面
25	文本修改	对屏幕上已有文本的内容、大小、角度等进行修改
26	优化多边形	在当前窗口中对已有的多边形的顶点进行优化

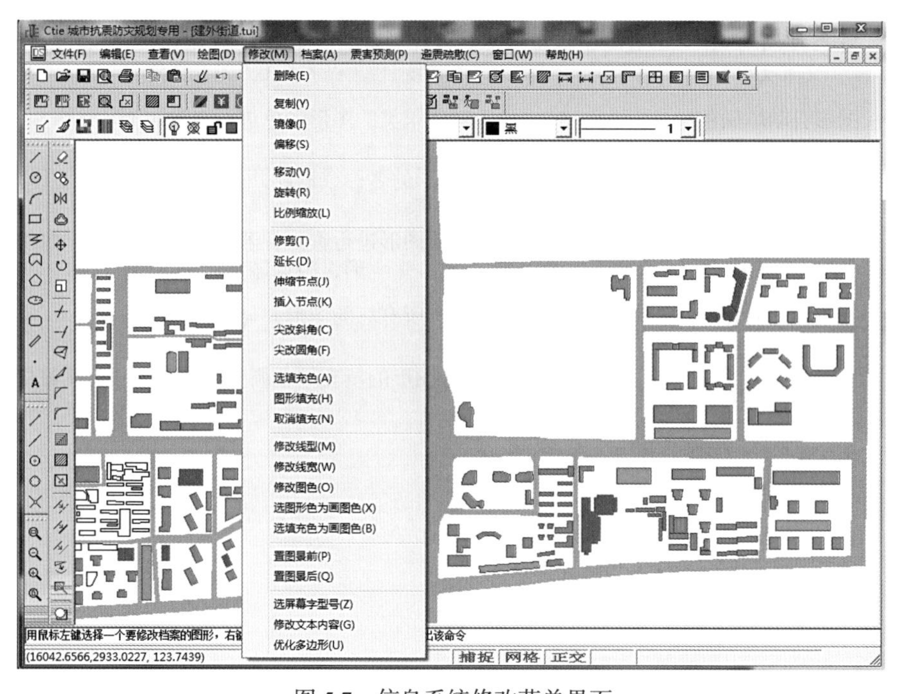

图 5.7　信息系统修改菜单界面

5.4.2 专用菜单命令

5.4.2.1 档案（A）菜单命令

档案菜单提供以下命令（表 5.8）：

表 5.8 档案菜单命令

序号	命令名称	说 明
1	档案输入	在对话框提示下一次输入一个图形档案信息
2	鼠标档案输入	选取图形并在对话框右侧的项目中双击鼠标左键选择与图形对应的编码，即可直接输入档案信息
3	档案复制	复制一个图形档案信息
4	档案修改	在对话框提示下一次修改一个图形档案信息
5	档案查询	对图形的档案信息进行查询
6	图形平面面积	计算面状图形的平面面积（不适用于点、线、弧和文本图形）
7	线段长度	计算图形的长度（不适用于点和文本图形）
8	两点距离	计算窗口中任意两点的距离（单位：m）
9	标有档案的图	用一个 x 号标注已输入档案的图形
10	建筑面积计算	计算有档案的建筑图形的建筑面积（不适用于点、线、弧和文本图形）
11	删除单个档案	删除单个图形的档案
12	删除全部档案	删除全部图形的档案（请小心使用）
13	档案统计	在对话框提示下对各种类型的档案按类型、用途、年代等进行统计
14	档案统计存入文本文件	在对话框提示下对各种类型的档案按类型、用途、年代等进行统计后，将统计结果存入 .txt 文本文件
15	图形自动填颜色	对建筑类的图形颜色进行自动填充
16	由档案中的地址查图形	输入图形的名称或地址，查找对应的图形
17	查找相同档案编号的房屋图形	对所有有档案的房屋图形进行查找，若找到相同档案编号的房屋图形，闪烁显示
18	查找坏图并显示	找出所有坏的图形并显示以便删除
19	挂图衬底对建筑和场地涂浅色	将建筑和场地图形的填充颜色调整为浅色，可作为底图

（1）档案输入。

点此命令在当前窗口中手动选择输入矢量化图形的档案信息（图 5.8）。

用鼠标点按此按钮后，出现档案类型选择对话框，在此对话框中，可用鼠标左键选择要输入的档案类型（图 5.9）。

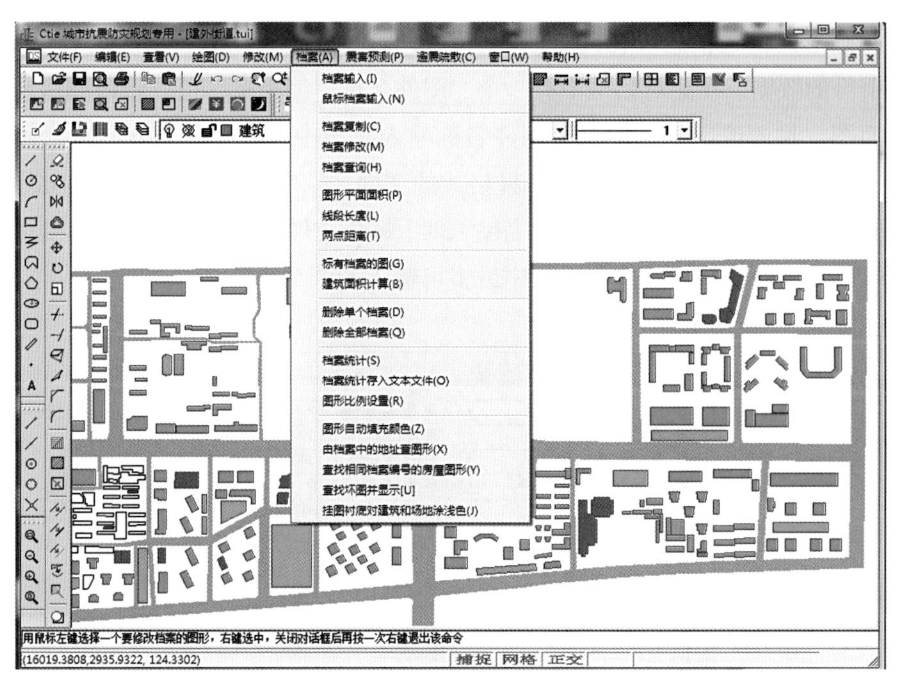

图 5.8　信息系统档案菜单界面

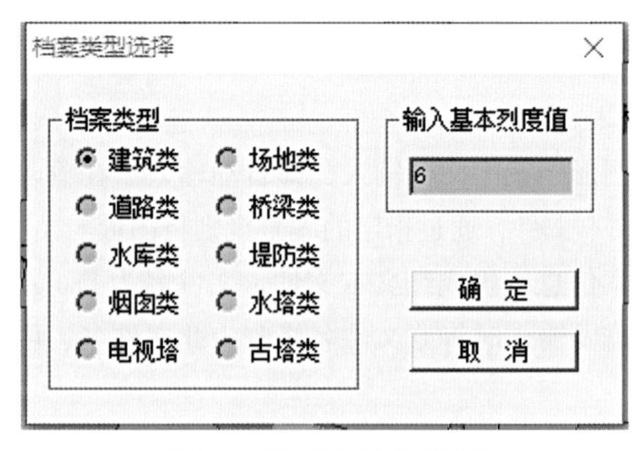

图 5.9　档案类型选择对话框

第一次输入档案时，在选择档案类型后，会出现十字光标，此时用鼠标左键依次点击已知距离的两点（如某房屋的长度等），并按提示输入实际距离，以获得准确的比例应用于该图形文件，该操作执行一次即可。

用鼠标左键点选一个没有档案的图形，按右键选中，同时出现档案输入与修改对话框（例如：建筑类的“档案输入与修改对话框”，图 5.10），可按对话框的项目提示输入此图形的档案信息。在此对话框中，可按对话框的项目提示，输入或修改此图形的各项目的数据。在此对话框中有一个“图件名称”编辑框，可以将诸如房屋照片、建筑平面图、加固改造施工记录等图件名称输入此框中，可随时打开浏览。此框中只可输入扩展名为“.tui”和“.bmp”两种格式的文件，“*.tui”是系统自动生成的文件；“*.bmp”是 windows 格式文件。文件名输入时，每个文件名占一行并用回车结束该行，最后一行也需用回车结束。此编辑框中最多可输入 500 个文件名。

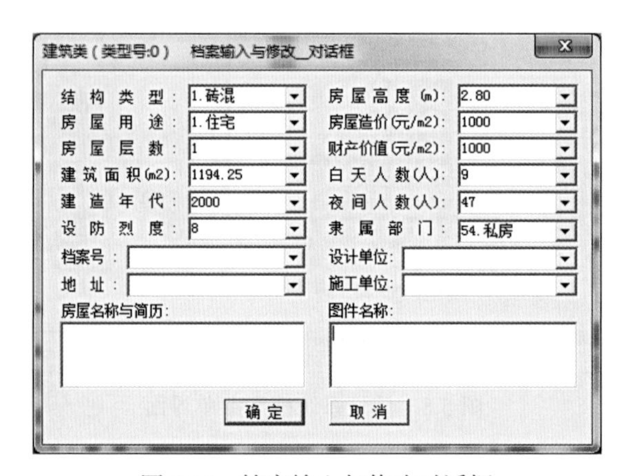

图 5.10 档案输入与修改对话框

（2）鼠标档案输入。

点此命令可进行图形档案的文件输入，即自动输入。在输入前需将调研档案信息整理为要求格式的纯文本文件，通过指定的编号规则将图形与档案一一对应。

首先将图形的档案信息编辑成纯文本文件，文件名为 DanganShuru.txt，为输入过程中的临时性文件，需要输入时将原文件名修改为此文件名，可自动由系统读入相关档案信息。

文件的格式与文件头（以下汉字为文件头，文件头必有，各项之间用空格间隔）举例如下：

◆ 房屋编号　结构类型 *　用途　层数 *　面积（m^2）　建造年代　抗震设防、加固烈度 *　户主姓名　地址（门牌号）　围护墙体类型 *　砂浆强度 *（MPa）　窗间墙宽度 *（m）　横墙间距 *（m）　房屋质量现状 *　Ⅶ度评定　Ⅷ度评定　Ⅸ度评定　房屋名称与简历　图件名称（注：带 * 的必填）；

◆ 场地编号　规划编号　隶属部门　当前用途　场地面积（m^2）　场地类别　剪切波速（m/s）　覆盖层厚（m）　地震加速度（g）　地震速度（m/s）　地震位移（m）　液化深度（m）　特征周期（s）　地基承载力（kPa）地点；

◆ 道路编号　道路类型　道路等级　道路长度（km）　道路宽度（m）　车流量（辆 / 小时）　路面材料　建造年代　当前路况　工程档案号　道路名称与地址　隶属部门　设计单位　施工单位；

◆ 桥梁编号　桥梁类型　结构类型　桥梁长度（km）　桥面宽度（m）　车流量（辆 / 小时）　载重吨位（吨）　建造年代　抗震设防烈度　工程档案号　桥梁名称与地址　隶属部门　设计单位　施工单位；

◆ 水库、堤防、烟囱、水塔、古塔等地上工程档案信息。

用鼠标点按此按钮后，出现档案类型选择对话框，可在此对话框中用鼠标左键选择准备输入的档案类型。有建筑、场地、道路、桥梁、水库、堤防、烟囱、水塔、电视塔、古塔共十种类型的档案可以输入。

第一次输入档案时，在选择档案类型后，出现十字光标，用鼠标左键点两点已知的尺寸（两点距离，如某房屋的长度等），以便获得准确的比例用于该图形文件。

用鼠标左键点选一个未输入档案的图形，按右键选中，同时出现鼠标输入档案对话框（例如：建筑类的“鼠标输入档案对话框”，图 5.11），可在对话框右侧的列表中选择与图形对应的档案信息（通过编号对应），双击鼠标左键即可自动输入。逐一操作可批量输入图形档案。

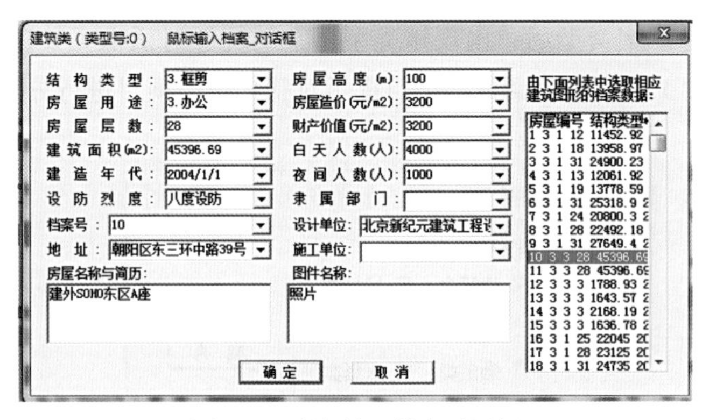

图 5.11　鼠标输入档案对话框

（3）档案复制。

点此命令在当前窗口（用户区）中复制图形的档案信息。

（4）档案修改。

点此命令在当前窗口（用户区）中修改图形的档案信息。

（5）档案查询。

点此命令在当前窗口（用户区）中查询图形的档案信息。

（6）图形平面面积。

点此命令在当前窗口（用户区）中计算图形的平面面积（m^2）。

（7）线段长度。

点此命令在当前窗口（用户区）中计算图形的线段长度（m）。

线状图给出该图形线的总长度，面状图给出图形线的周长。

（8）两点距离。

点此命令在当前窗口（用户区）中计算任意两点的距离（m）。

（9）标有档案的图。

点此命令在当前窗口（用户区）中标示有档案的图形。

（10）建筑面积计算。

点此命令在当前窗口（用户区）中计算有建筑档案的图形。

（11）删除单个档案。

点此命令在当前窗口（用户区）中删除有档案图形的档案。

如果删除图形（见图形修改菜单的删除命令），则连同该图形的档案将一同被删除。

（12）删除全部档案。

点此命令在当前窗口（用户区）中删除全部有档案图形的档案。

（13）档案统计。

点此命令在当前窗口（用户区）中对档案数据进行统计（图 5.12）。

在选择了统计档案类型后，出现该类型档案的统计对话框（如建筑类档案数据统计对话框，图 5.13），可按对话框的项目提示对感兴趣的项目进行分类数据统计。

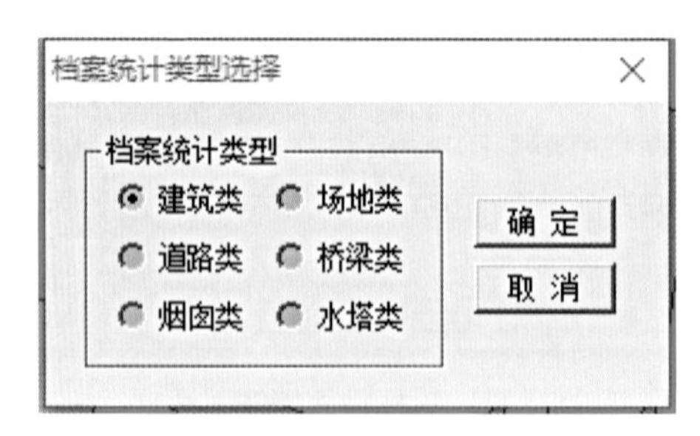

图 5.12　档案统计类型选择对话框

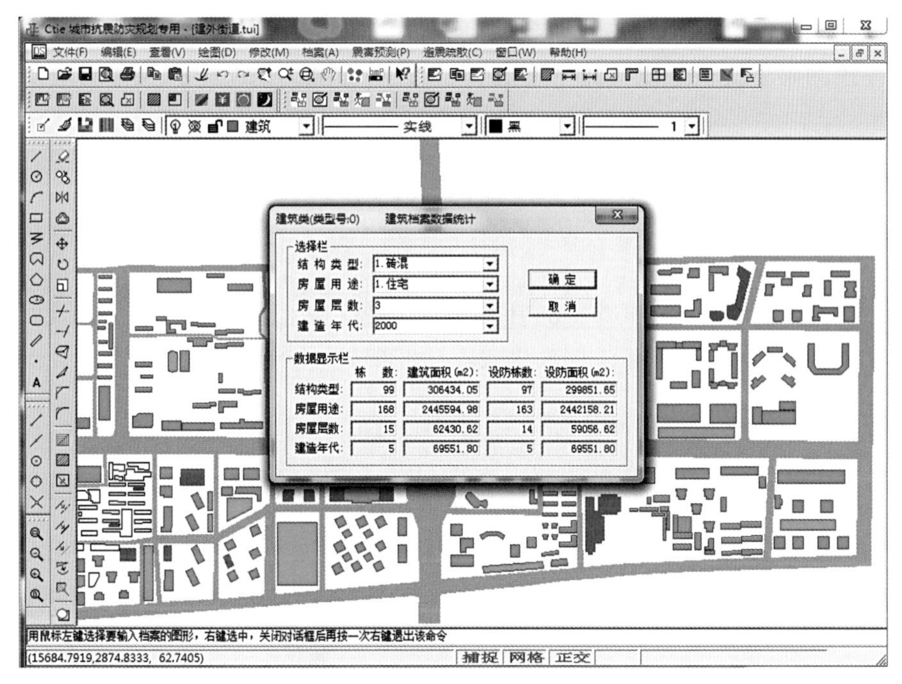

图 5.13　建筑档案统计对话框

（14）档案统计存入文本文件。

点此命令在当前窗口中对档案数据进行统计。

（15）图形比例设置。

用鼠标左键在屏幕上选择已知实际尺寸的两点，用以计算图形实际尺寸与逻辑尺寸的比例。

（16）图形自动填充颜色。

点此命令可对全部建筑类图形的填充颜色进行自动填充。

（17）由档案中的地址查图形。

点此命令可输入已知图形的名称或地址，对图形进行查找。

（18）查找相同档案编号的房屋图形。

点此命令可对有相同档案编号的房屋图形进行查找。

（19）查找坏图并显示。

点此命令可找出所有坏图并显示以便删除，该命令只设置在菜单中。

所谓“坏图”是指那些用正常操作无法显示、也看不到、删不掉的图形，原因是这种图形的坐标对（x，y）不是正常数据，来源大多是不同软件间数据文件转换产生的。

5.4.2.2 震害预测（P）菜单命令

震害预测菜单提供了以下命令（表 5.9），图 5.14 为系统下拉菜单对应的各命令选项。

表 5.9 震害预测菜单命令

序号	命令名称	说明
1	抗震能力评定表格输入	对于未进行抗震设防与加固的多层砖房、RC 柱排架、砖柱排架和老旧房屋等四种结构类型房屋，输入评定参数，进行抗震能力评定
2	抗震评定结果修改	对于已进行抗震设防、加固或其他特殊结构，若认为评定结果不合理，可对评定结果进行修改
3	抗震评定结果查询	对建筑抗震能力评定结果进行查看
4	抗震能力评定鼠标输入	将图形的档案信息做成纯文本文件（KZPDShuju.txt），再用鼠标点选进行输入
5	标记已评定房屋	对已进行过抗震能力评定的建筑图形用红色 × 标记，用以提示
6	全部预测结果	全部指系统中所有输入档案的建筑，预测结果包括基本烈度和高于基本烈度一度情况下的震害预测、经济损失和人员伤亡估计结果，并可输出
7	局部预测结果	局部指在屏幕上用矩形选择框框住区域中的图形，并对此局部区域中的图形进行预测。预测结果包括基本烈度和高于基本烈度一度情况下的震害预测、经济损失和人员伤亡估计结果，并可输出
8	震害预测结果分布	对房屋震害预测结果用不同颜色进行标示，可看出全市或整个区域房屋震害的分布情况
9	经济损失结果分布	对经济损失预测结果用不同颜色进行标示，可看出全市或整个区域经济损失的分布情况
10	白天人员伤亡分布	对白天地震人员伤亡预测结果用不同颜色进行标示，可看出全市或整个区域人员伤亡的分布情况
11	夜间人员伤亡分布	对夜间地震人员伤亡预测结果用不同颜色进行标示，可看出全市或整个区域人员伤亡的分布情况
12	抗震能力评定调整	对未进行抗震设防与加固的四种结构类型房屋的抗震能力评定结果进行调整
13	各年代建筑分布	根据建筑建造年代的不同，区分颜色显示
14	抗震设防建筑分布	根据建筑抗震设防情况的不同，区分颜色显示

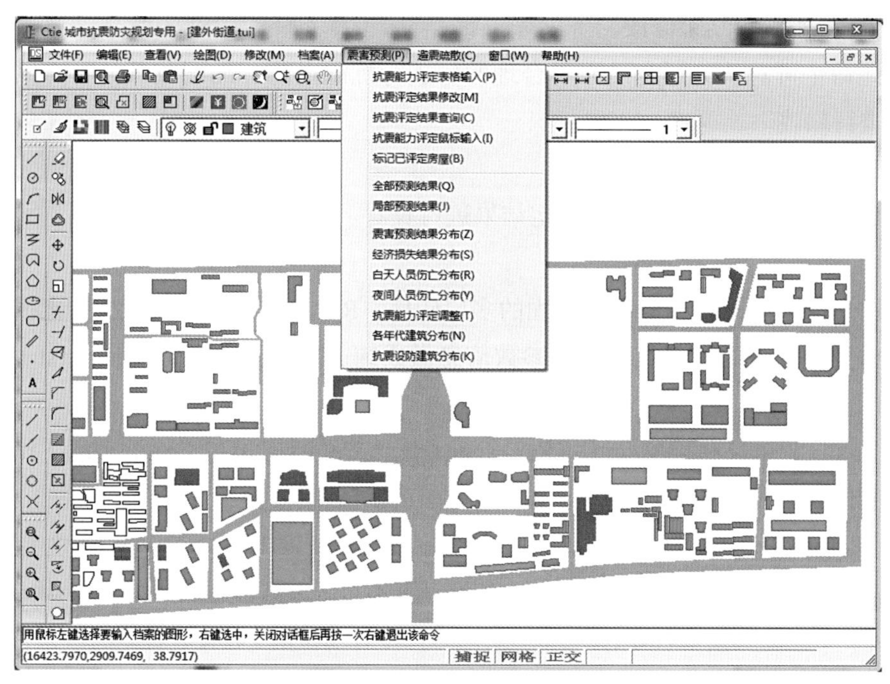

图 5.14　震害预测菜单界面

（1）抗震能力评定表格输入。

点此命令可对未进行抗震设防与加固的多层砖房、RC 柱排架、砖柱排架和老旧房屋等四种结构类型房屋，输入各自的评定参数，以便进行抗震能力评定，见图 5.15。

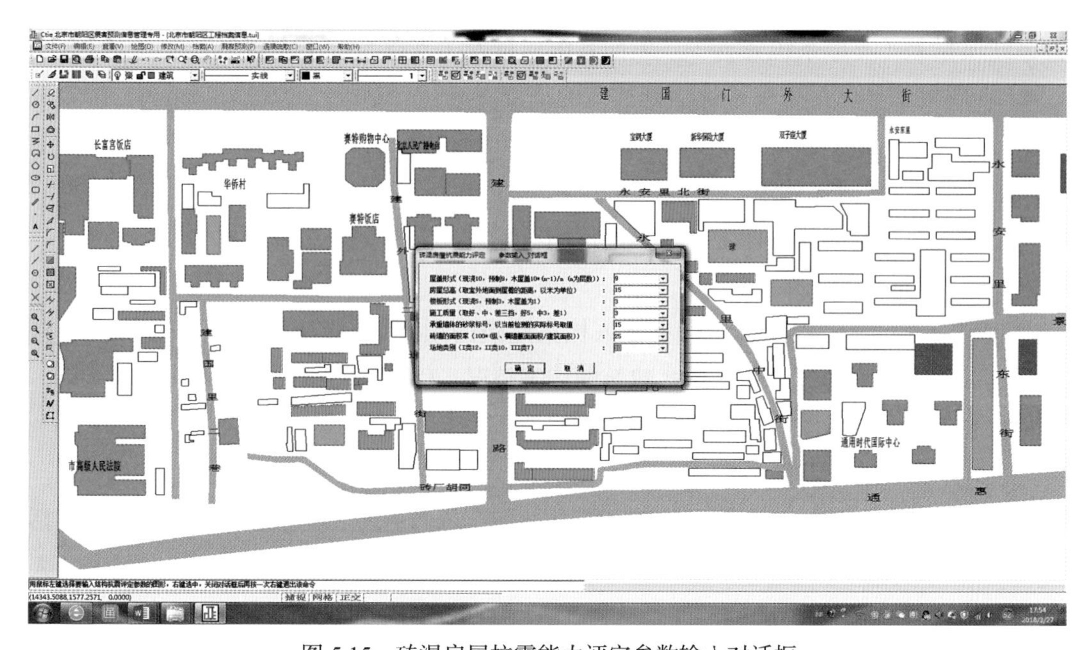

图 5.15　砖混房屋抗震能力评定参数输入对话框

（2）抗震评定结果修改。

点此命令可对认为评定结果不合理的已进行抗震设防、加固或其他特殊结构的评定结果进行修改。

（3）抗震评定结果查询。

点此命令可对建筑抗震能力评定结果进行查看。

（4）抗震能力评定鼠标输入。

将图形的未进行抗震设防与加固的多层砖房、RC 柱排架、砖柱排架和老旧房屋等四种结构类型房屋的抗震能力评定参数信息做成纯文本文件（KZPDShuru.txt），再用鼠标点选进行输入。

纯文本文件的文件名必须为 KZPDShuru.txt。文件的格式与文件头（以下汉字为文件头，文件头必有，各项之间用空格间隔）如下：

◆ 砖混编号　屋盖形式［现浇 10，预制 9，木屋盖 10*（*n*-1）/*n*（*n* 为层数）］　房屋总高（取室外地面到屋檐的距离，以米为单位）　楼板形式（现浇 5，预制 3，木屋盖为 1）　施工质量（取好、中、差三档，好 5，中 3，差 1）承重墙体的砂浆标号（以当前检测的实际标号取值）　砖墙的面积率［100*（纵、横墙截面面积 / 建筑面积）］　场地类别（Ⅰ类 12，Ⅱ类 10，Ⅲ类 7）；

◆ 老旧编号　房屋长度　老旧程度　房屋层数；

◆ RC柱编号　屋面重量(kg.f)　柱截面高(cm)　柱截面宽(cm)　墙高(cm)　墙厚（cm）　沿墙高设置的圈梁道数　屋架下弦到计算截面的距离（cm）　排架柱的混凝土标号　屋面系统质量好(支撑系统完善)　屋面系统质量好(支撑系统不完善)　屋面系统质量差（支撑系统完善）　屋面系统质量差（支撑系统不完善）；

◆ 砖柱编号　厂房室外地面到檐口的高度（m）　砖柱截面高度（cm）　排架柱的砖砌体强度（kg/cm^2）　房屋的长度（m）　房屋的场地类别。

（5）标记已评定房屋。

对已进行过抗震能力评定的建筑图形用红色“×”标记，用以提示。

（6）全部预测结果。

点此命令可显示出系统中所有输入档案建筑的预测结果，包括基本烈度和高于基本烈度一度情况下的各种结构形式建筑的震害情况、经济损失和人员伤亡估计的结果，并提供直方图和饼状图两种直观的表达方式。

（7）局部预测结果。

点此命令可显示出在屏幕上用矩形选择框或鼠标左键点选建筑的预测结果，包括基本烈度和高于基本烈度一度情况下的各种结构形式建筑的震害情况、经济损失和人员伤亡估计的结果，并提供直方图和饼状图两种直观的表达方式。

（8）震害预测结果分布。

点此命令可得到抗震能力评定结果可视化结果分布，对房屋震害预测结果用不同颜色进行标示。点击此命令后，出现“基本烈度”和“高一烈度”2 个选项，“基本烈度”即是按档案输入命令弹出的档案类型选择对话框中的“基本烈度值”，“高一烈度”即是高于“基本烈度”一度的烈度（图 5.16）。若要查看Ⅵ度~Ⅸ度中的任意烈度评定结果分布情况，只需修改“基本烈度值”即可。可查询某一烈度下的破坏比例分布以及破坏房屋程度的图形分布。

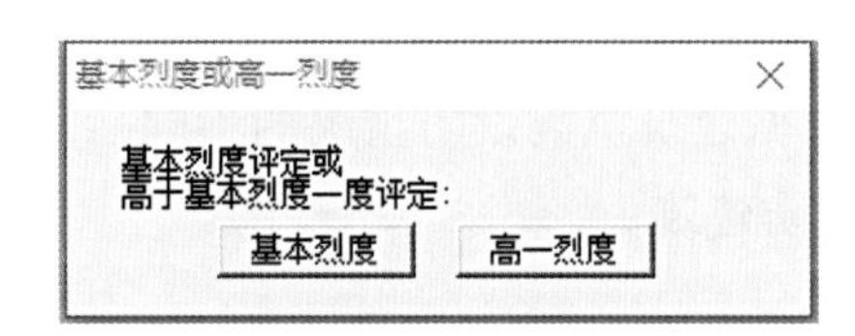

图 5.16　烈度选择对话框

（9）白天人员伤亡分布。

按此命令后，对白天地震人员伤亡预测结果用不同颜色进行标示，可看出全市或整个区域人员伤亡的分布情况（图 5.17）。分为绿、蓝、红三种颜色，绿色表示伤亡较轻，蓝色表示伤亡中等，红色表示伤亡严重。

（10）夜间人员伤亡分布。

按此命令后，对夜间地震人员伤亡预测结果用不同颜色进行标示，可看出全市或整个区域人员伤亡的分布情况（图 5.17）。分为绿、蓝、红三种颜色，绿色表示伤亡较轻，蓝色表示伤亡中等，红色表示伤亡严重。

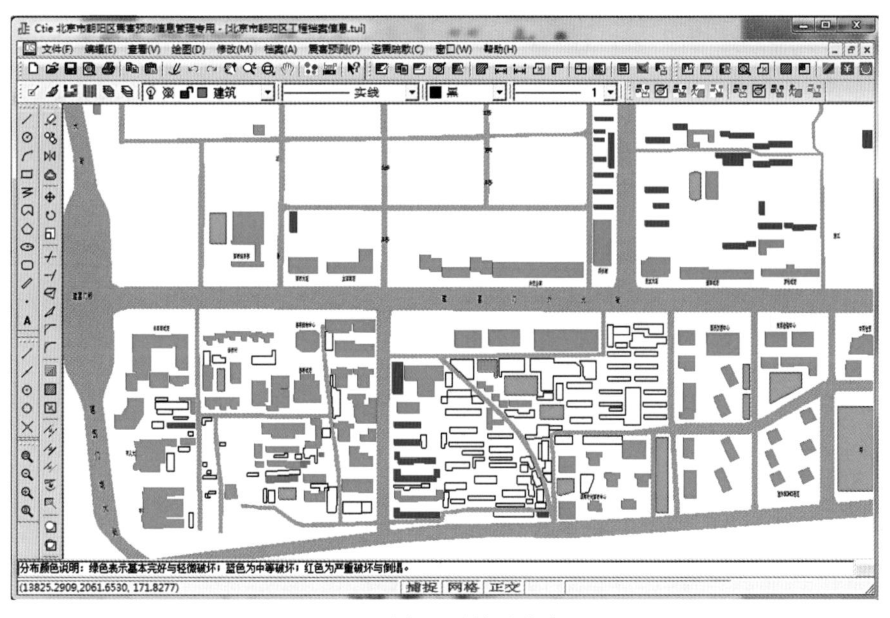

图 5.17　震害预测结果分布界面

（11）抗震能力评定调整。

点此命令可对之前输入评定参数进行震害预测的未进行抗震设防与加固的四种结构类型房屋的抗震能力评定结果按照专家经验法进行调整。

（12）各年代建筑分布。

点此命令可将建筑根据建造年代的不同，区分颜色显示，其中红色表示 20 世纪 70 年代及以前建造，蓝色表示 80 年代、黄色表示 90 年代、绿色表示 21 世纪前 10 年建造的建筑。

（13）抗震设防建筑分布。

抗震设防建筑分布。根据建筑抗震设防情况的不同，区分颜色显示，其中绿色表示设防建筑，红色表示未设防建筑。

5.4.2.3 避震疏散（C）菜单命令

避震疏散菜单提供了以下命令（表 5.10），图 5.18 系统下拉菜单对应的各命令选项。

表 5.10 避震疏散菜单命令

序号	命令名称	说明
1	建立方案（有组织）	在房屋与避震场地之间建立避震疏散最优方案
2	方案查询（有组织）	进行房屋出行人数与场地容纳人数的双向查询
3	方案全视（有组织）	在房屋与场地之间用连线标示分配方案
4	疏散模拟（有组织）	动画模拟疏散方案
5	疏散结果分布图（有组织）	对疏散方案中已满员的场地或没有疏散完的建筑用红色显示
6	建立方案（无组织）	在房屋与避震场地之间建立避震疏散最优方案
7	方案查询（无组织）	进行房屋出行人数与场地容纳人数的双向查询
8	方案全视（无组织）	在房屋与场地之间用连线标示分配方案
9	疏散模拟（无组织）	动画模拟疏散方案
10	疏散结果分布图（无组织）	对疏散方案中已满员的场地，或没有疏散完的建筑用红色显示

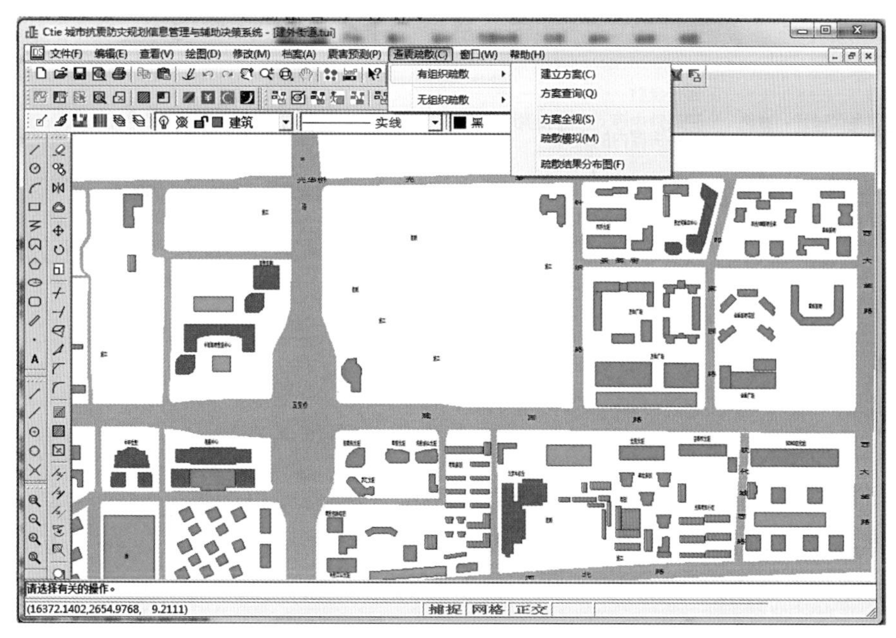

图 5.18　避震疏散菜单界面

（1）建立方案命令（有组织疏散菜单）。

在当前窗口中用此命令，在房屋与避震场地之间建立避震疏散最优方案。

用鼠标点按此菜单后，弹出“疏散方案选择”对话框，对话框中有全部疏散和部分疏散两组按钮。其中：全部疏散是指无论地震烈度大小，房屋中的人员都参与疏散；部分疏散是指只有中等破坏、严重破坏和倒塌三种破坏状况的房屋中的人员参与疏散。一般情况下，在震后应急期间（7 ~ 10 天）才会发生全部疏散。应急期间过后，基本完好和轻微破坏房屋中的人员在抗震救灾指挥部的安排和引导下将逐步返回到房屋中生活。这样既减轻了群众露宿街头的痛苦和生活上的不便，又减少了灾区社会上的流动人口，减轻了政府在社会治安上的压力。中等破坏、严重破坏和倒塌房屋中的人员是不得不疏散的人数，应急期间过后仍然需要疏散在室外。设置全部疏散和部分疏散的目的是为政府建设疏散场地提供辅助决策和依据。

按确定按钮后，用鼠标框选或单选房屋和场地图形，选择完后按鼠标右键确定，出现“场地人均面积与疏散半径输入”对话框，可在此对话框中输入场地人均面积。其中，疏散半径在有组织疏散情况下不起作用（图 5.19）。确定后进行避震疏散方案的自动建立计算，计算用时与房屋和场地的数量成正比。

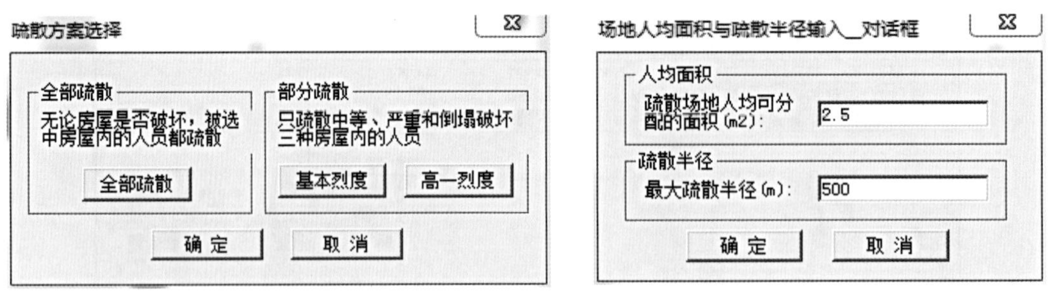

图 5.19　避震疏散对话框

（2）方案查询命令（有组织疏散菜单）。

在当前窗口中用此命令，对房屋与避震疏散场地的分配方案进行双向查询。

用鼠标左键点按此菜单后，其光标变成小矩形，此时可用鼠标左键点选一个已有建筑类档案或已有场地类档案的图形，按一次右键选择完毕。此时，如果选择的是建筑类档案图形，则出现“居住区查询”列表框，给出该居住区（或该房屋）的总人数、需疏散的人数、实际疏散人数、剩余人数，该框关闭后给出此居住区分配到相关疏散场地的人数与指示连线；如果选择的是场地类档案图形，则出现“疏散场地查询”列表框，给出该场地的场地面积、可容纳的人数、实际进入人数、剩余容量，该框关闭后给出此疏散场地与分配到该场地的相关居住区的指示连线（图 5.20）。

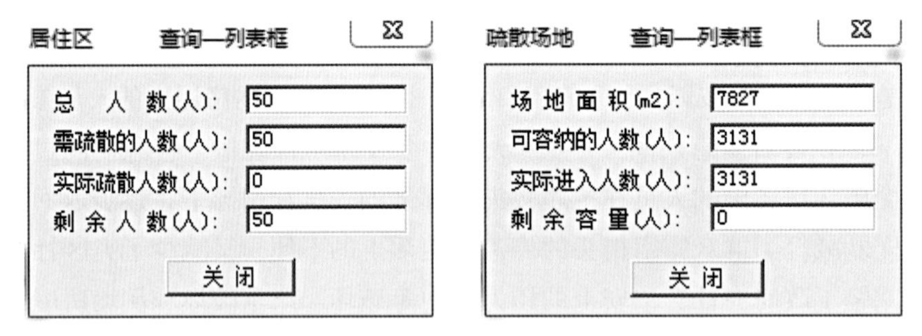

图 5.20　疏散场地查询对话框

（3）方案全视命令（有组织疏散菜单）。

用此命令在当前窗口中，对所有房屋与避震疏散场地的分配方案给出指示连线。

（4）疏散模拟命令（有组织疏散菜单）。

用此命令在当前窗口中，对所有房屋与避震疏散场地的分配方案给出动画模拟显示。

（5）疏散结果分布图命令（有组织疏散菜单）。

用此命令可对疏散方案中已满员的场地，或没有疏散完的建筑用红色显示，以便查看、修改规划。

（6）建立方案命令（无组织疏散菜单）。

同有组织疏散。

（7）方案查询命令（无组织疏散菜单）。

同有组织疏散。

（8）方案全视命令（无组织疏散菜单）。

同有组织疏散。

（9）疏散模拟命令（无组织疏散菜单）。

同有组织疏散。

（10）疏散结果分布图命令（无组织疏散菜单）。

同有组织疏散。

5.4.3　工具栏、其他命令和其他辅助功能

5.4.3.1　缩放工具栏命令

缩放工具栏提供以下命令（表 5.11），这些命令能在应用程序窗口中进行视图缩放。

表 5.11　缩放工具栏命令

序号	命令名称	说明
1	窗口缩放	将拉线框范围内的图形放大至整个窗口
2	缩小	将窗口中的图形缩小一个等级（0.618 倍）
3	放大	将窗口中的图形放大一个等级（0.618 倍）
4	整屏缩放	将所有图形缩放至整个窗口

5.4.3.2　捕捉工具栏命令

捕捉工具栏提供以下命令（表 5.12），这些命令能在应用程序窗口中捕捉图形的指定点。

表 5.12　捕捉工具栏命令

序号	命令名称	说明
1	端点	捕捉线段的端点和除圆、多边形以外的面状图的形心点
2	中点	捕捉线段的中点和除圆、多边形以外的面状图的形心点
3	中心点	捕捉圆的中心点和面状图的形心点
4	象限点	捕捉圆周的象限点
5	交叉点	捕捉直线与其他图形的交叉点

5.4.3.3 属性工具栏命令

属性工具栏提供以下命令(表5.13)。这些命令能在应用程序窗口中选择图层、线型、绘图颜色和线宽度(图5.21)。这四个命令均用下拉列表框选择。其中绘图颜色选择命令与设置笔色命令互为补充。

表5.13 属性工具栏命令

序号	命令名称	说明
1	选择图层	在图层下拉列表框中选择图层。
2	选择线型	在线型下拉列表框中选择线型。
3	选择颜色	在颜色下拉列表框中选择绘图颜色。
4	选择线宽	在线宽下拉列表框中选择线宽。

图5.21 绘图下拉列表框框

5.4.3.4 其他命令

(1)上下文帮助命令。

用上下文帮助命令来获得对系统中某些部分的帮助。当选择工具栏上的上下文帮助按钮时，鼠标器光标变成了一个箭头和问号。接下去用鼠标器单击系统窗口中的某一地方，如另一个工具栏按钮，即可显示帮助主题。

(2)标题栏。

标题栏的位置位于窗口的顶部。标题栏包含了应用程序和文档的名字。一个完整的标题栏应包括下列元素，如图5.22所示。

点此命令将活动窗口还原到在选用最大化或最小化命令之前的大小和位置。

图5.22 民居信息管理界面

（3）滚动条。

显示于文档或对话框窗口的右部和底部边缘。滚动条中的滚动框指示在文档或对话框中的纵向和横向的位置，可使用鼠标滚动到文档的其他部分。

（4）下一窗口。

点此命令来切换到下一个打开文档的窗口。系统会根据打开窗口的顺序来决定哪个是下一个窗口。

（5）上一窗口。

点此命令来切换到上一个打开文档的窗口。系统会根据打开窗口的顺序来决定哪个是上一个窗口。

5.4.3.5　其他辅助功能

其他命令包括 Esc 键盘键、鼠标右键、读入 dxf 文件和读入 bmp 文件，为用户提供使用这个应用程序的帮助（表 5.14）。

表 5.14　其他辅助功能命令

序号	命令名称	说明
1	键盘 Esc 键	退出正在执行操作的命令
2	鼠标右键	退出正在执行操作的命令
3	键盘空格键	绘制折线、多边形和双折线过程中回退一步
4	键盘箭头键	在光栅图形矢量化过程中可使光标最小移动箭头键方向一个光栅间隔
5	读入 dxf 文件	读入 CAD 生成的 dxf2004 版本的矢量文件
6	读入 bmp 文件	读入 Windows 生成的 bmp 格式的光栅文件

（1）键盘 Esc 键。

在绘图、修改等过程中，按一下键盘的 Esc 键可结束并退出正在执行操作的命令。对于选中而变成虚线的图形，按 2 次可消除选中虚线而成为待选状态。

（2）鼠标右键。

在绘图、修改等过程中，点击鼠标右键可结束或退出正在执行操作的命令。

（3）键盘空格键。

在绘制折线、多变形和双折线过程中，按一下键盘上的空格键即可回退一步。

（4）键盘箭头键。

在光栅图形矢量化过程中，为了精确定位光标，用键盘上的箭头键可使光标最小移动箭头键方向一个光栅间隔。若要是移动步长大一些，可按 Insert 键或 Delete 键使光标步长增大或减小。

（5）读入 dxf 文件。

本软件可读入 CAD 生成的 dxf 矢量文件。

注：在读入前须在 CAD 环境下将 dwg 文件中的所有块均彻底分解（炸开），再将 dwg 文件转换成 dxf 文件。有的图形需分解多次，如尺寸标注线需分解 3 次。

（6）读入 bmp 文件。

本软件可读入 Windows 生成的 bmp 光栅（或称点阵文件）文件。读入 bmp 光栅文件的目的是进行手工矢量化，即用绘图命令描一遍以生成矢量文件。

需注意的是：除了首次加载 bmp 文件外，在接续上次矢量化工作时，应先读入已经矢量化的 TUI 文件，后读入 bmp 光栅文件，通过移动（手形光标）命令可显示出已经矢量化的那部分图形。

矢量化工作未完成时，不要单独读入已经矢量化的那部分 tui 图形文件进行移动或放大缩小，以免光栅与矢量文件的图形位置错位。如果误操作发生错位现象，只需将矢量图形和光栅图形文件按顺序加载一次并存盘退出，再按顺序加载即成为正确的了。

5.5 案例

以北京市朝阳区建外街道为例，构建了该区域的震害预测信息管理系统，在系统构建过程中，注重现场调研和内业操作的结合，具体流程如图 5.23 所示。

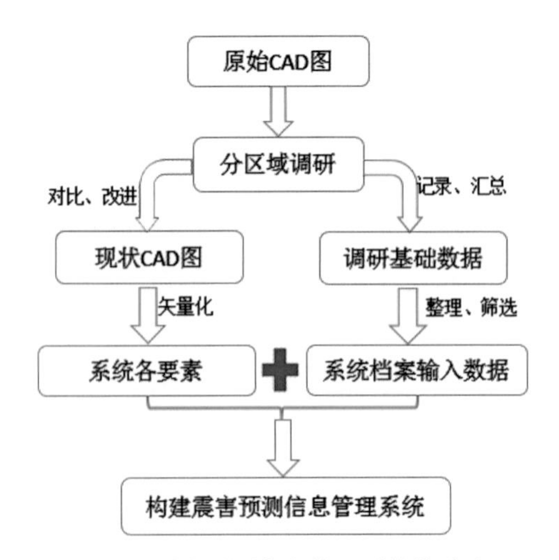

图 5.23　震害预测信息管理系统构建流程

5.5.1　现场调研

现场调研是建立系统过程中一项必不可少的基础工作，通常需分组进行，每组 1 ~ 2 人。开展现场调研工作之前应在以下几方面做好准备工作。

（1）调研分组。

根据地形和房屋分布情况，在 CAD 电子地形图上划分出各小组的调研范围，以便有针对性的开展工作。

（2）房屋现状调查表。

需要填写的房屋现状调查表（表 5.1）包括所调查房屋的基本信息、建造细节、现状情况等，表格填好后还应进行拍照，拍照时先拍摄表格，再拍摄房屋，包括房屋整体状况的照片和存在问题处的照片，拍完后在表格中记录照片编号，以便数据整理时进行对应。

（3）随身便携的勘测仪器。

包括砂浆强度回弹仪、测距仪、卷尺、改锥、钢板尺或塞尺等。

5.5.2　建立村落和民居基础信息管理数据库

5.5.2.1　CAD 图矢量化

震害预测信息管理系统拥有独立图形平台，能读入 CAD 生成的 dxf 文件。为了将 CAD 地形图中的房屋、道路、水系、广场等各要素在系统图形平台中得到体现，需对 CAD 图进行矢量化处理，即将上述各要素按图层区分，并转化为封闭的多段线，最后存为 dxf 文件，以被系统读取。房屋为例的图形矢量化及转化过程如图 5.24 所示。

5.5.2.2　调研数据处理

将现场调研得到的调研表数据择项录入 Excel，生成可以直接输入系统的数据（图 5.25），作为系统的档案信息。

5.5.2.3　数据库建立

将 CAD 地形图中各要素读入系统，录入档案数据，建立图形与档案的一一对应关系，建立建外街道基础信息数据库，系统可进行该区域内的建筑信息管理与震害预测，如图 5.26 所示。

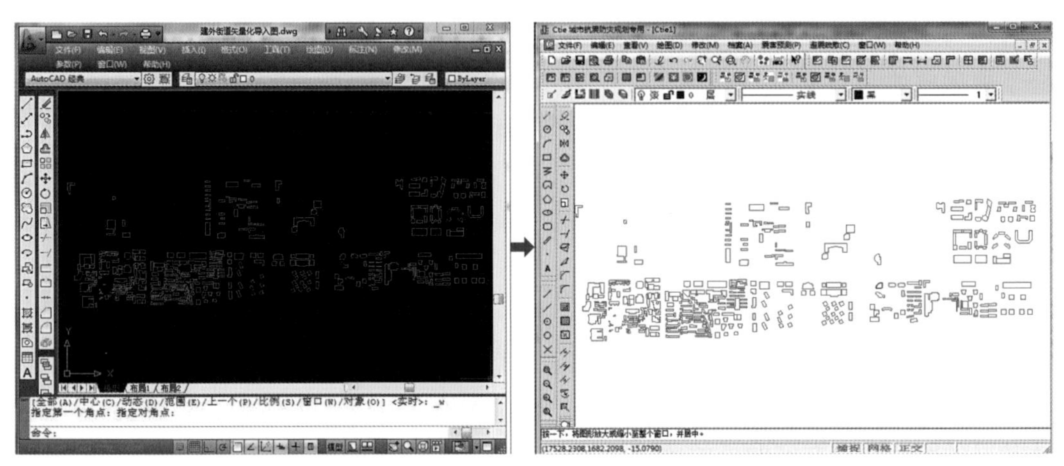

CAD 中房屋矢量化图　　　　传统民居信息管理系统读取 dxf 文件

图 5.24　房屋为例的图形矢量化及转化过程

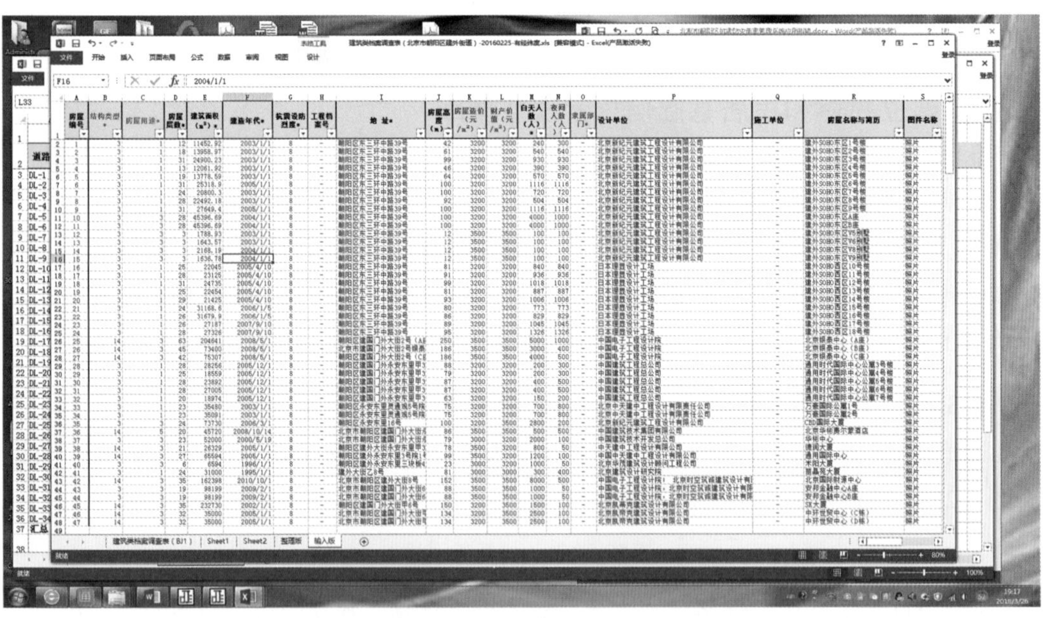

图 5.25　传统民居信息管理系统录入数据

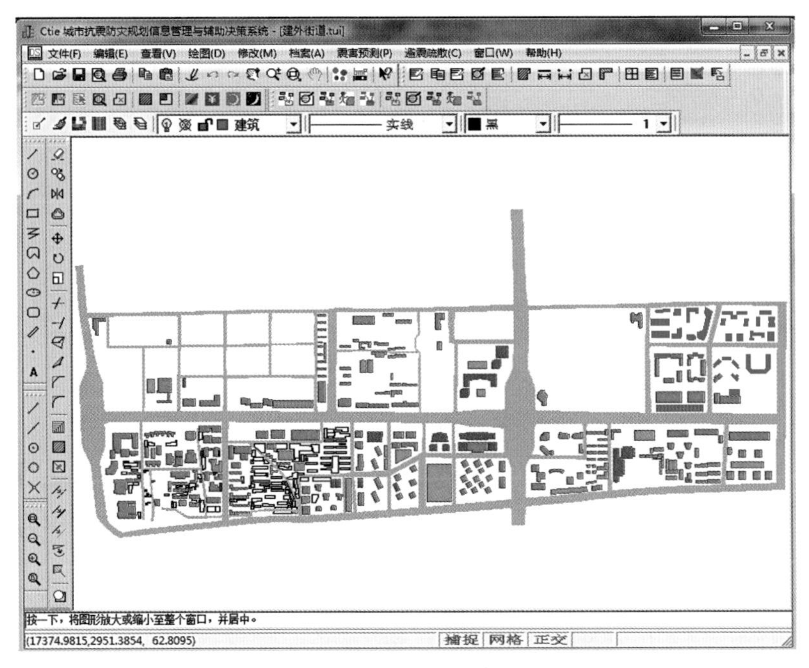

图 5.26　建外街道震害预测信息管理系统

5.5.3　建筑动态管理

通过调研、数据收集并输入系统、建立数据库后，可实现房屋建筑的可视化、动态化管理，常用的两种功能简述如下。

5.5.3.1　档案操作

可进行建筑档案信息数据的输入、查询、修改、删除等操作（图 5.27），并具有档案数据统计功能，可分别按照结构类型、用途、层数、建造年代等对房屋进行统计（图 5.28），便于建设管理部门及时了解城市发展现状。

从图 5.28 可见，建外街道框剪结构住宅共有 115 栋，同时还可按房屋建筑面积、设防栋数和设防面积等进行查询和统计。

点击“档案统计存入文本文件”可自动生成建外街道的建筑统计资料（图 5.29），文件中包括按房屋结构类型、用途、层数、建造年代等的分类和合计统计结果，从文本中可以看到建外街道共调研建筑 289 栋，结构类型以砖混和框剪为主，用途上以住宅和办公为主。

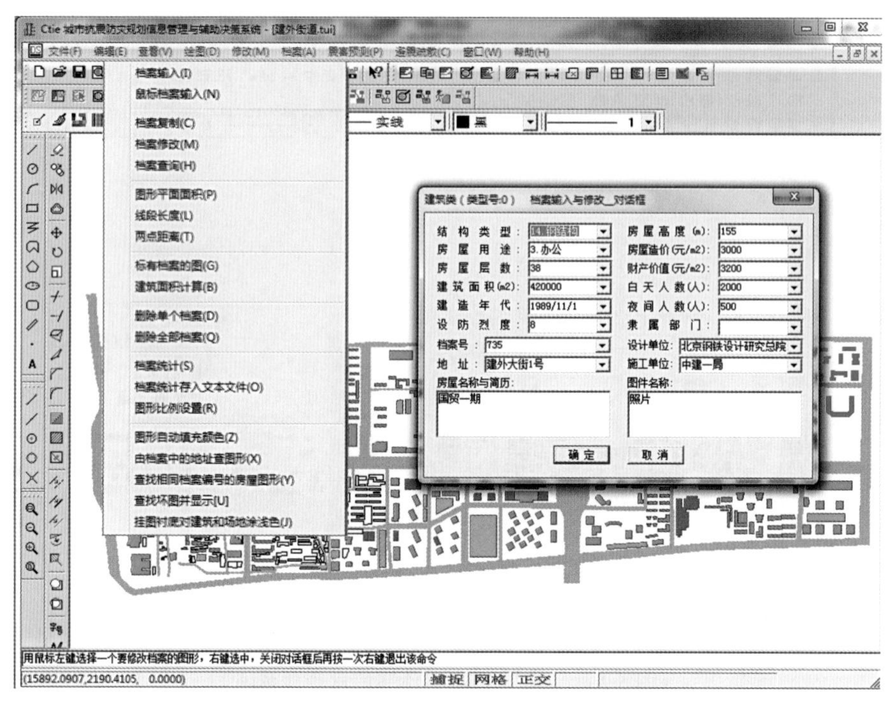

图 5.27　档案操作菜单与档案修改对话框

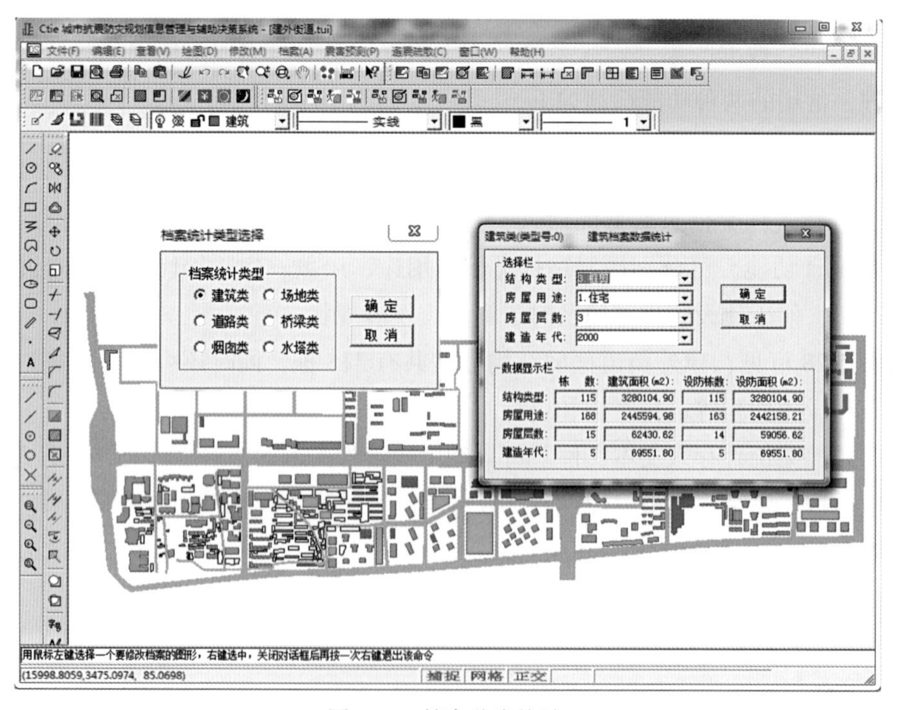

图 5.28　档案分类统计

建筑统计结果文件.txt - 记事本

文件(F)　编辑(E)　格式(O)　查看(V)　帮助(H)

按结构类型统计结果

结构类型	总栋数	总面积（m2）	设防栋数（含加固）	设防面积（m2，含加固）	设防所占比例（%）
1.砖混　:	99	306434.05	97	299851.65	97.85
2.框架　:	23	210546.26	23	210546.26	100.00
3.框剪　:	115	3280104.90	115	3280104.90	100.00
4.剪力墙　:	23	1101545.02	23	1101545.02	100.00
5.砼筒体　:	4	179640.98	4	179640.98	100.00
6.一层底框　:	0	0.00	0	0.00	0.00
7.二层底框　:	0	0.00	0	0.00	0.00
8.内框架　:	0	0.00	0	0.00	0.00
9.RC柱排架　:	0	0.00	0	0.00	0.00
10.砖柱排架　:	0	0.00	0	0.00	0.00
11.石结构　:	0	0.00	0	0.00	0.00
12.砖木　:	4	228.37	0	0.00	0.00
13.土木　:	0	0.00	0	0.00	0.00
14.钢结构　:	21	2262416.60	21	2262416.60	100.00
15.空间结构　:	0	0.00	0	0.00	0.00
16.其他结构　:	0	0.00	0	0.00	0.00
合　计　:	289	7340916.18	283	7334105.41	99.91

按房屋用途统计结果

用　途	总栋数	总面积（m2）	设防栋数（含加固）	设防面积（m2，含加固）	设防所占比例（%）
1.住宅	168	2445594.98	163	2442158.21	99.86
2.教学	2	1762.14	2	1762.14	100.00
3.办公	87	4508862.26	87	4508862.26	100.00
4.门诊	0	0.00	0	0.00	0.00
5.旅馆	13	235145.71	12	231771.71	98.57
6.饭店	1	2640.00	1	2640.00	100.00
7.礼堂	0	0.00	0	0.00	0.00
……					
55.其他	0	0.00	0	0.00	0.00
合　计　:	289	7340916.18	283	7334105.41	99.91

按房屋层数统计结果

层　数	总栋数	总面积（m2）	设防栋数（含加固）	设防面积（m2，含加固）	设防所占比例（%）
1.层	14	5621.91	10	5393.54	95.94
2.层	7	12138.70	7	12138.70	100.00
3.层	15	62430.62	14	59056.62	94.60
4.层	12	42447.03	12	42447.03	100.00
5.层	37	171130.66	36	167922.26	98.13
6.层	43	175412.75	43	175412.75	100.00
7.层	4	81645.05	4	81645.05	100.00
8.层	5	104809.73	5	104809.73	100.00
……					
合　计　:	289	7340916.18	283	7334105.41	99.91

按房屋年代统计结果

年　代	总栋数	总面积（m2）	设防栋数（含加固）	设防面积（m2，含加固）	设防所占比例（%）
1980年	3	9218.30	3	9218.30	100.00
1982年	4	12178.72	4	12178.72	100.00
1983年	1	5967.70	1	5967.70	100.00
1985年	1	62247.00	1	62247.00	100.00
1986年	5	11454.27	5	11454.27	100.00
1987年	4	32624.00	4	32624.00	100.00
1988年	8	162273.68	8	162273.68	100.00
1989年	6	523958.00	6	523958.00	100.00
1990年	10	131973.16	10	131973.16	100.00
1992年	6	79895.20	6	79895.20	100.00
1993年	1	3411.76	1	3411.76	100.00
1994年	1	8534.00	1	8534.00	100.00
1995年	7	147447.65	7	147447.65	100.00
1996年	3	62349.31	3	62349.31	100.00
1997年	2	36700.00	2	36700.00	100.00
1998年	4	136537.56	4	136537.56	100.00
1999年	12	525977.08	12	525977.08	100.00
2000年	9	176158.03	9	176158.03	100.00
……					
合　计　:	289	7340916.18	283	7334105.41	99.91

图 5.29　统计文本文件（部分）

5.5.3.2 抗震能力评定

系统可对输入档案信息的房屋进行抗震能力评定，评定结果保存在各个房屋的档案中，与图形相对应。评定可按当地抗震设防的“基本烈度”和“高一烈度”两种情况进行，“高一烈度”即高于“基本烈度”一度的烈度。评定后可查看结果分布情况，包括某一烈度下的破坏比例分布以及房屋破坏程度的图形分布（图 5.30）。

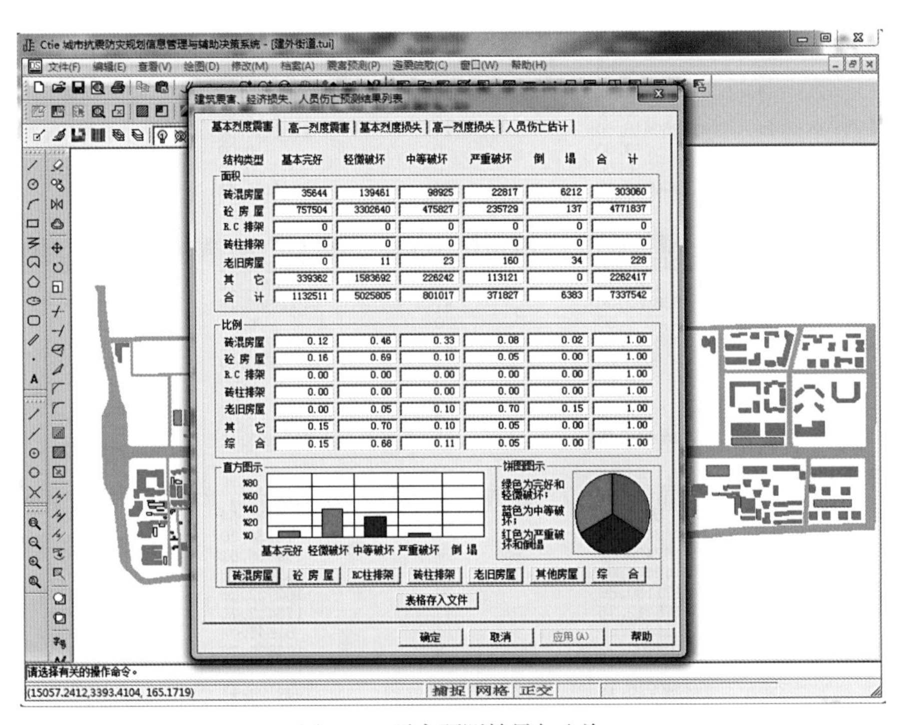

图 5.30 震害预测结果与查询

第6章　重点单体建筑物的抗震性能评估

6.1　重点单体建筑物抗震行性能评估概述

北京地震灾害情景构建，是在开展不同设定地震和不同概率水准下的地震危险性分析和地震灾害风险评估工作的基础上，构建从市、区、街道到单体建筑物的多维度、不同精度的情景，为工程设防、地震地质灾害防治、应急准备、应急能力提升、地震应急辅助决策等工作服务。前面的章节介绍了全市基于公里网格的群体震害预测和以朝阳区及区内的十八里店乡和建外街道为示范的街道的震害预测工作。北京作为国际大都市，建筑物分布密集，结构类型繁多，各类工程结构抗震能力存在明显差异。一些重点单体建筑物，在震时可能对地震灾害产生重大影响，也可能成为地震时的室内应急避难场所。对这些重点单体建筑物进行抗震性能评估，是地震灾害情景构建工作的重要组成部分。

在此项工作开展的初期，我们选择了 CBD 地区最具代表性的超限高层建筑、最高的钢结构建筑和亚运村地区的代表性体育场馆三个重点单体建筑物作为分析对象，收集了详细的建筑物资料，进行建模和抗震性能评估。

6.2　超限高层建筑抗震性能初步评估

6.2.1　工程概况

工程为筒中筒结构，地上 74 层，带 4 层地下室，结构总高度为 330m，其中 ±0.0 以上平均层高为 4.25m。该工程的地震设防烈度为Ⅷ度，设计基本地震加速度为 0.2g。场地土类别为二类，结构阻尼比取 5%，结构三维轴侧图、结构标准层平面图如图 6.1 所示。

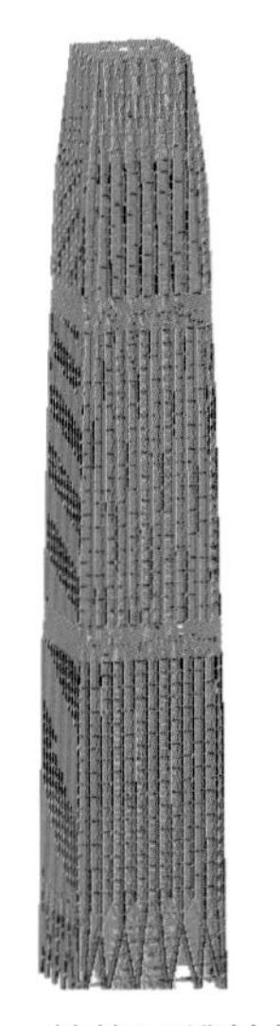

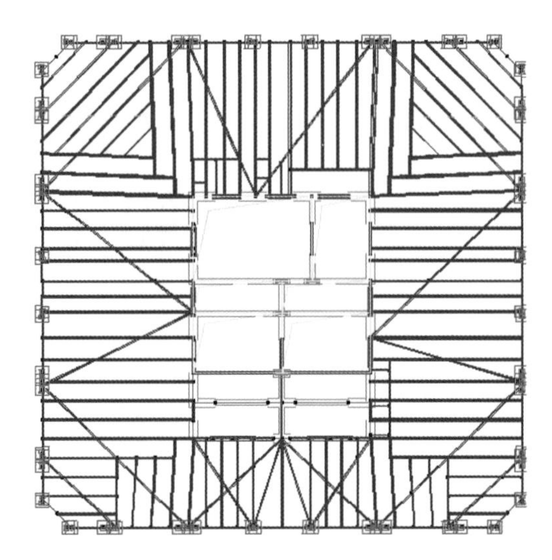

（a） 结构三维轴侧图　　　　（b） 第五层结构平面图

图 6.1　超限高层建筑筒中筒结构

6.2.2　SATWE 与 PMSAP 计算

对此工程，首先采用 SATWE 软件进行计算，其计算结果如下：

① 周期比主要控制结构扭转效应，减小扭转对结构产生的不利影响，使结构的抗扭刚度不能太弱。因为当两者接近时，由于振动偶联的影响，结构的扭转效应将明显增大。本模型中结构周期比远小于规范限值 0.85，表明结构扭转效应小，且结构 *X* 向、*Y* 向的前 90 阶振型有效质量系数均大于 90%，满足规范要求。结构自振周期计算结果如表 6.1 所示：

表 6.1　结构自振周期计算结果

振型号	周期	平动系数（X+Y）	扭转系数	扭转与平动周期比	是否满足规范要求
1	6.1977	1.00（0.73+0.27）	0.00	0.564	满足
2	6.1114	1.00（0.27+0.73）	0.00	0.572	满足
3	3.4971	0.00（0.00+0.00）	1.00	—	—

② 偶然偏心作用下 *X* 向最大层间位移比为 1.23，对应的层号为第 1 层；*Y* 向最大层间位移比为 1.14，对应的层号为第 7 层；结构位移比满足规范要求，可以有效保证主体结构基本处于弹性受力状态，避免混凝土墙柱出现裂缝，控制楼面梁板的裂缝数量、宽度；保证填充墙、隔墙、幕墙等非结构构件的完好，避免产生明显的损坏；控制结构平面规则性，以免形成扭转，对结构产生不利影响（图 6.2）。

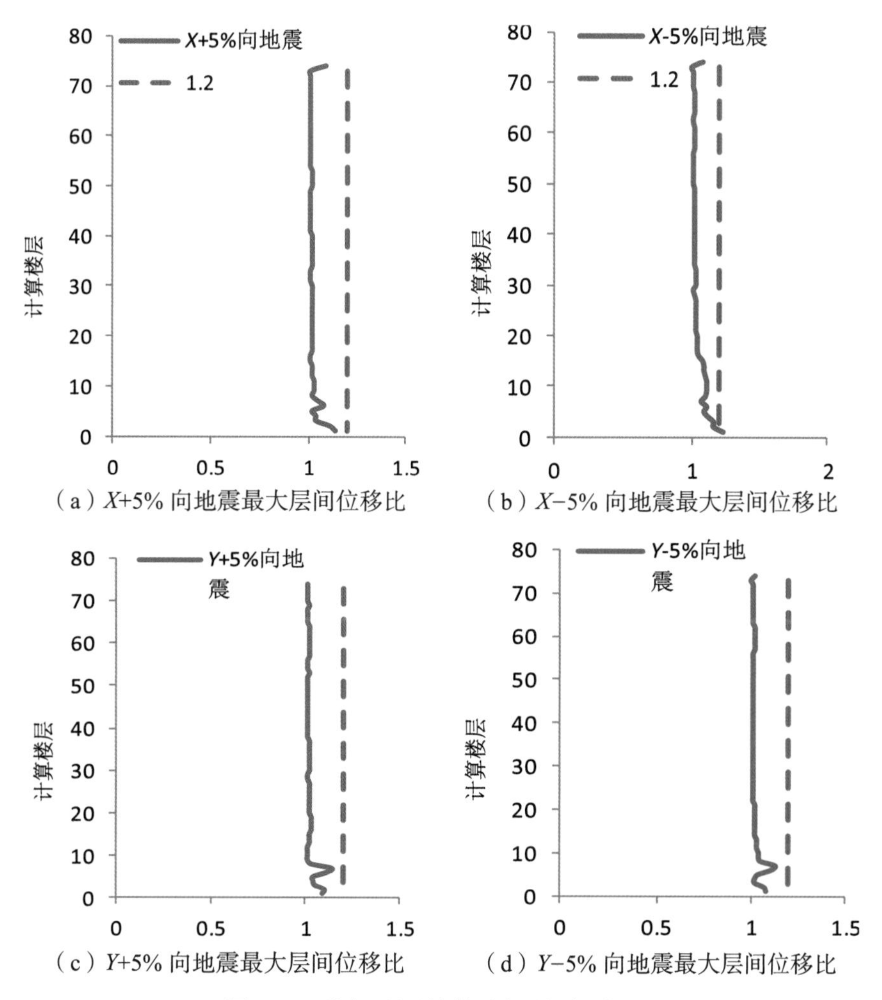

（a）X+5% 向地震最大层间位移比　（b）X−5% 向地震最大层间位移比

（c）Y+5% 向地震最大层间位移比　（d）Y−5% 向地震最大层间位移比

图 6.2　不同工况下结构最大层间侧移比

③ SATWE 软件计算的在地震作用下 X、Y 方向的最大层间位移角分别是第 59 层的 1/472 和 37 层的 1/485（规范要求高度不小于 250 的高层建筑其楼层最大层间位移角的比值不宜大于 1/500），层间位移角曲线整体变化均匀，在 27−28，53−54 的伸臂桁架处层间位移角有明显减少的趋势，该处侧向刚度增大，能起到调节剪力滞后的作用。这两个方向的最大层间位移角曲线如图 6.3 示。

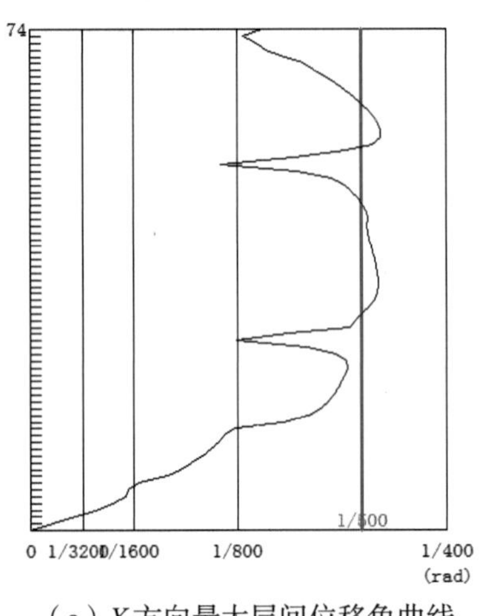

（a）X 方向最大层间位移角曲线

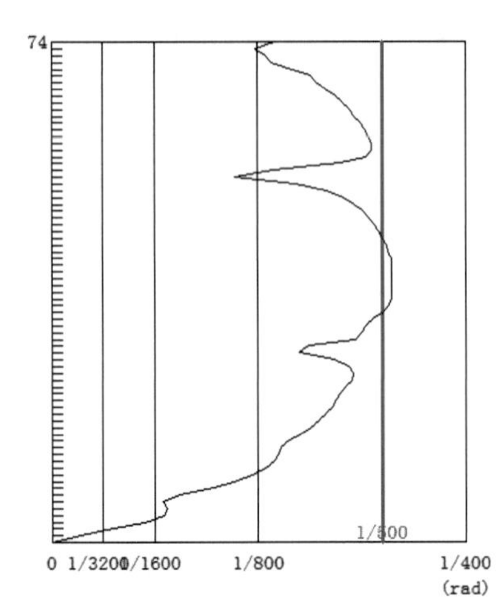

（b）Y 方向最大层间位移角曲线

图 6.3　最大层间位移角曲线

④ 规范规定剪重比计算，主要是因为在长周期作用下，地震影响系数下降较快，对于基本周期大于 3.5s 的结构，由此计算出来的水平地震作用下的结构效应有可能太小。而对于长周期结构，地震动态作用下的地面运动速度和位移可能对结构有更大的破坏作用，而振型分解反应谱法尚无法对此作出较准确的计算。出于安全考虑，规范规定了各楼层水平地震剪力的最小值，该值如不满足要求，说明结构有可能出现比较明显的薄弱部位，需进行调整。本工程地震力未放大前计算分析得到的剪力系数为 2.02%，不满足规范要求（2.4%），采用对剪重比进行调整。如图 6.4 所示。

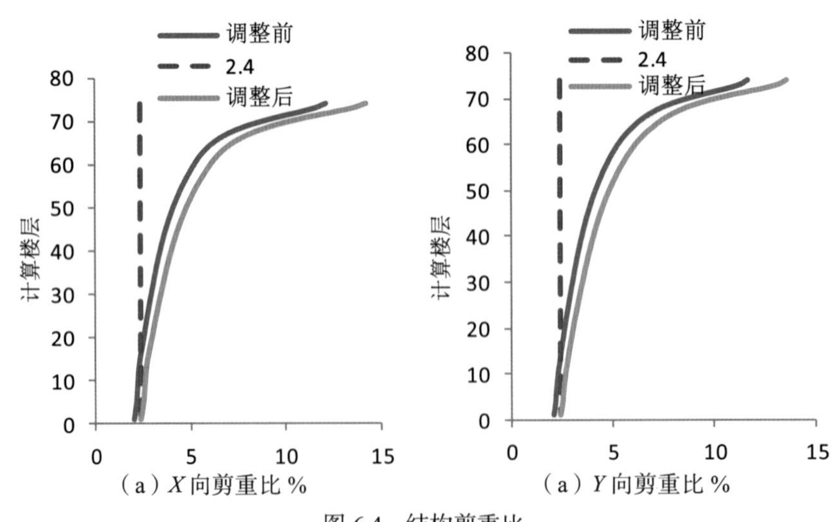

（a）X 向剪重比 %　　（a）Y 向剪重比 %

图 6.4　结构剪重比

⑤ 楼层剪力分布合理，且风荷载作用下的基底剪力小于地震作用下的基底剪力。如图 6.5 所示。

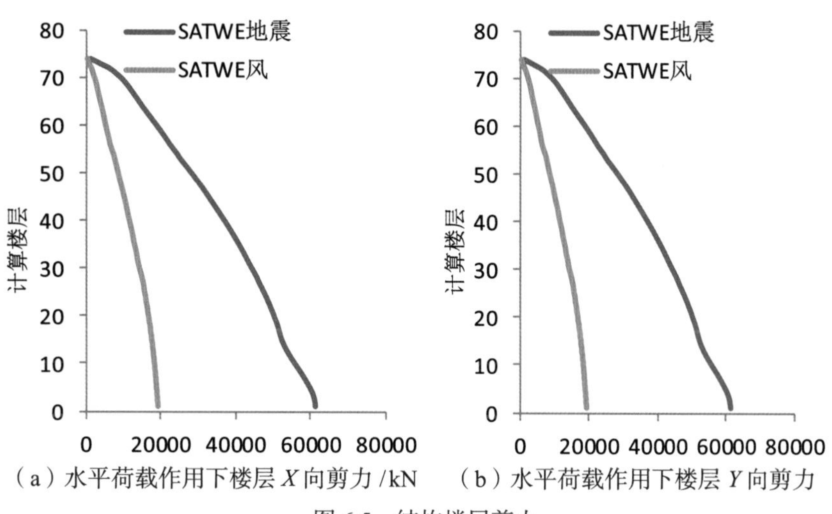

（a）水平荷载作用下楼层 X 向剪力 /kN　（b）水平荷载作用下楼层 Y 向剪力

图 6.5　结构楼层剪力

⑥ 核心筒柱剪力在局部楼层（第 6、29、54 层）有突变（薄弱层附近），也由于转换层和部分楼层新建了较多角度大于 20° 的斜杆，承担了较多剪力（由于大于 20°，不计入框架柱的剪力）。如图 6.6 所示。

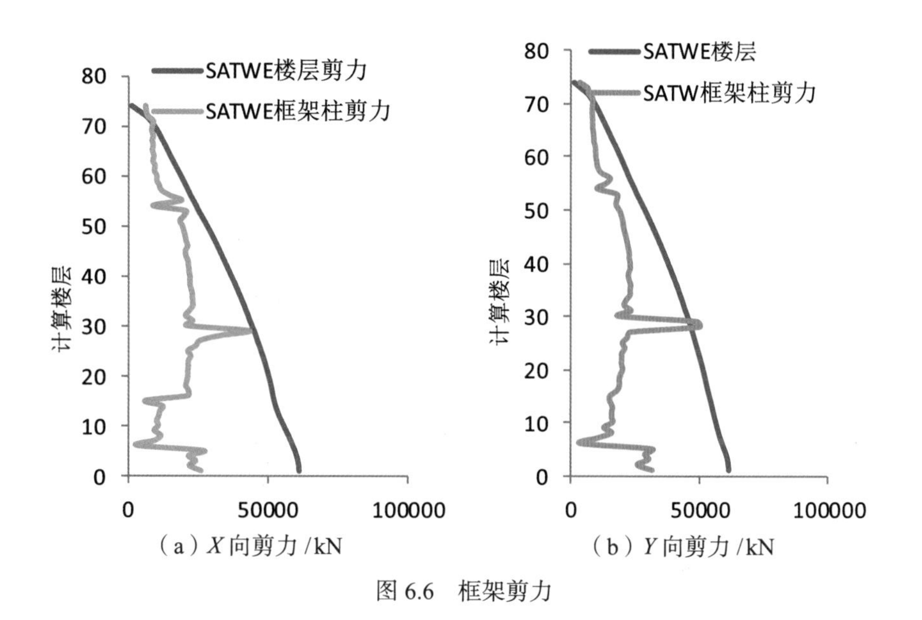

（a）X 向剪力 /kN　（b）Y 向剪力 /kN

图 6.6　框架剪力

⑦ 模型外框筒柱采用斜杆建模，由于斜杆角度小于 20°，故 PKPM 中默认外框筒的斜杆为斜柱，计入柱的内力中。底层核心筒柱布置较少，倾覆力矩基本由外框筒斜柱承担，两者之和占总倾覆力矩的 48.28%。承担主要的倾覆力矩，符合筒中筒结构的特点。如图 6.7 所示。

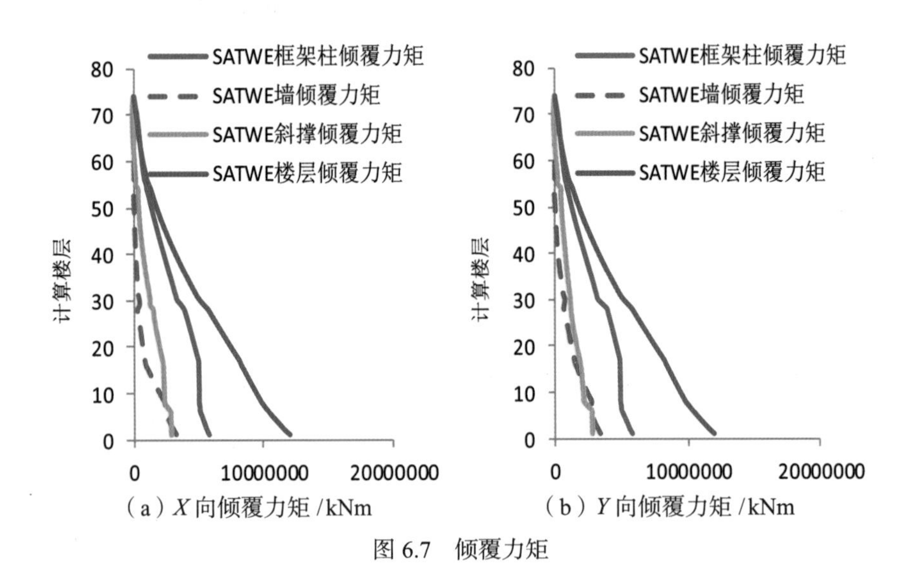

（a）X 向倾覆力矩 /kNm　　（b）Y 向倾覆力矩 /kNm

图 6.7　倾覆力矩

⑧ 刚度比主要为了控制高层结构的竖向规则性，以免竖向刚度突变，形成薄弱层。作为嵌固层的 1 层侧向刚度比大于 1.5；其余楼层的侧向刚度比均大于 0.9，竖向刚度较均匀，但在 5、13、27、54 层附近有局部突变。如图 6.8、图 6.9 所示。

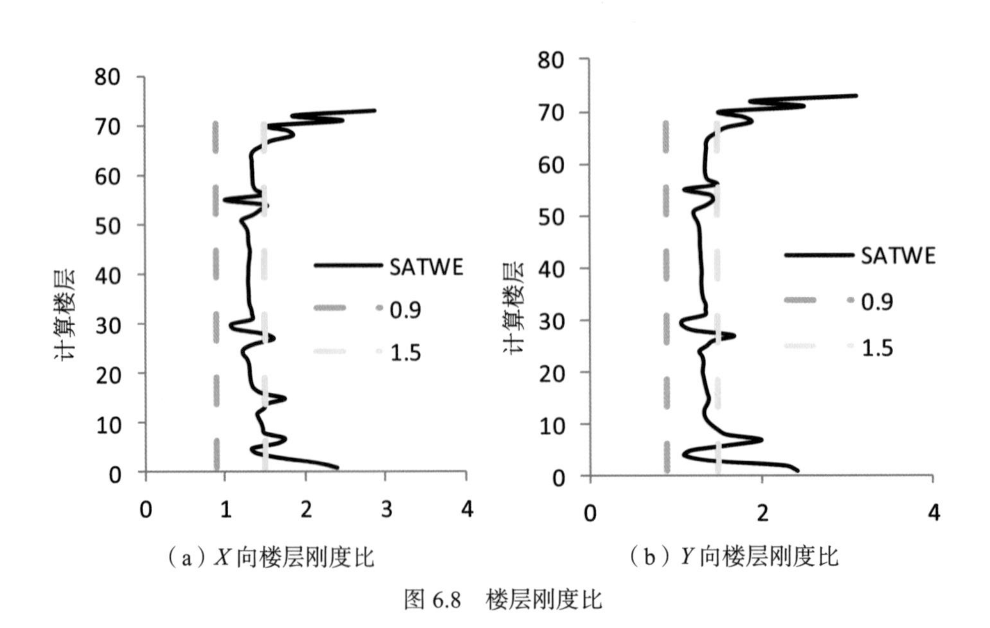

（a）X 向楼层刚度比　　（b）Y 向楼层刚度比

图 6.8　楼层刚度比

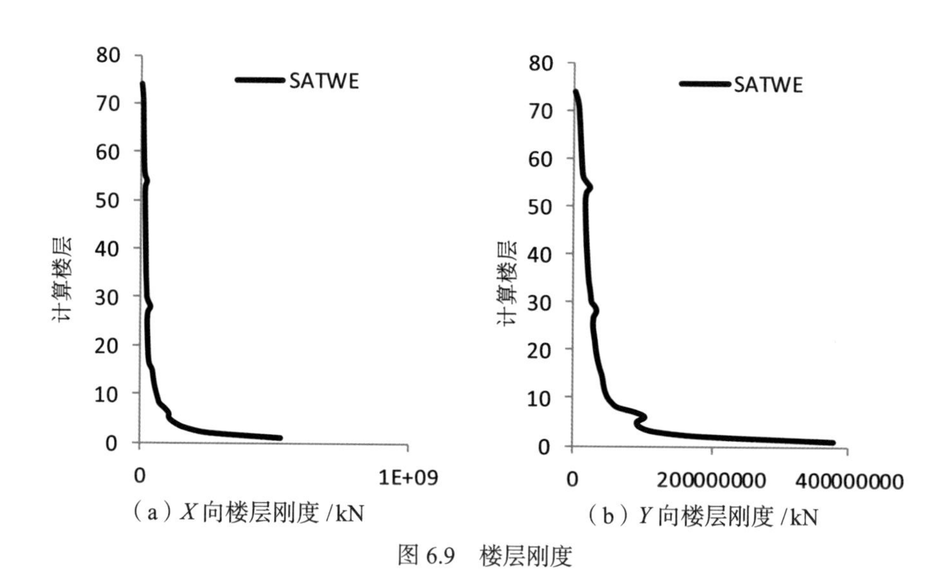

（a）X 向楼层刚度 /kN　　（b）Y 向楼层刚度 /kN

图 6.9　楼层刚度

⑨ 层间受剪承载力的计算与砼强度、实配钢筋面积等因素有关。本模型楼层受剪承载力较为均匀，大部分楼层受剪承载力比均大于 0.80（第 55 层为 0.34，不满足规范要求）。第 55 层与上一层的承载力之比小于 0.8，则说明该层为薄弱层，需要加强。如图 6.10、图 6.11 所示。

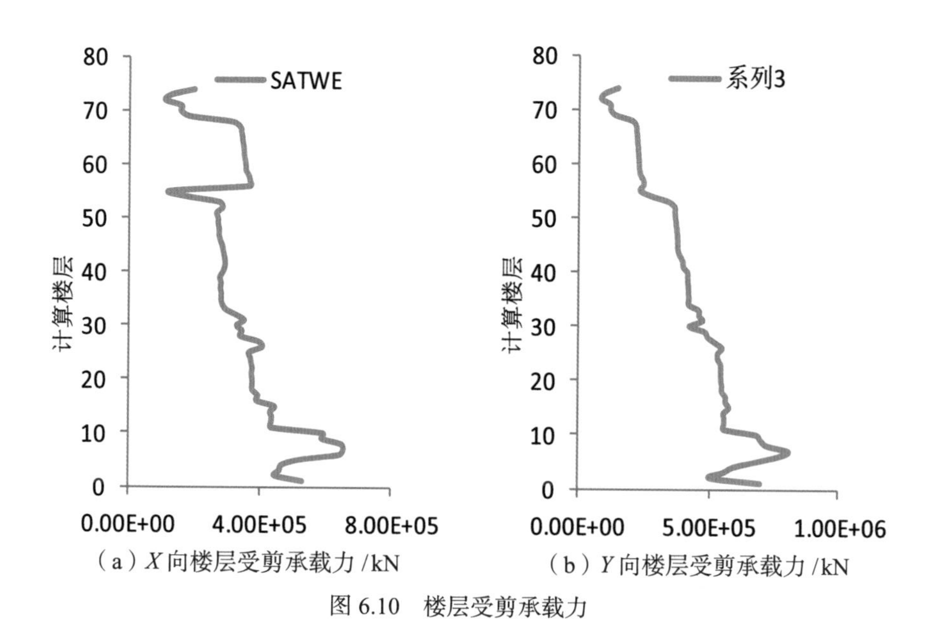

（a）X 向楼层受剪承载力 /kN　　（b）Y 向楼层受剪承载力 /kN

图 6.10　楼层受剪承载力

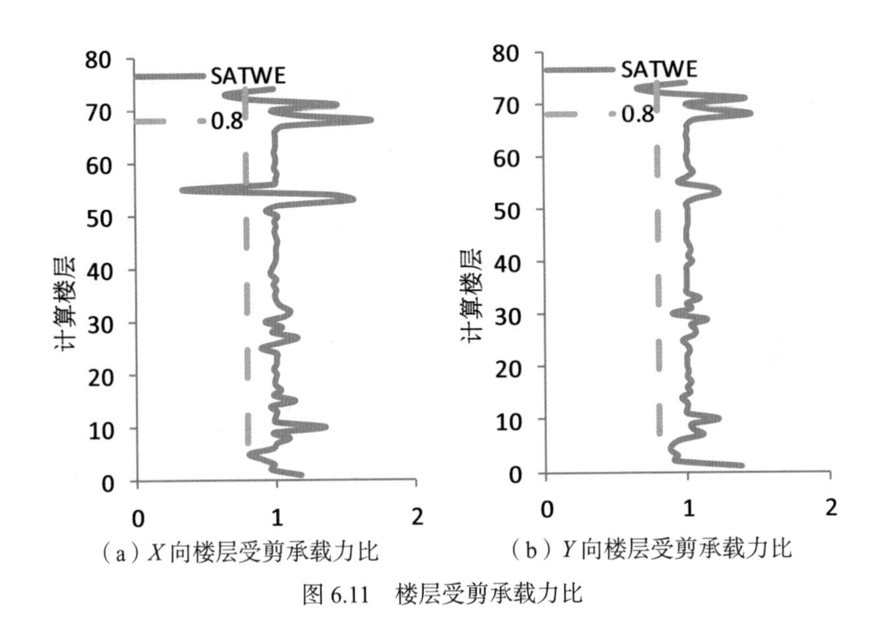

（a）*X* 向楼层受剪承载力比　　（b）*Y* 向楼层受剪承载力比

图 6.11　楼层受剪承载力比

⑩ 结构薄弱层的判断：采用地震剪力与地震层间位移比计算层间刚度比，程序判断第 5、27、55 层为薄弱层。

⑪ 刚重比是影响重力二阶（*P-Δ*）效应的主要参数，且重力二阶效应随着结构刚重比的降低呈双曲线关系增加。高层建筑在风荷载或水平地震作用下，若重力二阶效应过大则会引起结构的失稳倒塌，故控制好结构的刚重比，则可以控制结构不失去稳定。本模型 *X*、*Y* 方向刚重比均大于 1.4，能够通过《高层建筑混凝土结构技术规程 JGJ-3-2010》（5.4.4 条）的整体稳定验算，且刚重比均小于 2.7，弹性计算时应考虑重力二阶效应的不利影响。见表 6.2。

表 6.2　模型刚重比

软件	STAWE		PMCAD	
刚重比 EJ_d/GH^2	*X* 方向	*Y* 方向	*X* 方向	*Y* 方向
	2.22	2.26	1.75	1.78

6.2.3　弹性动力时程分析的计算

6.2.3.1　地震波的选取

此时弹性动力时程分析的目的是选取合适的进行弹塑性动力时程分析的地震波，如果实际结构需要进行弹性时程分析，则特征周期的选取应该按照相关规范规定进行。

查 SATWE 软件输出的“周期、振型、地震力”文本文件（WZQ.OUT），得本工程 *X* 向基底剪力为 51673.70kN，*Y* 向基底剪力为 51790.64kN。

该工程场地土为 2 类场地土，其对应的特征周期 T=0.35s，根据“抗震规范”第 5.1.4 条的规定：计算 8、9 度罕遇地震作用时，特征周期应增加 0.05s，因此取特征周期 T=0.4s 左右。根据这两个条件，选择一条人工波为 RH1TG040，两条天然波分别为 TH1TG040 和 TH1TG045，人工波的地震放大系数取 1.1，地震波的地震放大系数取 1.22。经计算得出这三条波及平均基底剪力在 X、Y 向所计算的基底剪力如表 6.3 所示：

表 6.3　基地反力

地震波名	X 向基底剪力 / kN	V_x / V_{cx}	Y 向基底剪力 / kN	V_y / V_{cy}
RH1TG040	42895.8	0.83	44432.9	0.86
TH1TG040	37555.1	0.73	41274.2	0.80
TH1TG045	43158.0	0.84	32875.5	0.63
平均基底剪力	41203.0	0.80	39527.5	0.76
CQC	51673.70	—	51790.64	—

注：V_x / V_{cx}、V_y / V_{cy} 分别表示各地震波及平均基底剪力与 CQC 法得到的基底剪力的百分比。

根据《建筑抗震设计规范》（GB 50011-2001）（后文简称“抗规”）第 5.1.2 条第 3 款的规定可知，所选择的地震波均满足规范要求。（弹性时程分析时，每条时程曲线计算所得结构底部剪力不应小于振型分解反应谱法计算结果的 65%，多条时程曲线计算所得结构底部剪力的平均值不应小于振型分解反应谱法计算结果的 80%）。

6.2.3.2　计算结果分析

从表 6.3 可知，采用弹性动力时程分析的计算结果均小于振型分解反映谱法的计算结果，由此可知，振型分解法的计算结果满足要求。主向最大层间位移角包络值为 1/639，Y 主向为 1/688，均小于按照“抗规”规定计算所得限值 1/500。层间位移角曲线整体变化均匀，在 27-28，53-54 的伸臂桁架处层间位移角有明显减少的趋势，该出侧向刚度增大，能起到调节剪力滞后的作用。

6.2.3.3　位移比与层间位移角

在 X 向、Y 向地震力作用下三条地震波及平均基底剪力计算的最大层间位移比如表 6.4 所示：

表 6.4　三条地震波及平均基底剪力计算的最大层间位移比的计算结果

地震波名	X 向	所对应的层号	Y 向	所对应的层号
RH1TG040	1.57	74	1.80	74
TH1TG040	1.425	74	1.60	74
TH1TG045	1.70	74	1.85	74
平均基底剪力	1.54	74	1.74	74

对于 CQC 法，在 *X* 向和 *Y* 向结构的最大层间位移比主要出现在第 1 层，对于时程分析法则主要出现在 74 层（表 6.5，图 6.12）。

表 6.5　三条地震波及平均基底剪力计算的最大层间位移角

地震波名	X 向	Y 向
RH1TG040	1/640	1/688
TH2TG040	1/938	1/881
TH1TG045	1/940	1/1104
平均最大层间位移角	1/858	1/902

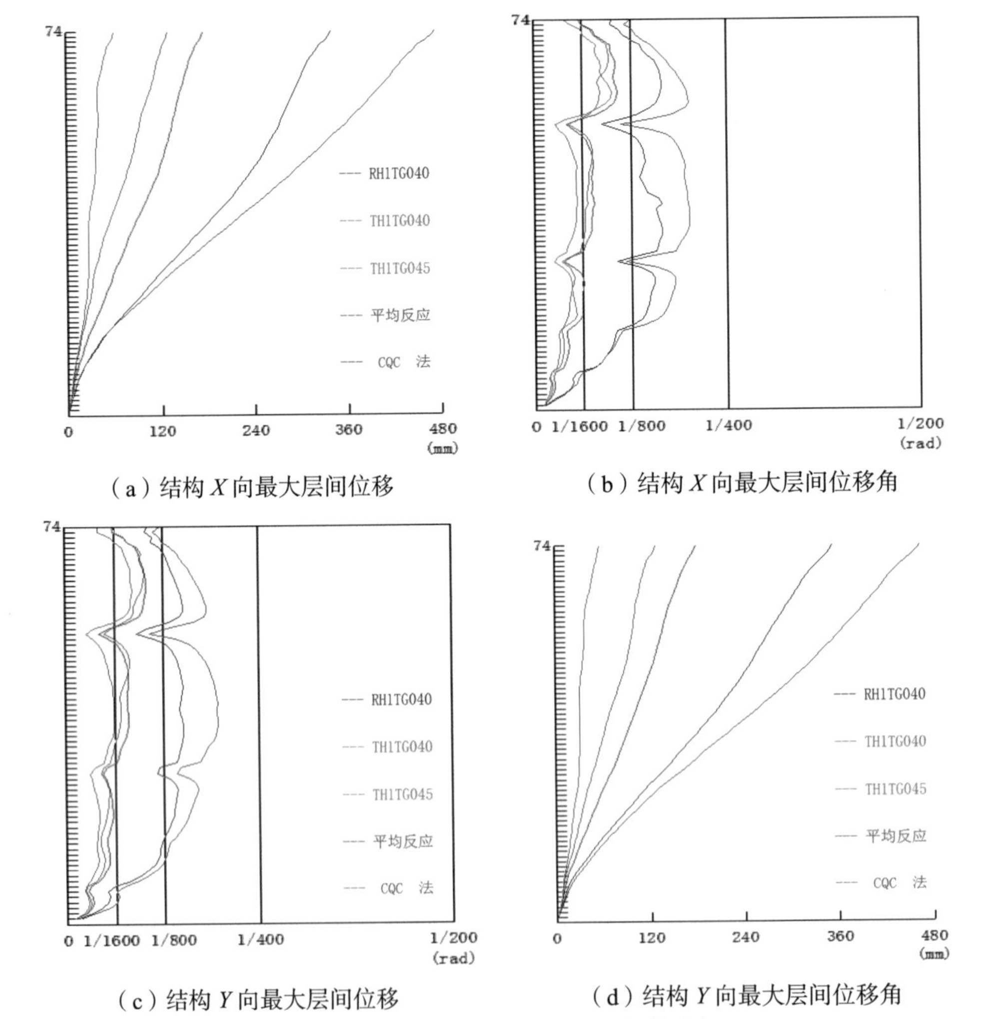

（a）结构 *X* 向最大层间位移　（b）结构 *X* 向最大层间位移角

（c）结构 *Y* 向最大层间位移　（d）结构 *Y* 向最大层间位移角

图 6.12　结构最大层间位移和层间位移角

主向最大层间位移角包络值为 1/639，*Y* 主向为 1/688，均小于按照“抗规”规定计算所得限值 1/500。

6.2.4　总结

① 分析以上数据可知，该工程的剪力墙核心筒位于结构的中部，平面布置和水平刚度分布明均匀。在 27−28，53−54 的伸臂桁架处，楼层侧移刚度有提高，且能对剪力滞后有一定的调节作用。对于 CQC 法，在 X 向和 Y 向结构的最大层间位移比主要出现在第 1 层，对于时程分析法则主要出现在 74 层；对于两种方法，底部和顶部的位移比均较大，中间变化均匀，且均小于 1.2，计算结果基本控制在规范规定的一定范围内，这说明在 X 和 Y 向结构的位移及抗扭转效应都比较好。

② 在与薄弱层相邻的一定层数范围内（5、27、53 层），最大层间位移比、抗剪承载力、楼层侧向刚度都有局部突变。特别是 55 层的抗剪承载力下降较多，需要加强。

③ 部分构件存在轴压比，剪切比超限，需对构件截面进行调整，以提高构件的延性，增强构件在地震作用下的耗能能力。

④ 反应谱法计算结构其最大层间位移角为 1/472，不满足规范要求。弹性动力时程分析时，所选用的三组地震记录在乘以放大系数后才能满足规范的选波要求；更合理的做法应是通过调整结构刚度，而非提高设防烈度；所计算的平均最大层间位移角为 1/639，满足规范要求。

6.3　代表性体育场馆抗震性能初步评估

6.3.1　工程概况

工程为框剪结构，结构分为两层看台、屋盖、混凝土筒体，总高度为 60m。以地面 ±0.0 为标准地面，首层高度为 3.69m，第 2 层高度为 5.01m，第 3 层屋盖支撑柱层高 3.81m，第 4 层屋盖层高 18.79m，两边混凝土筒体为 60m，属于 A 级建筑物。该工程的设防烈度为Ⅷ度，设计基本地震加速为 0.2g，场地类别为 III 类。结构的阻尼比按材料分区分别取型钢混凝土 5%，混凝土 5%，钢 2%。工程模型的轴测图及底层平面图如图 6.13 所示。

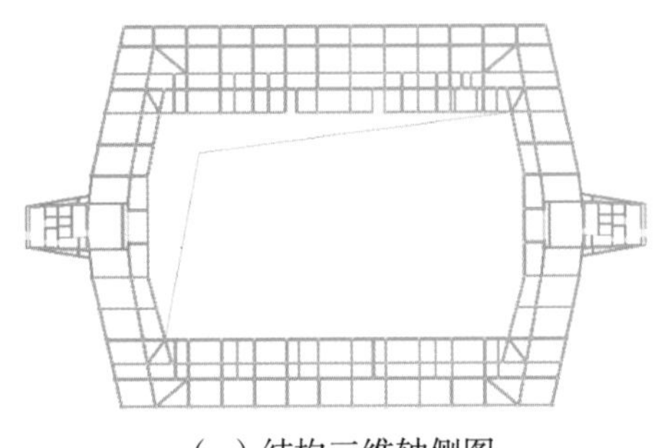

（a）结构三维轴侧图

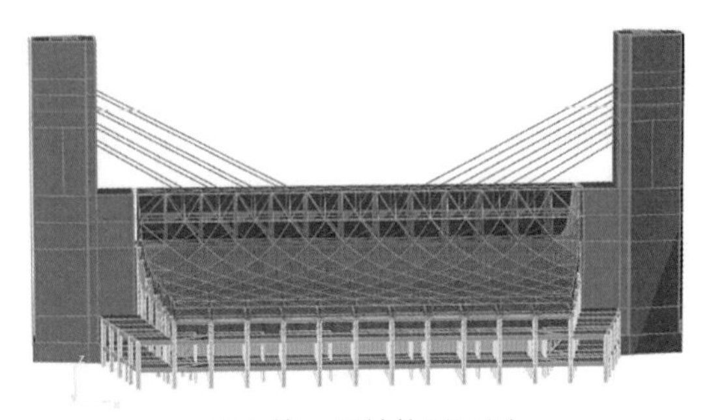

（b）第一层结构平面图

图 6.13　结构轴测图及底层平面图

6.3.2　反应谱法分析

6.3.2.1　模型的主要参数设定

模型的主要参数设定见表 6.6。

表 6.6　模型的主要参数设定

项目	输入参数
结构类型	框剪结构
水平力夹角	89.360°
地震效应计算信息	考虑偶然偏心（偏心距 0.05）
振型组合数	18
恒活荷载计算信息	一次性加载
周期折减系数	0.8
结构阻尼比（%）	按材料分区：钢 2%；型钢混凝土 5%；混凝土 5%
特征周期	0.45
地震影响系数最大值	0.16
中梁刚度放大系数	梁刚度放大系数按 10《砼规》5.2.4 条取值
结构材料	钢与混凝土混合结构
连梁刚度折减系数（地震）	0.7
0.2Q0 调整	是
重力二阶效应	不考虑 P-Δ 效应

6.3.2.2　CQC 法计算结果

（1）振型与周期比。

周期比即为结构扭转为主的第一自振周期（第一扭转周期）与平动为主的第一自振周期的比值。周期比主要控制结构的扭转效应，减小扭转对结构产生的不利影响，使结构的抗扭刚度不能太弱，因为当两者接近时，由于振动偶联的影响，结构的扭转效应将明显增大。

对于该工程，首先采用前处理及计算模块进行计算，结构的振型数取 18，取其中前 6 个振型的自振周期计算，结果如表 6.7 所示。

表 6.7　结构自振周期计算结果

振型号	周期	平动系数 / X+Y	扭转系数	X 方向的基底剪力 / kN	Y 方向的基底剪力 / kN
1	0.5928	1.00（0.00+1.00）	0.00	1.90	15213.34
2	0.5412	0.00（0.00+0.00）	1.00	19.62	27.00
3	0.4183	1.00（1.00+0.00）	0.00	20080.16	1.76
4	0.3643	1.0（0.00+1.00）	0.00	0.05	215.22
5	0.3626	1.0（0.00+1.00）	0.00	0.65	0.89
6	0.3511	1.0（0.00+1.00）	0.00	0.26	3006.08

经过计算得到地震作用的最大方向为 89.007°；结构在第 2 振型时候发生扭转，且周期比 T_1/T_2 为 0.91 > 0.90，表明结构的扭转效应大，不满足规范周期比要求。*X* 向平动振型参与质量系数总计：97.94%；*Y* 向平动振型参与质量系数总计：97.64% 结构 *X* 向、*Y* 向的前 18 阶振型有效质量系数均大于 90%，满足规范要求。

（2）位移比、最大层间位移角及最大楼层水平位移。

位移比即为楼层竖向构件的最大水平位移与平均水平位移的比值。层间位移比及位移比如图 6.14 所示。

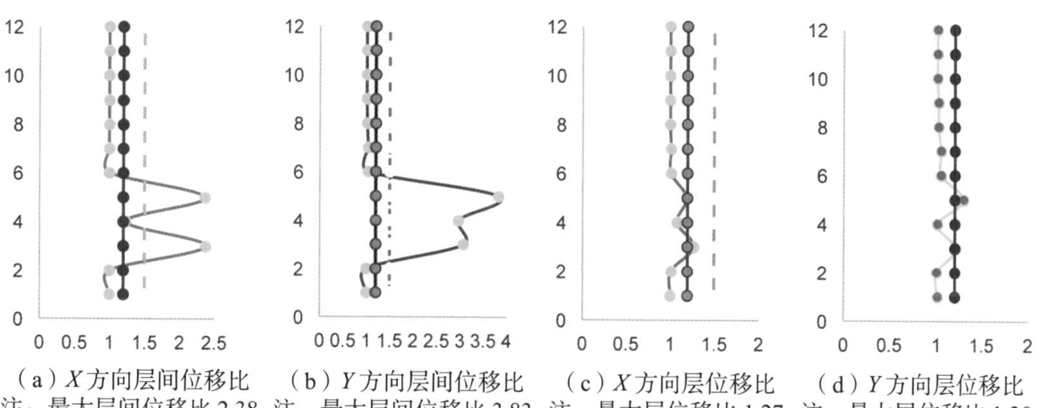

（a）*X* 方向层间位移比　注：最大层间位移比 2.38
（b）*Y* 方向层间位移比　注：最大层间位移比 3.83
（c）*X* 方向层位移比　注：最大层位移比 1.27
（d）*Y* 方向层位移比　注：最大层位移比 1.30

图 6.14　结构层间位移比及最大位移比

最大层间位移角即为墙、柱层间位移与层高比值的最大值；在地震作用下，其 *X* 方向的最大层间位移角为 1/1228，为第 4 层；其 *Y* 方向最大层间位移角为 1/1199，为第 3 层，这两个方向的最大层间位移角曲线如图 6.15 所示。

最大楼层水平位移即为墙顶、柱顶节点的最大水平位移。在地震作用下，其 *X* 方向的最大楼层水平位移为 12.4mm，其 *Y* 方向最大楼层水平为 21.7mm，这两个方向的最大楼层位移曲线图如图 6.16 所示。

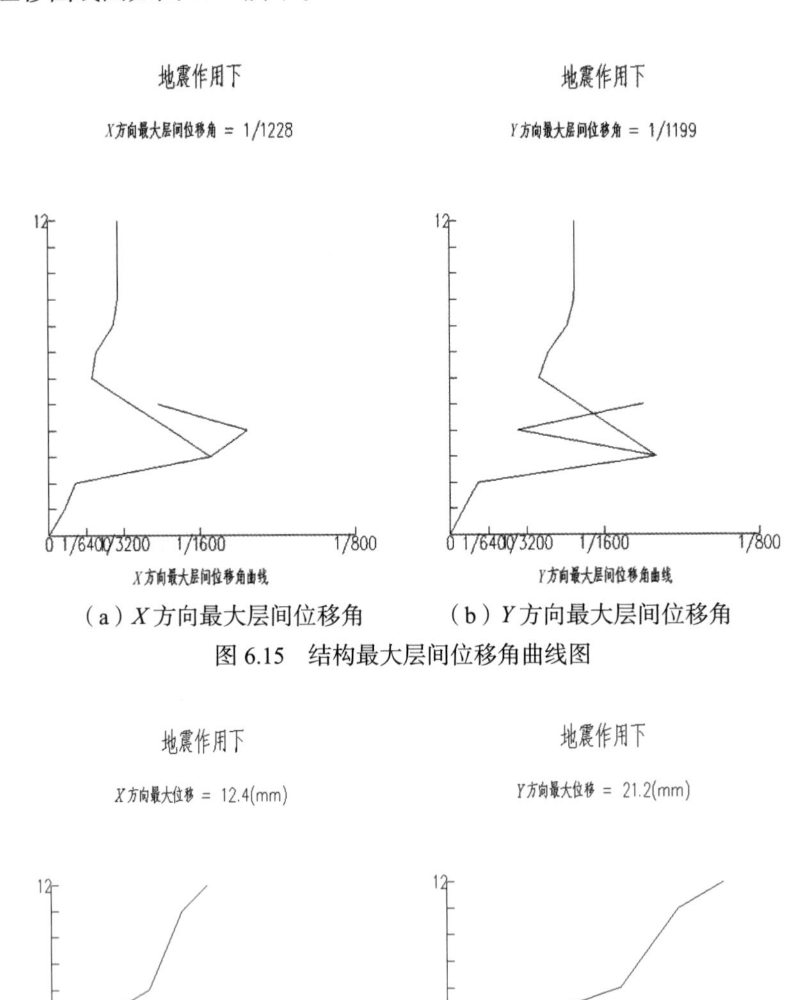

（a）*X* 方向最大层间位移角　　（b）*Y* 方向最大层间位移角

图 6.15　结构最大层间位移角曲线图

（a）*X* 方向最大楼层位移　　（b）*Y* 方向最大楼层位移

图 6.16　结构最大楼层位移曲线图

（3）剪重比。

剪力系数的取值如表 6.8 所示。

表 6.8　楼层剪力最小地震剪力系数值

类别	Ⅵ度	Ⅶ度	Ⅷ度	Ⅸ度
扭转效应明显或基本周期小于 3.5s 的结构	0.008	0.016（0.024）	0.032（0.048）	0.064
基本周期大于 5.0s 的结构	0.006	0.012（0.018）	0.024（0.036）	0.048

根据场馆的设防烈度为Ⅷ度，且两个主方向的基本周期都小于 3.5s，最小地震剪力系数取为 3.2%，结构剪重比曲线图如图 6.17 所示。

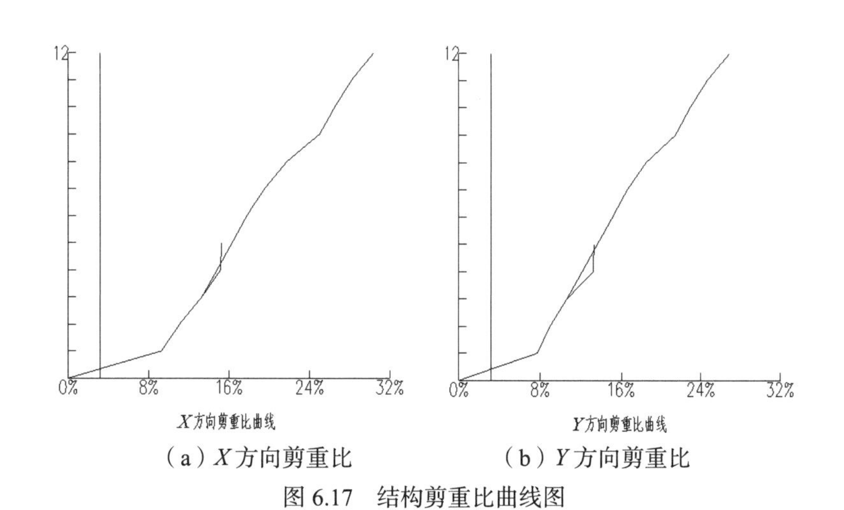

（a）*X* 方向剪重比　　（b）*Y* 方向剪重比

图 6.17　结构剪重比曲线图

如图所示，结构的所有楼层都满足 3.2% 的剪重比要求，不用对水平地震作用剪力的取值进行调整。

（4）楼层剪力、楼层剪力的分配及楼层受剪承载力之比

结构在地震和风荷载作用下的楼层剪力图如图 6.18 所示。

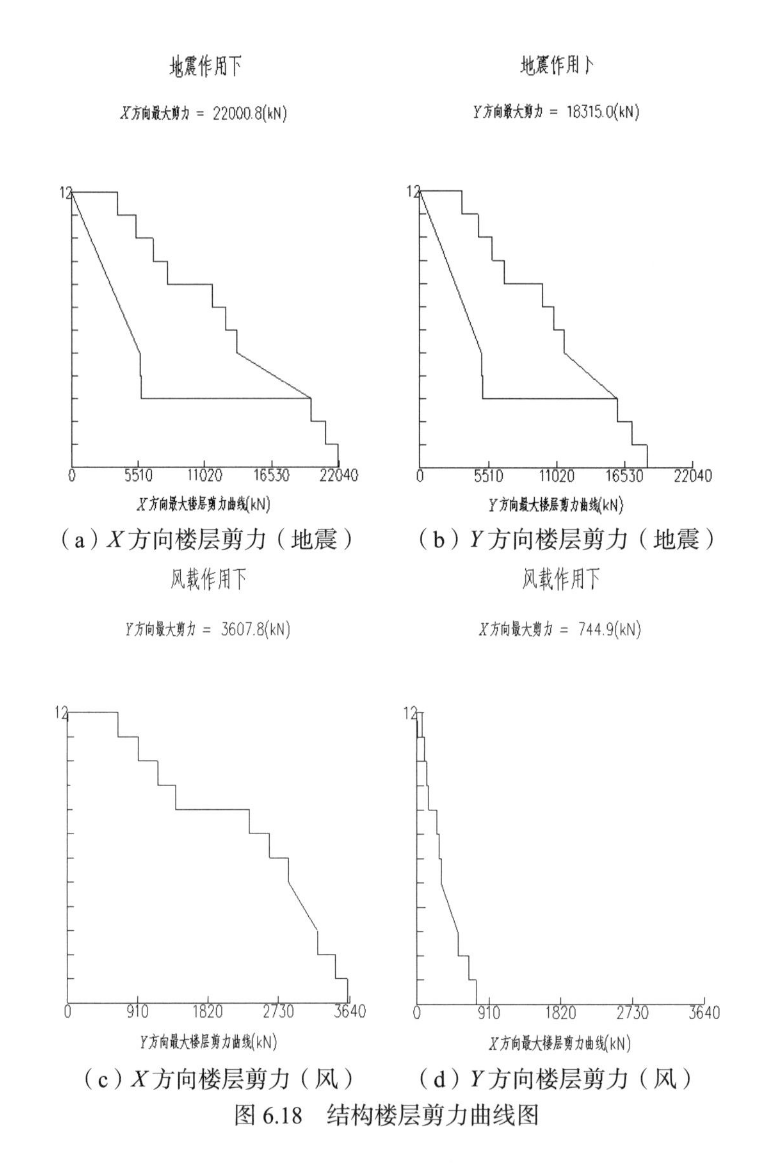

（a）X方向楼层剪力（地震）　（b）Y方向楼层剪力（地震）

（c）X方向楼层剪力（风）　（d）Y方向楼层剪力（风）

图 6.18　结构楼层剪力曲线图

地震作用下，X方向最大剪力值为 22000.8kN，Y方向最大剪力值为 18315.0kN；风荷载作用下，X方向最大剪力值为 744.9kN，Y方向最大剪力值为 3607.8kN。剪力分布合理，无剪力突变现象。

结构在进行抗震设计时，框架－剪力墙结构对于地震作用标准值的各层框架总剪力应符合满足 $V_f \geqslant 0.2V_0$ 要求的楼层，其框架总剪力不必调整；不满足要求的楼层其框架总剪力按 $0.2V_0$ 和 $1.5V_{f,\max}$ 二者中的较小值采用。其中，V_f 为未经调整的各层框架承担的地震总剪力；V_0 为地震作用标准值的总剪力；$V_{f,\max}$ 为未经调整的各层框架承担的地震总剪力中的最大值。其剪力分配图如图 6.19 所示。

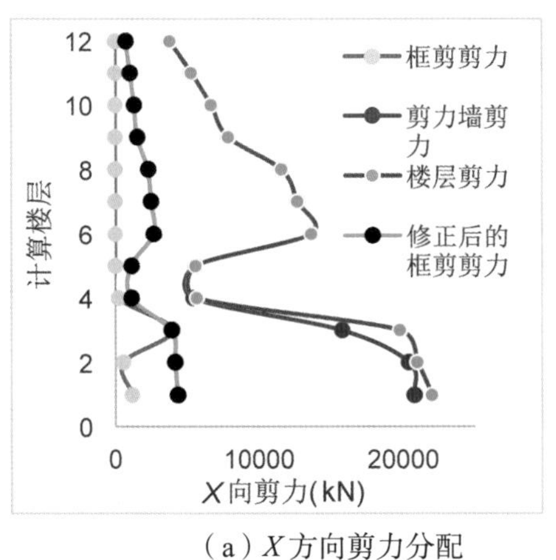

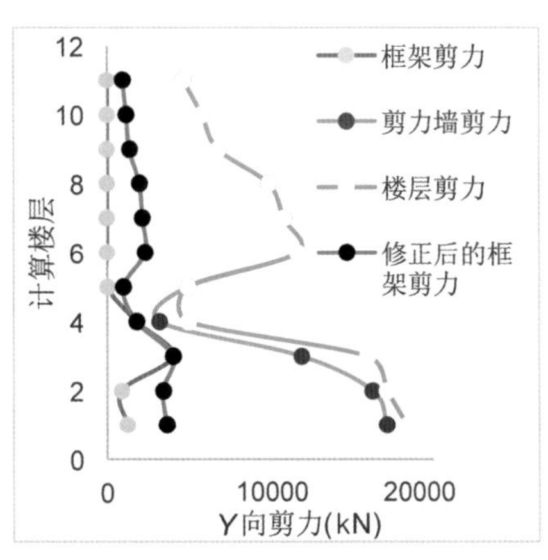

（a）X 方向剪力分配　　（b）Y 方向剪力分配

图 6.19　结构楼层剪力分配曲线图

对结构的框架剪力不满足要求的楼层进行了修正。

就楼层受剪承载力之比而言，A 级高度高层建筑的楼层抗侧力结构的层间受剪承载力不宜小于相邻上一层受剪承载力的 80%，不应小于相邻上一层受剪承载力的 65%，其楼层受剪承载力和楼层受剪承载力之比如图 6.20 所示。

楼层受剪承载力在第 5 楼层发生突变，且楼层受剪承载能力比在第 3，4，5 层处发生突变，但其之比均满足大于 0.80 的，满足《高层建筑混凝土结构技术规程》（JGJ-3-2010）第 3.5.3 条要求。

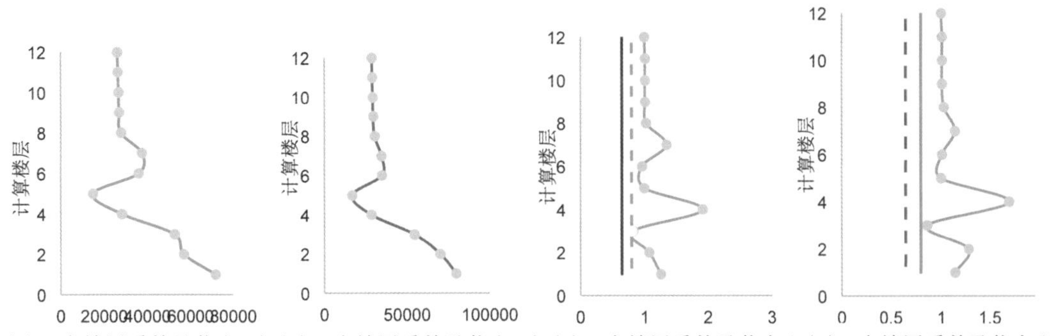

（a）X 向楼层受剪承载（kN）（b）X 向楼层受剪承载（kN）（c）X 向楼层受剪承载力比（d）Y 向楼层受剪承载力比

图 6.20　结构楼层承载力图

（5）倾覆弯矩及分配。

框架占整体抗倾覆弯矩比值的概念，主要是为确定框架与剪力墙的数量与比例关系，判断结构整体变形与受力特征，从而对于整体结构中的框架部分与剪力墙部分提出不同的抗震要求，倾覆力矩分配如表 6.9 和图 6.21 所示。

结构中的框架柱占倾覆力矩的 10% 以下，不满足框架 – 剪力墙结构的要求。

表 6.9 倾覆力矩分配

倾覆力矩	X 向地震	Y 向地震
框架柱占百分比	2.9%	3.6%
墙占百分比	97.1%	96.4%

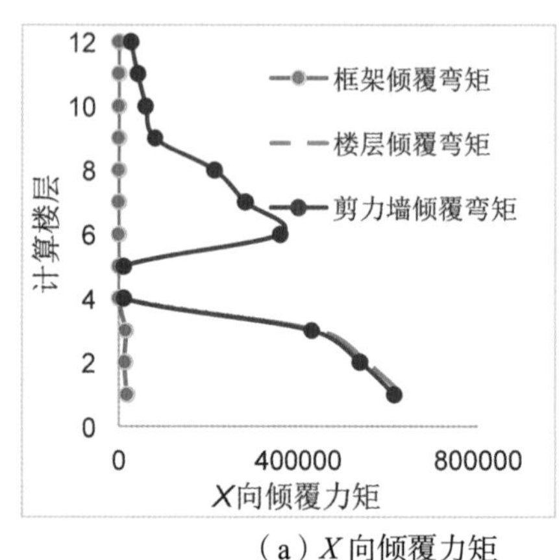

(a) *X* 向倾覆力矩

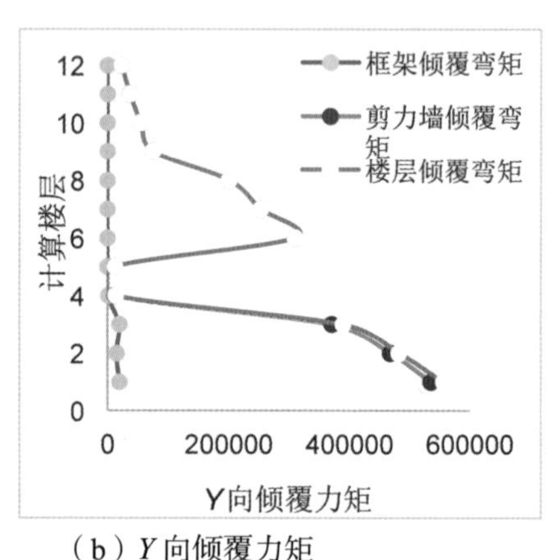

(b) *Y* 向倾覆力矩

图 6.21 结构楼层倾覆力矩图

(6) 楼层侧向刚度。

楼层的侧向刚度和侧向刚度比如图 6.22 所示。楼层的侧向刚度在第 4 层处发生突变，且楼层侧向刚度比在第 2、3、4 层发生突变。作为嵌固层的 1 层侧向刚度比应该大于 1.5，满足规范要求；其余楼层的侧向刚度比除了 3 层和第 4 层外均大于 0.9，则第 3、4 层的侧向刚度比不满足规范要求。

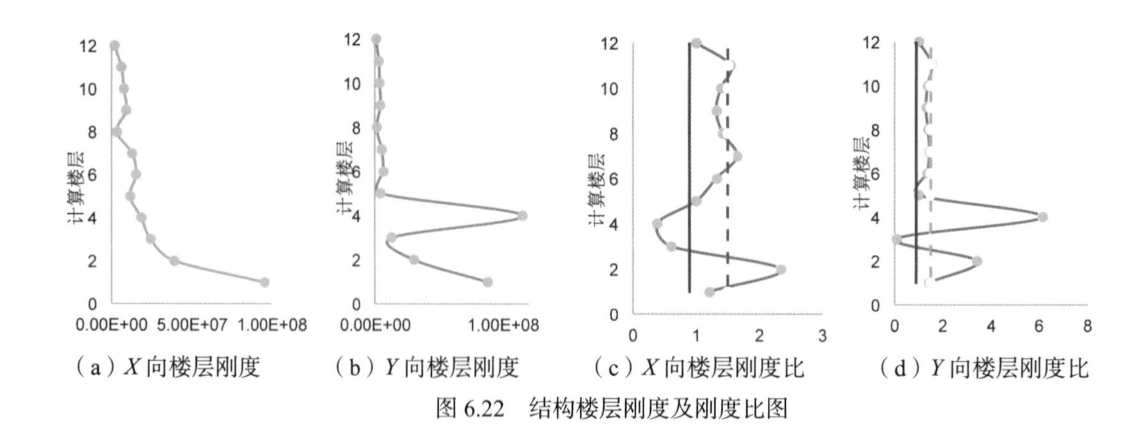

(a) *X* 向楼层刚度 (b) *Y* 向楼层刚度 (c) *X* 向楼层刚度比 (d) *Y* 向楼层刚度比

图 6.22 结构楼层刚度及刚度比图

（7）刚重比及抗倾覆验算。

刚重比是指结构的侧向刚度和重力荷载设计值之比，是影响重力二阶效应的主要参数。结构的刚重比如表 6.10 所示。

表 6.10　结构刚重比

	YJK	
刚重比 EJd/GH2	*X* 方向	*Y* 方向
	62.121	30.213

X、*Y* 方向刚重比均大于 1.4，满足《高层建筑混凝土结构技术规程》（JGJ-3-2010）5.4.4-1 式的要求；刚重比均大于 2.7，弹性计算时不考虑重力二阶效应的不利影响。

结构的抗倾覆验算结果如表 6.11 所示。

表 6.11　抗倾覆验算

	X 向地震	Y 向地震	X 向风	Y 向风
抗倾覆弯矩 Mr（kN·m）	14516845	8535396	14973902	8804129
倾覆弯矩 Mov（kN·m）	882892.6	729530.3	29794.1	144310.8
比值 Mr/Mov	16.44	11.70	502.58	61.01
零应力区	0	0	0	0

根据抗倾覆计算结果可知，结构的抗力均大于效应，整体倾覆均满足要求。

（8）主要竖向构件轴压比。

框剪结构的框架柱轴压比限值为 0.85，所有竖向柱的轴压比均远小于 0.85，满足规范；框剪结构的墙组合轴压比限值为 0.60，所有剪力墙的轴压比均远小于 0.60，满足规范。

（9）反应谱法小震分析小结。

① 结构在第二周期时，就出现扭转，导致其周期比为 0.91（＞0.90），不满足规范要求；说明 *X*、*Y* 两个方向的刚度差异过大，导致扭转的提前出现。

② 结构在第 3、4、5 层的最大层间位移比不满足不应大于 1.5 的规范要求。

③ 结构的整体稳定性验算满足，且不考虑重力二阶效应。

④ 主要的竖向构件的轴压比均满足要求，不会发生局部破坏，导致整体结构的连续性倒塌。

综上所述，结构及构件在多遇地震作用下，能够满足初步设计抗震设防专项审查申报表所确定的性能目标的要求。

6.3.3 弹性时程分析

6.3.3.1 分析概述及底部剪力与 CQC 法底部剪力的对比

假定各构件均为弹性，用 YJK 软件对塔楼进行弹性时程补充分析，以弥补振型分解反应谱法的不足，并验证所选地震时程记录的有效性。采用已选出的三组地震记录，将其主方向标定为 70cm/s²，次方向标定为 0.85 × 22=18.7Gal，时程分析时考虑双向激励作用。

弹性时程法的底部剪力与 CQC 法底部剪力的对比情况如表 6.12 所示。

表 6.12 弹性时程法与 CQC 法的底部剪力的对比

CQC		THITG045		TH2TG045		ArtWave-RH1TG045		平均值	
		剪力值	百分比（%）	剪力值	百分比（%）	剪力值	百分比（%）	剪力值	百分比（%）
X 向	22001	25990	118	15895	72.2	20063	91.2	20649	93.9
Y 向	18315	16438	89.8	19605	107	17159	93.7	17734	96.8

注：单位为 kN。

单组地震波输入所得的基底剪力峰值均在振型分解反应谱法的 65% ~ 135% 之间，3 组地震波结果的平均值与振型分解反应谱法结果之差在 20% 以内，所选 3 组地震波有较好的代表性。

6.3.3.2 楼层位移和层间位移角

在地震作用下，其楼层的最大位移如图 6.23 所示。

在地震作用下，其楼层的最大层间位移角如图 6.24 所示。

X 主向最大层间位移角为 1/615，*Y* 主向为 1/1156，*Y* 向小于按照“抗规”规定计算所得限值 1/800，*X* 向不满足规范要求。

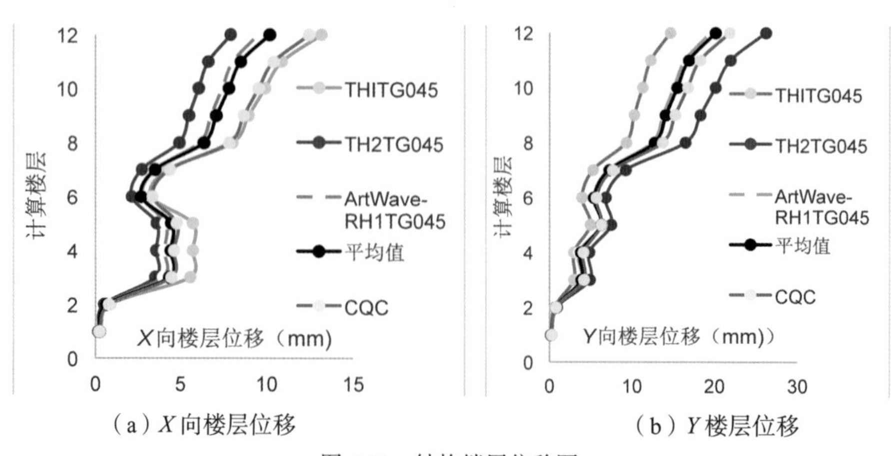

（a）*X* 向楼层位移　　（b）*Y* 楼层位移

图 6.23 结构楼层位移图

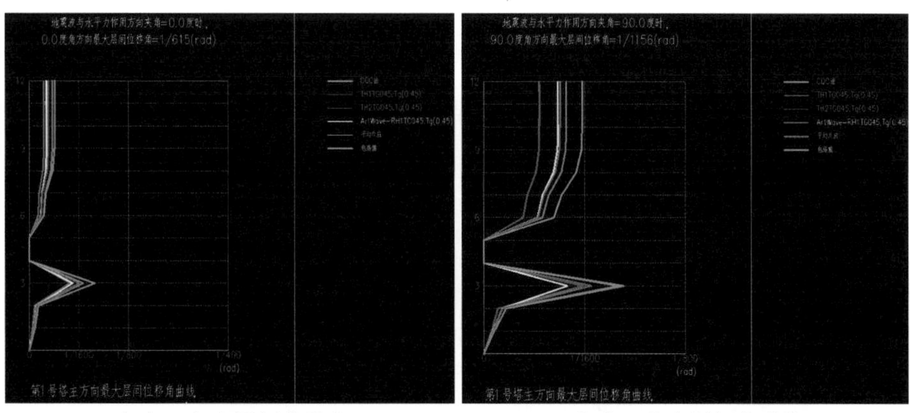

（a）X 方向层间位移角　　　　（b）Y 方向层间位移角

图 6.24　结构楼层层间位移角图

6.3.3.3　楼层剪力和倾覆弯矩

弹性时程分析法下的楼层剪力如图 6.25 所示。

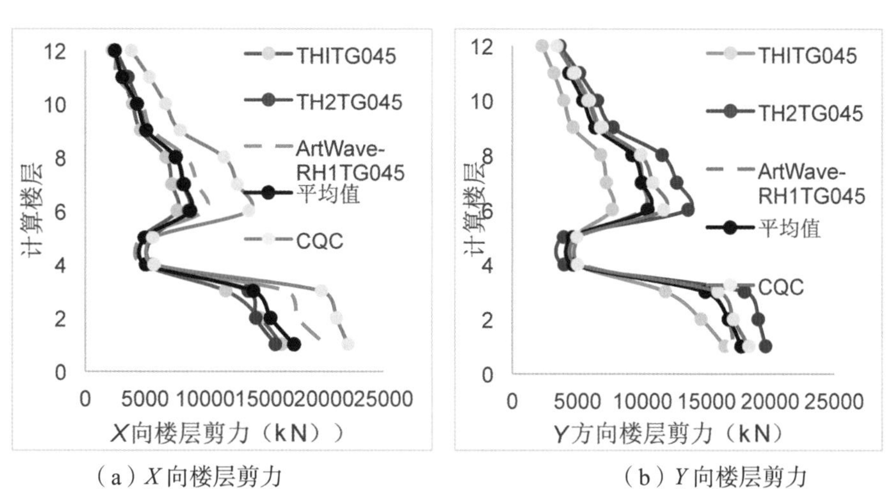

（a）X 向楼层剪力　　　　（b）Y 向楼层剪力

图 6.25　结构楼层剪力图

结构的楼层剪力曲线在第 4 楼层时发生突变。Y 向楼层弹性时程分析所得楼层剪力略大于振型分解反应谱法的楼层剪力。

弹性时程分析法下的楼层倾覆力矩如图 6.26 所示。

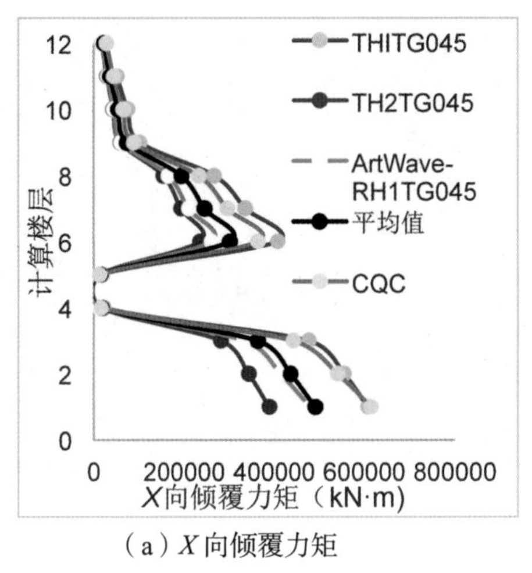

（a）*X* 向倾覆力矩

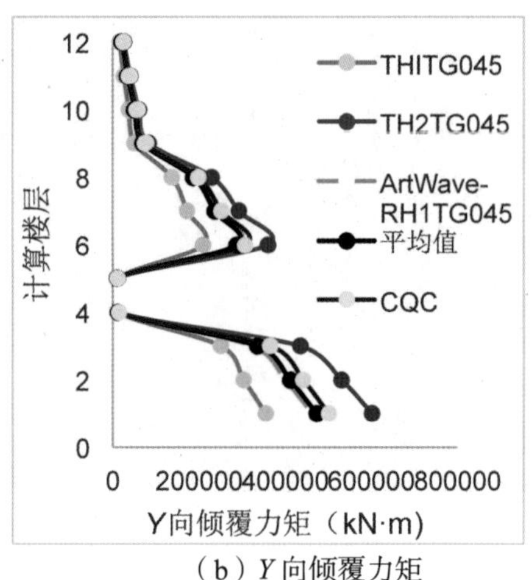

（b）*Y* 向倾覆力矩

图 6.26　结构楼层剪力图

6.3.3.4　弹性时程法分析小结

根据所选用的三组地震记录满足规范的选波要求，则选取的地震波合理。弹性时程法分析结果与振型分解反应谱法的分析结果具有一致性，顶部 *X* 向楼层剪力大于振型分解反应谱法的楼层剪力，配筋设计时取其包络值进行设计。多遇地震作用下结构的第 3 层的最大层间位移角为 1/615 不满足规范要求，且层间位移角曲线有突变；结构在第 3 层处容易破坏，且结构的倾覆力矩图在第 4 楼层发生突变。

6.3.4　总结

场馆结构在第二周期时，就出现扭转为主的转动，导致其周期比为 0.91（＞0.90），不满足规范要求，说明 *X*、*Y* 两个方向的刚度差异过大，导致扭转的提前出现；结构在第 3、4、5 层的最大层间位移比不满足不应大于 1.5 的规范要求；结构的整体稳定性验算满足，且不考虑重力二阶效应；主要的竖向构件的轴压比均满足要求，不会发生局部破坏而导致整体结构的连续性倒塌。综上所述，结构及构件在弹性阶段的多遇地震作用下，能够满足初步设计抗震设防专项审查申报表所确定的性能目标的要求。

弹性时程分析法中，根据所选用的三组地震记录满足规范的选波要求，则选取的地震波合理。弹性时程法分析结果与振型分解反应谱法的分析结果具有一致性，顶部 X 向楼层剪力大于振型分解反应谱法的楼层剪力，配筋设计时取其包络值进行设计。多遇地震作用下结构的第 3 层的最大层间位移角为 1/615 不满足规范要求，且层间位移角曲线有突变；结构在第 3 层处容易破坏，且结构的倾覆力矩图在第 4 楼层发生突变（图 6.27）。

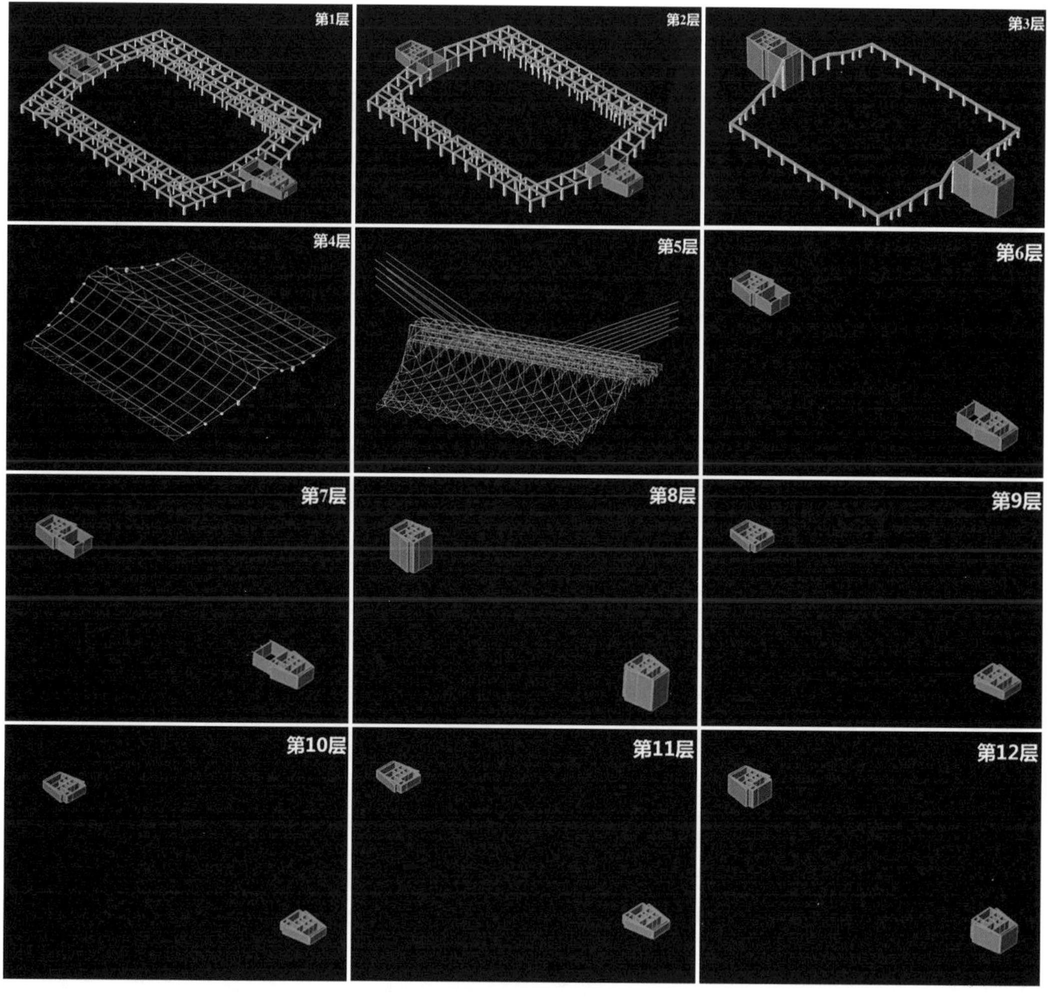

图 6.27　楼层结构

6.4　钢结构抗震性能初步评估

6.4.1　工程概况

地上部分，采用钢框架——支撑结构体系，平面尺寸为 67m × 61m 的巨型框架结构（图 6.28）。在建筑的四角有四个 L 型复合巨型柱，巨型柱之间用巨型桁架相连，组成巨型框架——支撑结构体系。地上建筑面积为 8 万 m^2，地上 41 层，出屋顶 7 层，高度为 236.4m。综合业务楼地上分为两部分，20 层以下为电视中心的技术区域，层高 5m，20 层以上为办公区域，层高 4.2m，标准层的平面尺寸为 67m × 61m 。工程的结构设计基准期为 50 年，结构安全等级为一级，抗震设防烈度为Ⅷ度，基本地震加速度为 0.2g，建筑场地类别为Ⅱ类，抗震设防类别为乙类，设计地震分组为第一组。

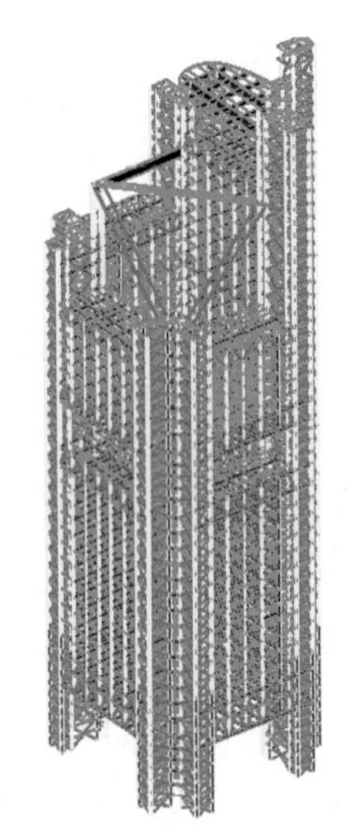

图 6.28 （a）结构三维轴侧图

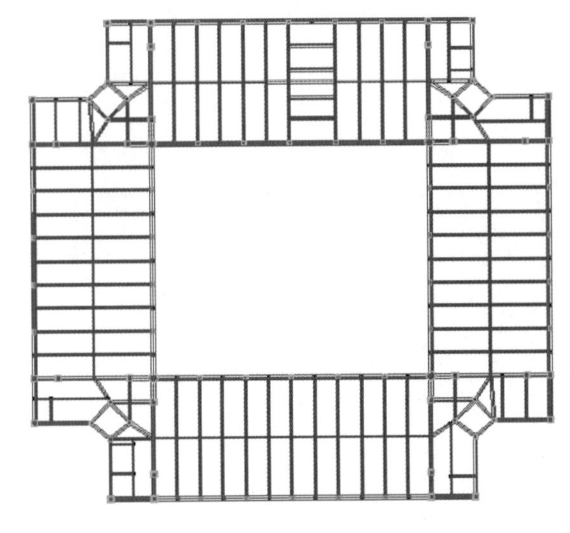

图 6.28 （b）第 8 层结构平面图

6.4.2 SATWE 与 PMSAP 计算

对此工程，首先采用 SATWE 软件进行计算，其计算结果如下：

周期比主要控制结构扭转效应，减小扭转对结构产生的不利影响，使结构的抗扭刚度不能太弱。因为当两者接近时，由于振动耦联的影响，结构的扭转效应将明显增大。本模型中结构周期比小于规范限值 0.85，表明结构扭转效应小，且结构 X 向、Y 向的前 90 阶振型有效质量系数均大于 90%，满足规范要求。结构自振周期计算结果如表 6.13 所示：

表 6.13 结构自振周期计算结果

振型号	周期	平动系数（X+Y）	扭转系数	扭转与平动周期比	是否满足规范要求
1	3.52	0.96（0.94+0.02）	0.04	0.71	满足
2	3.36	1.00（0.02+0.98）	0.00	0.75	满足
3	2.52	0.18（0.15+0.03）	0.82	—	—

① 偶然偏心作用下，*X* 向最大层间位移比为 1.7，对应的层号为第 40 层；*Y* 向最大层间位移比为 1.45，对应的层号为第 26 层；位移比超出规范限值（规范规定位移比不宜大于 1.2，不应大于 1.4），如图 6.29 所示。

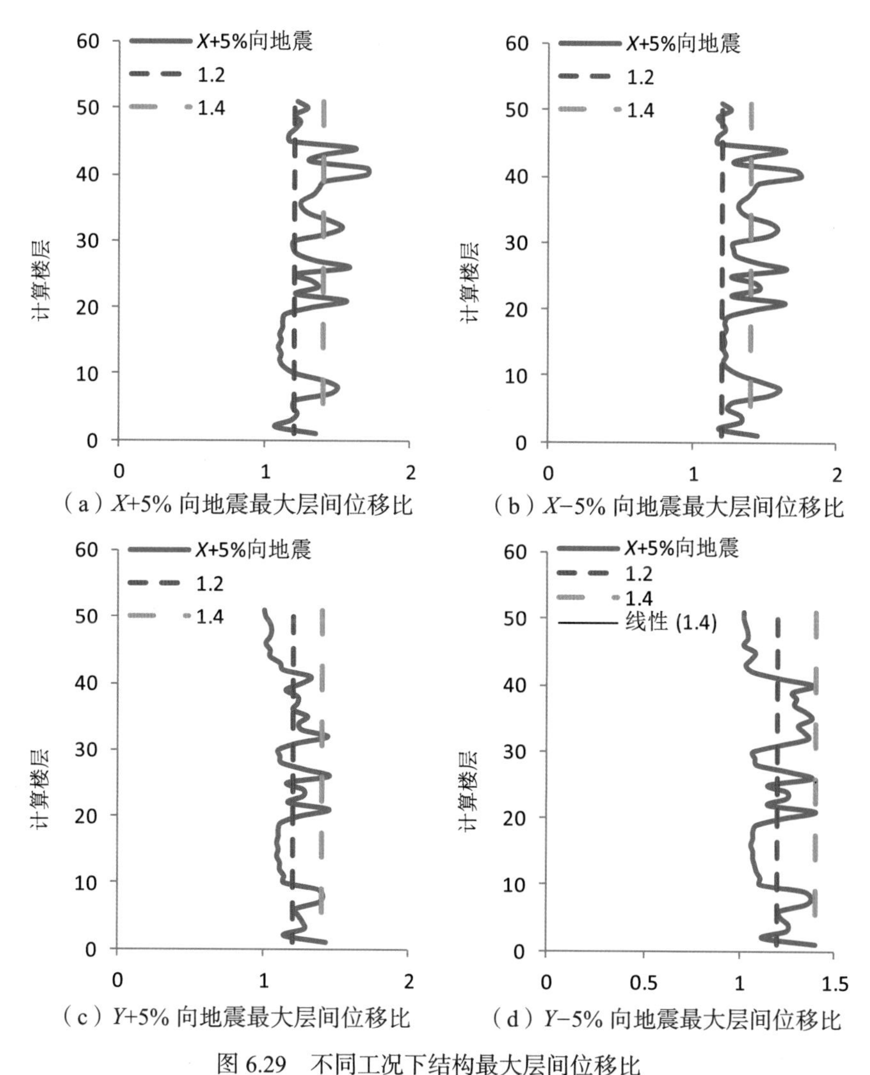

（a）X+5% 向地震最大层间位移比　（b）X−5% 向地震最大层间位移比

（c）Y+5% 向地震最大层间位移比　（d）Y−5% 向地震最大层间位移比

图 6.29　不同工况下结构最大层间位移比

② X 向最大层间位移角 1/259（顶部鞭梢效应，若不计，则最大为 1/527（第 20 层）），Y 向最大层间位移角 1/675（第 20 层）（层间位移角限值 1/1000），多数楼层层间位移角超限。层间位移角曲线在多处有突变，特别是在第 7、8、21、26、32、41 层等加外斜撑加固的楼层，侧移刚度较大，因此位移角有明显减少。由于顶部鞭梢效应，X 方向位移角较大（图 6.30）。

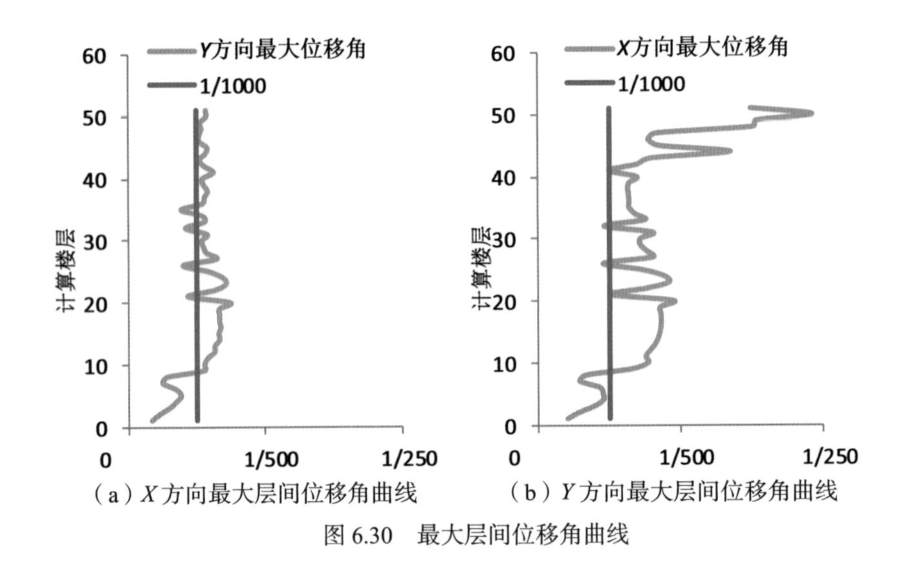

（a）*X* 方向最大层间位移角曲线　　（b）*Y* 方向最大层间位移角曲线

图 6.30　最大层间位移角曲线

③ 规范规定剪重比计算，主要是因为在长周期作用下，地震影响系数下降较快，对于基本周期大于 3.5s 的结构，由此计算出来的水平地震作用下的结构效应有可能太小。而对于长周期结构，地震动态作用下的地面运动速度和位移可能对结构有更大的破坏作用，而振型分解反应谱法尚无法对此作出较准确的计算。出于安全考虑，规范规定了各楼层水平地震剪力的最小值，该值如不满足要求，说明结构有可能出现比较明显的薄弱部位，需进行调整。本工程地震力未放大前计算分析得到的剪力系数为 2.72%，不满足规范要求（3.2%），采用对剪重比进行调整（图 6.31）。

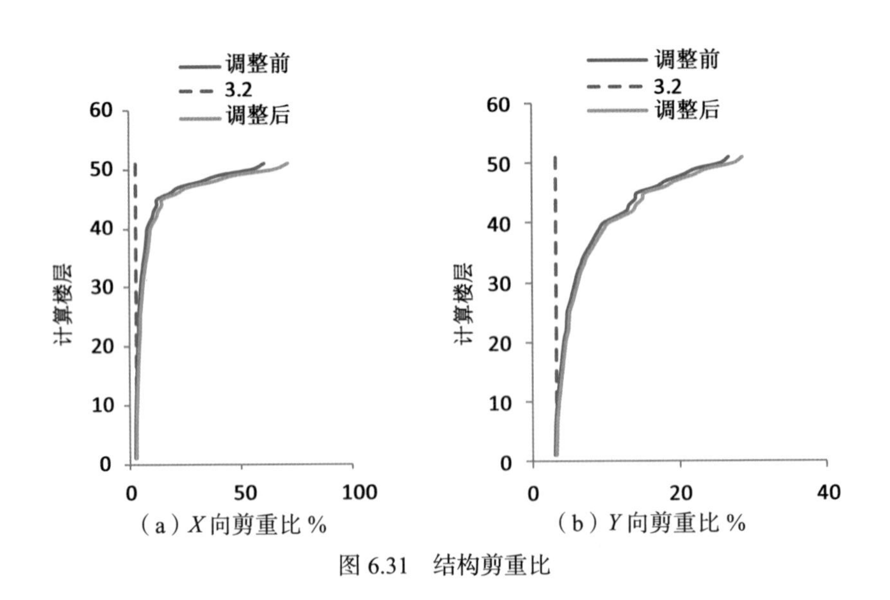

（a）*X* 向剪重比 %　　（b）*Y* 向剪重比 %

图 6.31　结构剪重比

④ 楼层剪力分布合理，且风荷载作用下的基底剪力小于地震作用下的基底剪力（图 6.32）。

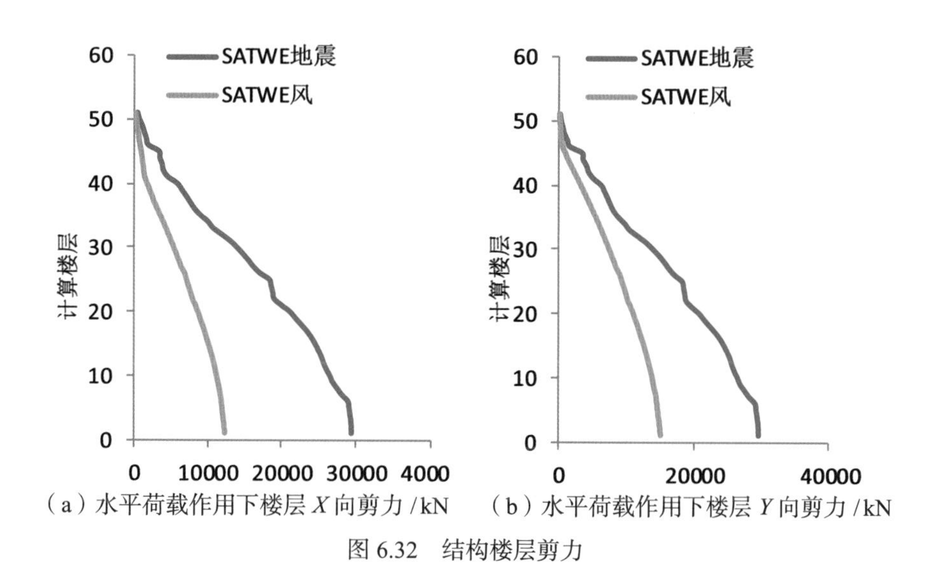

（a）水平荷载作用下楼层 X 向剪力 /kN　（b）水平荷载作用下楼层 Y 向剪力 /kN

图 6.32　结构楼层剪力

⑤ 结构柱剪力在局部楼层有突变，特别是在 7、8、21、26、32、41 处柱剪力减少较多，这是因为这部分楼层新建了较多角度大于 20° 的斜杆，剪力较多地分配到斜杆上。两方向柱基底剪力分别为 6416.4kN 与 5717.4kN，分别占总基底剪力的 21.79% 与 19.36%（图 6.33）。

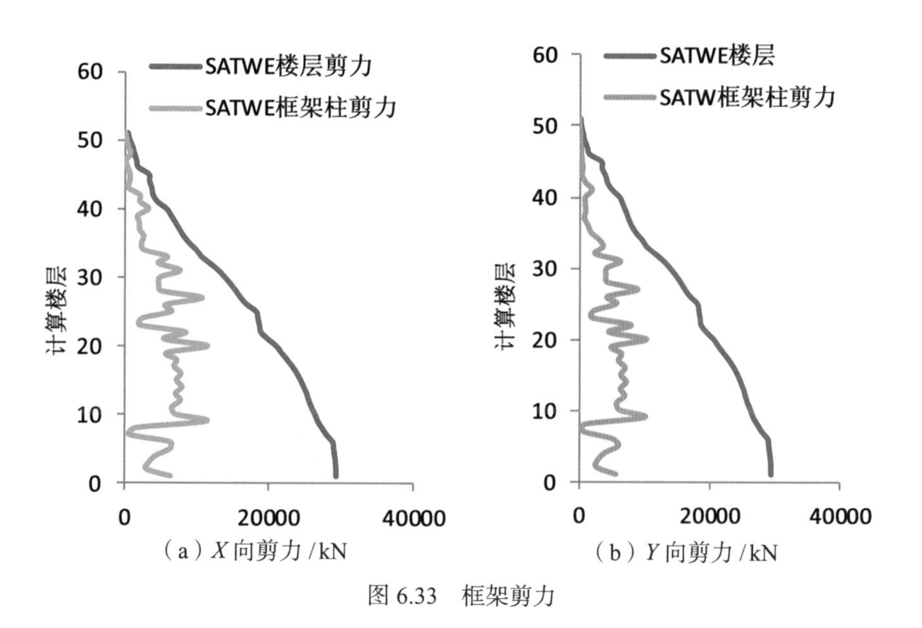

（a）X 向剪力 /kN　（b）Y 向剪力 /kN

图 6.33　框架剪力

⑥ 模型底部抗倾覆力矩由巨型框架中的柱和斜撑承担，表 6.13 中数据为按“抗规”计算倾覆力矩；可见斜撑承担了大部分的抗倾覆力矩（*X* 向：80.83%，*Y* 向：77.8%）。如图 6.34 所示。

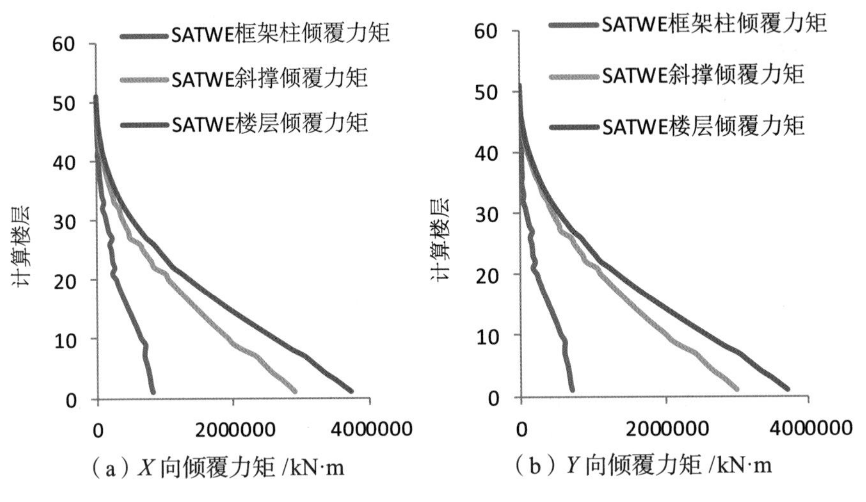

图 6.34　倾覆力矩

⑦ 刚楼层侧向刚度在 7、8、21、26、32、41 各层有较多的增大（图 6.35），主要是由于在这几层边框架处加了较多的斜撑，由此也导致这几层附近的侧向刚度比变化较大。作为嵌固层的 1 层侧向刚度比大于 1.5；除 20 层与 31 层的 *X* 向外，其他楼层的侧向刚度比均大于 0.9（图 6.36）。

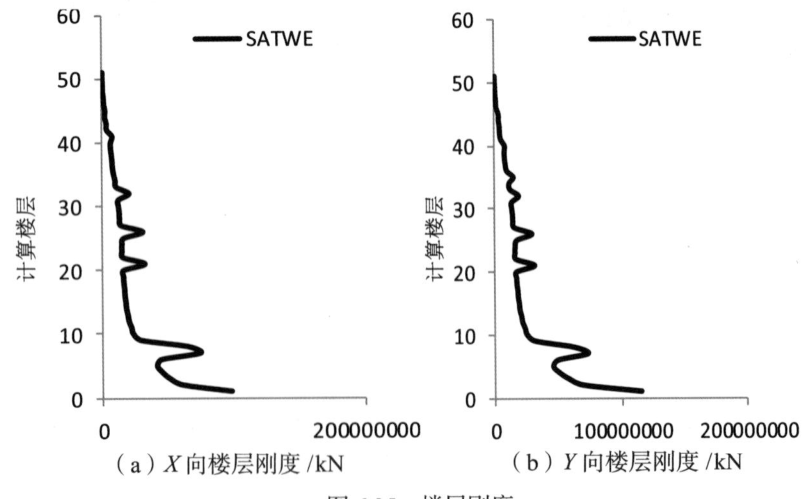

图 6.35　楼层刚度

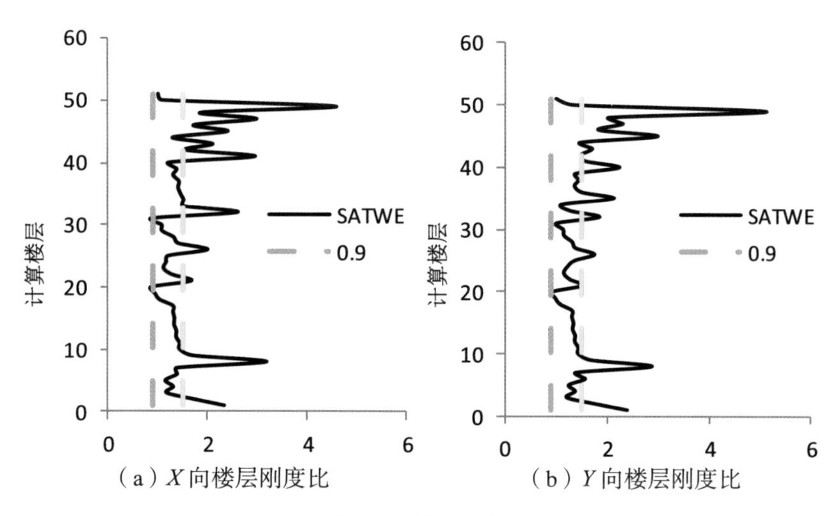

图 6.36　楼层刚度比

⑧ 楼层受剪承载力较为均匀，大部分楼层受剪承载力比均大于 0.80（6 层为 0.72、20 层为 0.42、25 层为 0.62、31 层为 0.42、50 层为 0.51），但主要是由于部分楼层局部加强（7、8、21、26、32、41）导致受剪承载力增大（图 6.37，图 6.38）。

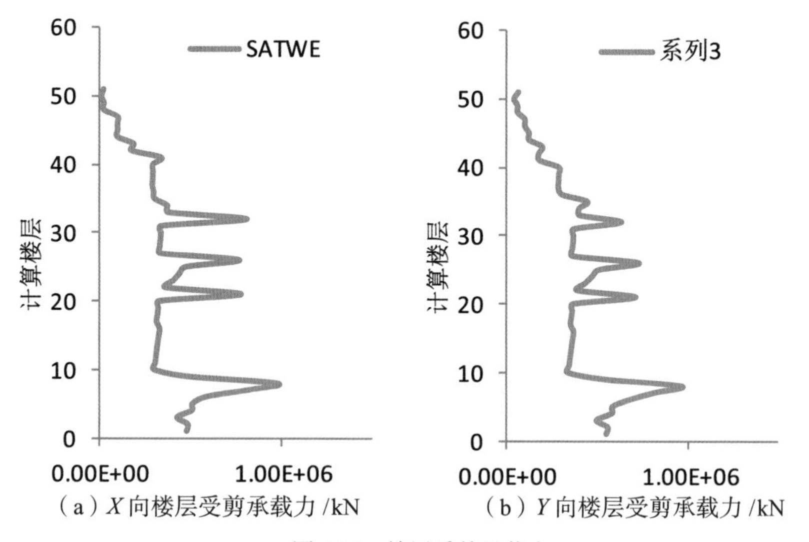

图 6.37　楼层受剪承载力

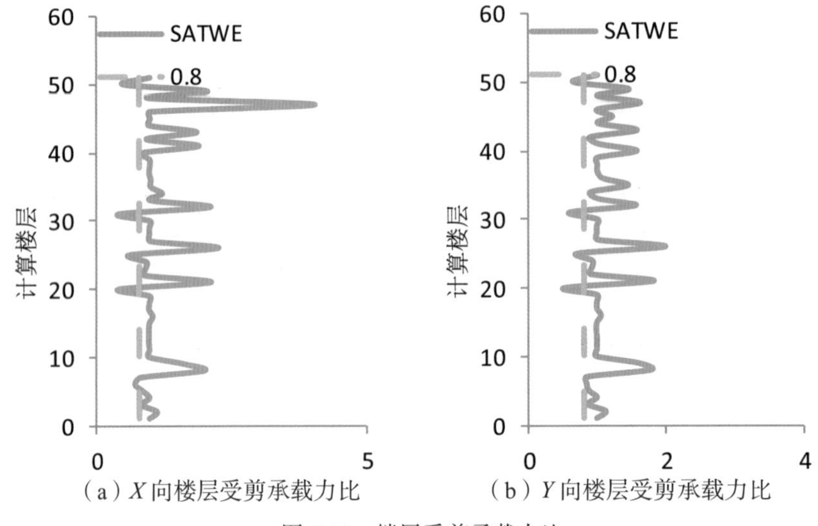

（a）X 向楼层受剪承载力比　　（b）Y 向楼层受剪承载力比

图 6.38　楼层受剪承载力比

⑨ 结构薄弱层的判断：采用地震剪力与地震层间位移比计算层间刚度比，程序判断第 19、20、31 层为薄弱层。

⑩ 刚重比是影响重力二阶（$P-\Delta$）效应的主要参数，且重力二阶效应随着结构刚重比的降低呈双曲线关系增加。高层建筑在风荷载或水平地震作用下，若重力二阶效应过大则会引起结构的失稳倒塌，故控制好结构的刚重比则可以控制结构不失去稳定。X、Y 方向刚重比均大于 10，能够通过《高层建筑混凝土结构技术规程》（JGJ-3-2010）第 5.4.4 条的整体稳定验算。X 向刚重比小于 20，应考虑重力二阶效应。

表 6.14　模型刚重比

软件	STAWE		PMCAD	
刚重比 EJ_d/GH^2	X 方向	Y 方向	X 方向	Y 方向
	19.33	20.79	22.64	24.12

6.4.3　弹性动力时程分析的计算结果

6.4.3.1　地震波的选取

此时弹性动力时程分析的目的是为了选取合适的进行弹塑性动力时程分析的地震波，如果实际结构需要进行弹性时程分析，则特征周期的选取应该按照相关规范规定进行。

查 SATWE 软件输出的“周期、振型、地震力”文本文件（WZQ.OUT），得本工程 X 向基底剪力为 25071.84kN，Y 向基底剪力为 27600.31kN。

该工程场地土为 2 类场地土，其对应的特征周期 T=0.35s，根据“抗规”第 5.1.4 条的规定：计算Ⅷ、Ⅸ度罕遇地震作用时，特征周期应增加 0.05s，因此取特征周期 T=0.4s 左右。根据这两个条件，选择一条人工波为 RH1TG040，两条天然波分别为 TH1TG040 和 TH2TG040。经计算得出这三条波及平均基底剪力在 X、Y 向所计算的基底剪力如表 6.15 所示。

表 6.15　基地剪力

地震波名	X 向基底剪力 / kN	V_x / V_{cx}	Y 向基底剪力 / kN	V_y / V_{cy}
RH1TG040	28722.8	1.15	31093.1	1.13
TH1TG040	16880.4	0.67	15900.0	0.58
TH2TG040	17023.4	0.68	15148.3	0.55
平均基底剪力	20875.5	0.83	20713.8	0.75
CQC	25071.84	—	27600.31	—

注：V_x / V_{cx}、V_y / V_{cy}——分别表示各地震波及平均基底剪力与 CQC 法得到的基底剪力的百分比。

根据《建筑抗震设计规范》（GB 50011−2001）第 5.1.2 条第 3 款的规定可知，所选择的地震波均满足规范要求（弹性时程分析时，每条时程曲线计算所得结构底部剪力不应小于振型分解反应谱法计算结果的 65%，多条时程曲线计算所得结构底部剪力的平均值不应小于振型分解反应谱法计算结果的 80%）。

6.4.3.2　计算结果分析

从表 6.16 和表 6.17 可知，主方向最大层间位移角包络值为 1/327（顶部鞭梢效应，若不计，则最大为 1/690（第 23 层）），Y 主向为 1/616，均大于按照“抗规”规定计算所得限值 1/1000，层间位移角曲线在多处有突变，特别是在 7、8、21、26、32、41 层等加外斜撑加固的楼层，侧移刚度较大，因此位移角有明显减少。由于顶部鞭梢效应，X 方向位移角较大。

6.4.3.3　位移比与层间位移角

在 X、Y 向地震力作用下三条地震波及平均基底剪力计算的最大层间位移比如表 6.16 所示。

表 6.16　三条地震波及平均基底剪力计算的最大层间位移比的计算结果

地震波名	X 向	所对应的层号	Y 向	所对应的层号
RH1TG040	1.98	32	1.75	21
TH1TG040	1.98	32	1.95	50
TH2TG040	1.99	32	2	13
平均基底剪力	1.99	32	1.75	21

对于 CQC 法，在 *X* 向和 *Y* 向结构的最大层间位移比主要出现在第 1 层，对于时程分析法则主要出现在 74 层。见表 6.17 和图 6.39 所示。

表 6.17　三条地震波及平均基底剪力计算的最大层间位移角

地震波名	X 向	Y 向
RH1TG040	1/331（50 层）	1/617（19、20 层）
TH2TG040	1/343（50 层）	1/841（51 层）
TH1TG045	1/328（50 层）	1/673（51 层）
平均最大层间位移角	1/334（50 层）	1/708（50 层）

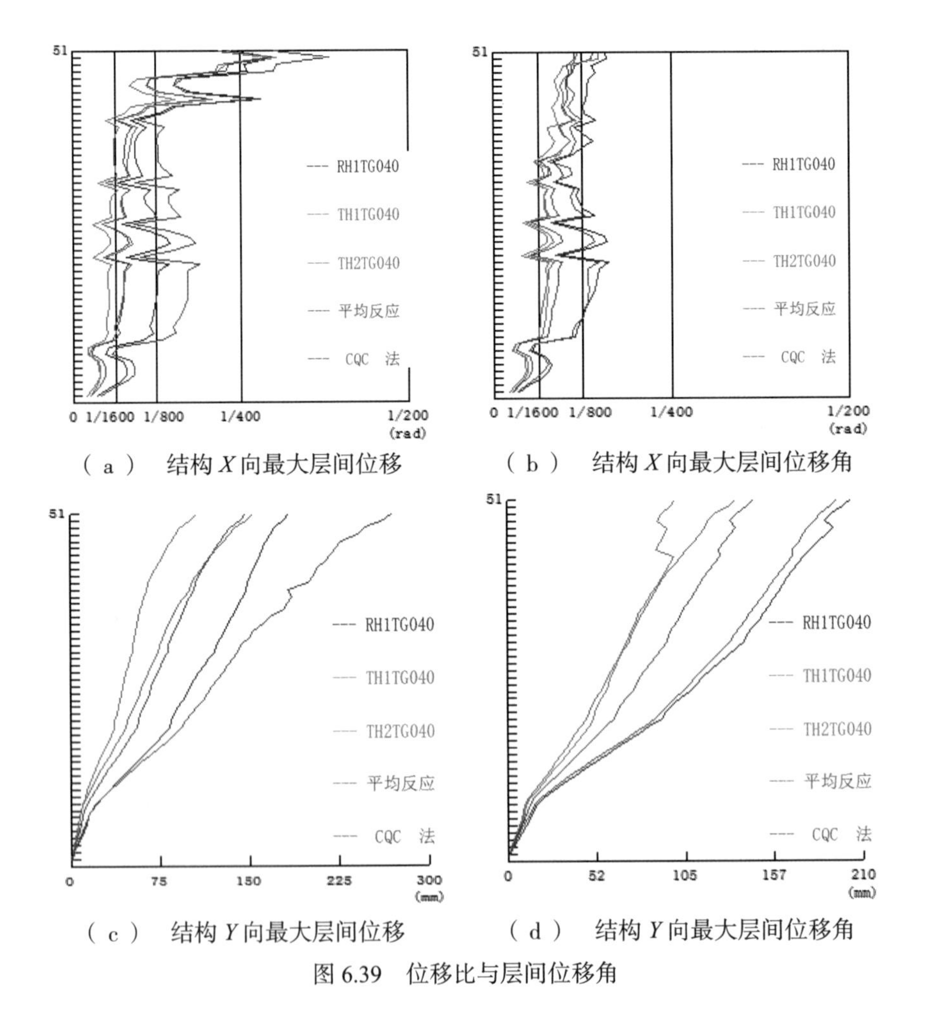

（a） 结构 *X* 向最大层间位移　（b） 结构 *X* 向最大层间位移角

（c） 结构 *Y* 向最大层间位移　（d） 结构 *Y* 向最大层间位移角

图 6.39　位移比与层间位移角

主向最大层间位移角包络值为 1/639，*Y* 主向为 1/688，均小于按照《抗规》规定计算所得限值 1/500。

6.4.4　结论

① 本工程地震力未放大前计算分析得到的剪力系数为 2.72%，不满足规范要求，采用对剪重比进行调整，以满足规范对最小剪重比 3.2% 的要求。结构周期比远小于规范限值 0.85，表明结构扭转效应小。

② *X* 向最大层间位移角 1/259（顶部鞭梢效应，若不计，则最大为 1/527（第 20 层）），*Y* 向最大层间位移角 1/675（第 20 层）（层间位移角限值 1/1000），多数楼层层间位移角超限。层间位移角曲线在多处有突变，特别是在 7、8、21、26、32、41 层等加外斜撑加固的楼层，侧移刚度较大，因此位移角有明显减少。由于顶部鞭梢效应，*X* 方向位移角较大。弹性时程分析存在相同的问题与特点。

③ 楼层剪力变化均匀，楼层刚度无突变；结构柱剪力在局部楼层有突变，特别是在 7、8、21、26、32、41 处柱剪力减少较多，这是因为这部分楼层新建了较多角度大于 20° 的斜杆，剪力较多地分配到斜杆上；两方向柱基底剪力分别为 6416.4kN 与 5717.4 kN，分别占总基底剪力的 21.79% 与 19.36%。

④ 楼层侧向刚度在 7、8、21、26、32、41 各层有较多的增大，主要是由于在这几层边框架处加了较多的斜撑，导致这几层附近的侧向刚度比变化较大。作为嵌固层的 1 层侧向刚度比大于 1.5；其余楼层的侧向刚度比均大于 0.9。

⑤ 底部抗倾覆力矩由巨型框架中的柱和斜撑承担，表中数据为按抗规计算倾覆力矩；可见斜撑承担了大部分的抗倾覆力矩（*X* 向：80.83%，*Y* 向：77.8%）。

⑥ 楼层受剪承载力较为均匀，大部分楼层受剪承载力比均大于 0.80（6 层为 0.72、20 层为 0.42、25 层 0.62、31 层为 0.42、50 层为 0.51，但主要是由于部分楼层（7、8、21、26、32、41）局部加强导致受剪承载力增大），软件自动判别的薄弱层为第 19、20、31 层。

⑦ *X*、*Y* 方向刚重比均大于 10，能够通过《高层建筑混凝土结构技术规程》（JGJ-3-2010）（5.4.4 条）的整体稳定验算；*X* 向刚重比小于 20，应考虑重力二阶效应。抗力均大于效应，整体倾覆满足要求。

⑧ 部分构件存在轴压比，剪切比超限，需对构件截面进行调整，以提高构件的延性，增强构件在地震作用下的耗能能力。

⑨ 人工波单组地震波输入所得的基底剪力峰值在振型分解反应谱法的 65% ~ 135% 之间，两条天然波的 *Y* 方向基底剪力峰值小于振型分解反应谱法的 65%，三条地震波平均值 *X* 方向大于振型分解反应谱法的 80%，*Y* 方向则小于 80%。部分楼层的弹性时程分析所得地震效果（剪力与弯矩）大于 CQC 法所得地震效应，结构地震效应宜取弹性时程分析法计算结果的包络值与振型分解反应谱法的较大值进行配筋等计算。

第 7 章　总结和规划

7.1　项目总结

1976 年 7 月 28 日，唐山市发生 7.8 级大地震，瞬间整座城市化为一片废墟，150 万人的城市死亡人数达 24.2 万，经济损失超百亿元；1995 年 1 月 17 日，日本阪神发生 7.3 级地震，造成近 10 万栋房屋破坏，6434 人死亡，1700 亿美元的巨额经济损失；2008 年 5 月 12 日，汶川发生 8.0 级特大地震，共造成 69227 人死亡，374643 人受伤，17923 人失踪，直接经济损失 8452 亿元人民币，是中华人民共和国成立以来破坏力最大的地震，也是唐山大地震后伤亡最严重的一次地震。

房倒屋塌，直接经济损失惨重。次生灾害就是不可忽略的严重问题，灾害链造成的间接经济损失巨大。城市工厂密布、管网高度密集，灾害具有连锁效应，主要灾害链有地震火灾、危化泄露、水灾等，往往超过地震直接灾害损失的几倍。例如 1906 年美国旧金山 8.3 级特大地震，全市 50 多处起火，大火烧了 3 天 3 夜，蔓延约 10 千米，城区被化为灰烬，火灾损失比直接损失高 3 倍。又如唐山大地震使天津碱厂房屋设备毁坏，导致了停工停产，随之而来的是，凡大量使用该厂产品作为原料的工厂停工停产，从而影响了全国的生产。

北京作为首都，是我国的政治中心、文化中心、国际交往中心和科技创新中心。1.64 万平方千米的土地上，建造了几百万栋的建构筑物，生活着 2000 多万人。在这样一个人口密集的地区，防震减灾工作显得尤为重要。

北京中心城区历史上也曾多次发生 5 级以上的地震，如 1076 年的 5.0 级地震和 1586 年的 5.0 级地震均发生在中心城区。自 1996 年 12 月顺义 4.5 级地震之后，北京地区已经二十多年没有发生过 4.5 级以上的地震，缺少中强地震的情况非常显著。

北京地区的另一个场地特征就是第四纪沉积层比较厚，大多数建构筑物都位于第四纪沉积层之上，因为不均匀的地层结构和地表覆盖层的影响作用，在地震发生时因场地放大效应而加重地震地质灾害。

综上所述，北京承灾体、震情、场地条件形势依然严峻复杂，已有近 300 年没有发生过破坏性大地震，而北京市防震减灾综合能力与社会需求之间的矛盾依然十分突出，主要表现在：日益增加的地震风险与大中城市地震救援的高度复杂性、大中城市震例缺乏以及大中城市应对地震灾害实践的迫切需要系统的救援理论尚在探索之中。

这种情况给防震减灾工作带来一个非常紧迫的问题：如果北京重遇康熙年间三河 - 平谷 8 级特大地震会发生什么情况？

这就需要我们对还未发生的地震灾害有一个系统的、直观的、准确的、科学的认知，在破坏性地震发生之前，做好震防和应急的准备，实现“地震安全韧性城市”的目标。

7.2　未来发展规划

以“减存量、遏增量、增韧性”为路径，借鉴国际社会和学术界推动韧性城市建设的经验和做法，以地震灾害情景构建为基础，以“韧性度”为目标导向，推进北京超大城市地震安全韧性城市建设，形成风险可评估、措施可操作、结果可考核的工作体系。一是探索建立北京超大城市地震安全韧性城市建设体系，包括任务体系、指标体系、考核体系；二是制定韧性城市建设响应与行动计划方案，明确市区两级政府、相关部门和社会之间的任务；三是制定韧性城市建设行动落实分解目标，对接 2020 年、2035 年规划期的两个重要目标节点，建立年度体检和每五年评估的机制，加强监督考核。将《北京城市总体规划（2016 — 2035 年）》第 11 条“建立健全防震等超大城市综合防灾体系，增强抵御地震灾害能力，提高城市韧性”切实贯彻落地，着力推动北京防震韧性城市建设，为首都地震安全保障作出新贡献。

北京地震灾害情景构建的目标就是利用示范区地震构造背景分析、地震危险性分析、地下三维结构分析等相关工作的研究成果，对北京行政范围区域在设定地震和概率地震作用下建筑物震害、生命线系统震害、人员伤亡和经济损失进行预测和估计，针对薄弱环节提出改造建议和措施，并建立风险转移机制。基于 GIS 平台和仿真模拟技术，描述并展现大震巨灾震害模拟结果，给决策者提供完备、关键的辅助决策信息，使其能及时给出合理的救灾决策。

北京地震灾害情景构建工作，目标就是构建一个从市、区、街道、单体等多维度、不同精度的情景构建层级，并进行系统集成，最终形成服务于行业、政府和社会的实用产品。

参考文献与资料

高孟潭 . 城市地震灾害特点与防震减灾对策 [J]. 中国地震，2003，19（2）：103-108.

高孟谭 .《GB18306-2015 中国地震动参数区划图》宣贯教材 [M]. 北京：中国质检出版社，中国标准出版社，2015.

姜立新，帅向华，聂高众，杨天青，席楠，李晓杰 . 地震应急联动信息服务技术平台设计探讨 [J]. 震灾防御技术，2011，6（2）：156-163.

姜立新，帅向华，聂高众，杨天青，席楠，李晓杰 . 地震应急指挥协同技术平台设计研究 [J]. 震灾防御技术，2012，7（3）：294-302.

马东辉，程洋，王志涛 . 基于群体特性的建筑物震害预测方法 [J]. 北京工业大学学报，2014，40（5）：720-724.

聂高众，陈建英，李志强，苏桂武，高建国，刘惠敏 . 地震应急基础数据库建设 [J]. 地震，2002，22（3）：105-112.

曲国胜，李亦纲，林松建，张宁等 . 福州市区地震灾害损失预测研究 [J]. 防灾减灾工程学报，2003，23（2）：70-76.

帅向华，聂高众，姜立新，宁宝坤，李永强 . 国家地震灾情调查系统探讨 [J]. 震灾防御技术，2011，6（4）：396-405.

王永明 . 重大突发事件情景构建理论框架与技术路线 [J]. 中国应急管理，2015（8）：53-57.

王东明 . 地震灾场模拟及救援虚拟仿真训练系统研究 [D]. 中国地震局工程力学研究所，2008.

王晓青，丁香，基于 GIS 的地震现场灾害损失评估系统 [J]. 自然灾害学报，2004，13（1）：118-125.

中华人民共和国国家质量监督检验检疫局 . 地震灾害预测及其信息管理系统技术规范 [S]. 北京：中国标准出版社，2014.

尹之潜 . 地震灾害预测与地震灾害等级 [J]. 中国地震，1991，7（1）：9-19.

尹之潜 . 结构易损性分类和未来地震灾害的估计 [M]. 北京：地震出版社，1995.

Giovinazzi S，Lagomarsino S. A macroseismic model for the vulnerability assessment of buildings[C].Proceedings of the 13th world conference on earthquake engineering，Vancouver，Canada，2004.

Wald DJ，Allen TI. Topographic slope as a proxy for seismic site conditions and amplification

[J]. Bull Seismol Soc Am，2007，97（5）：1379–95.

Wald DJ，Earle PS，Allen TI，Jaiswal K，Porter K，Hearne M. Development of the US Geological Survey's Pager System（Prompt Assessment of Global Earthquakes for Response）[C]. Proceedings of 14WCEE，Beijing，China，2008.

陈洪富，HAZ-China 地震灾害损失评估系统设计及初步实现 [D]. 中国地震局工程力学研究所博士论文，2012，06.

European Seismic Commission Working Group on Macroseismic Scales [EB/OL]. [2016]. http：//www.gfz-potsdam.de/301/

GDACS-Global Disaster Alert and Coordination System [EB/OL]. [2016]. http：//www.gdacs.org/

PAGER-Prompt Assessment of Global Earthquakes for Response System [EB/OL]. [2016]. http：//earthquake.usgs.gov/data/pager/

NERIES-ELER-Network of Research Infrastructures for European Seismology [EB/OL]. [2016]. http：//www.neries-eu.org/

WAPMERR-World Agency of Planetary Monitoring Earthquake Risk Reduction[EB/OL]. [2016].http：//www.wapmerr.org/